经济新常态下
广西巨灾风险及其损失补偿机制研究

刘家养　著

中国金融出版社

责任编辑：吕　楠
责任校对：孙　蕊
责任印制：丁淮宾

图书在版编目（CIP）数据

经济新常态下广西巨灾风险及其损失补偿机制研究（Jingji Xinchangtaixia Guangxi Juzai Fengxian Jiqi Sunshi Buchang Jizhi Yanjiu）/刘家养著．—北京：中国金融出版社，2015.12
ISBN 978－7－5049－8136－3

Ⅰ．①经…　Ⅱ．①刘…　Ⅲ．①灾害—损失—补偿—研究—中国
Ⅳ．①X4

中国版本图书馆CIP数据核字（2015）第226614号

出版发行　中国金融出版社
社址　北京市丰台区益泽路2号
市场开发部　（010）63266347，63805472，63439533（传真）
网上书店　http://www.chinafph.com
（010）63286832，63365686（传真）
读者服务部　（010）66070833，62568380
邮编　100071
经销　新华书店
印刷　北京市松源印刷有限公司
尺寸　169毫米×239毫米
印张　16
字数　240千
版次　2015年12月第1版
印次　2015年12月第1次印刷
定价　38.00元
ISBN 978－7－5049－8136－3/F.7696
如出现印装错误本社负责调换　联系电话（010）63263947

摘 要

广西是中国最大的一个少数民族地区，人口4600多万人，人口数量排名全国第12位，地区国民生产总值常年排名在全国第18名上下，保险业原保费收入排名在全国第26名上下。我们由此可以看出，广西在全国经济上处于相对落后的地区，保险业的发展则更加缓慢，更加落后。

广西的自然灾害主要是强降雨洪涝灾害、台风、干旱以及低温冻害及雪灾等。1990年以来，广西各地每年都发生一些地域性的洪涝灾害，大小不一，特大洪水灾害也不少见。特别是1994年、1996年、1998年、2001年、2005年、2008年都发生了重大洪水灾害，纵观过去三十多年的历史，每三年就会发生一次特大洪涝灾害[①]。台风方面，1950年以后的数据统计表明，每年大概有4次热带气旋影响广西，三分之二的台风都在7~9月发生。在所有的气象灾害当中，1996—2008年，广西气象灾害平均每年造成的直接经济损失为157.81亿元，其中洪涝90.13亿元、热带气旋（台风）45.61亿元，这两种灾害的直接经济总损失占气象灾害总损失的86%；1996—2008年，广西气象灾害因灾死亡人数合计2416人（年均死亡151人），其中洪涝死亡人数约占85%，热带气旋（台风）与滑坡泥石流死亡人数约各占5%。[②]

但是在这些自然灾害的巨额损失面前，能得到的补偿却少之又少。2008年汶川大地震带来超过8451亿元的经济损失，保险业合计赔付仅16.6亿元，还不到经济损失的0.2%[③④]；南方冰雪灾害直接经济损失1516.5亿元，保险业只赔付了10.4亿元，还不到经济损失的1%。2013

---

① 赵静．广西农业巨灾风险保险机制探析［J］．桂海论丛，2010-11-05.

② 中国天气网 http：//www. weather. com. cn/guangxi/zt/gxqxzh/05/1873097. shtml.

③ 汶川地震造成直接经济损失8451亿元　四川最严重［N］．中国新闻网，2008-09-04.

④ 卓志，周志刚．巨灾冲击、风险感知与保险需求——基于汶川地震的研究［J］．保险研究，2013（12）：74-86.

年，广西受到“尤特”、“潭美”、“天兔”、“海燕”等多个重特大台风影响，但所有的非寿险业务赔款（车险除外）支出仅有区区的11.8亿元[①]，远远不能覆盖自然灾害所造成的巨灾损失。

相比较而言，从国际上保险赔付的情况来看，2005年美国“卡特里娜”飓风保险业赔付达到其直接经济损失的50%；2007年全球因巨灾造成的经济损失约为706亿美元，保险业赔付276亿美元，占39%；2009年全球因巨灾造成的经济损失为620亿美元，保险业赔付占其42%[②]。2011年3月11日，日本发生了9.0级地震并引起海啸，造成15.3308万亿日元（2000亿美元）的直接经济损失。截至当年7月19日地震已获得1.8万亿日元的赔付[③]，占总经济损失的11.74%。我们的保险业竟然显得那么苍白无力，在当前的经济新常态下我们不得不思考巨灾风险的管理和巨灾损失补偿机制的建立健全问题。

目前，广西的巨灾损失以灾户自主承担为主，单一财政救助的损失补偿机制，致使除了少量的损失能得到补偿，绝大部分损失无法得到实质性的补偿，这严重阻碍了广西的经济发展，也给普通人民的工作生活带来了极大的困扰。广西的洪水和台风的风险情况如何？如何对广西的洪水和台风风险进行评价和测量？面对广西这样一个贫穷落后的西部少数民族地区，如何应对损失数额越来越大的洪水和台风风险？面对巨额的损失，我们到底有哪些经济补偿的手段，如何完善这种损失补偿机制？

为此本书围绕以上问题展开了以下的讨论。

在当前的经济新常态下，本书的研究内容主要分为三大部分，第一部分是研究的基础，包括第1章绪论、第2章理论基础和第3章风险分析及其经济影响分析。第二部分（包括第4章和第5章），主要对广西洪水和台风的风险进行分析，并就其造成的经济损失进行评价。第三部分包括第6章至第11章，主要阐述如何借鉴国际经验，打破现有的以政府财政救助为主的单一经济补偿手段，构建一个以市场手段与行政手段相结合，资本

① 广西保监局．广西保险业年报（2013）．2014.

② 人民日报．2011－07－11. http：//finance. people. com. cn/insurance/GB/15123546. html.

③ 新华网．http：//japan. xinhuanet. com/2011－07/19/c_13995063. htm.

市场与工程措施相促进，融合了保险与再保险、资本市场融资，社会捐赠与财政救济于一体的多层次、多元化、全覆盖的完善的经济补偿机制。

第一部分主要对广西巨灾特别是洪水和台风的风险进行了调查和研究，包括第1章绪论、第2章巨灾风险及损失补偿机制理论基础和第3章广西巨灾风险及其经济影响分析。第1章绪论包括研究背景、综述、目的和意义，并对主要的研究方法和内容进行了阐述。第2章介绍巨灾风险及损失补偿机制的一般理论基础，讨论了巨灾风险的界定、特征、分类和评估，探讨了巨灾风险损失的现代社会理论基础和巨灾损失补偿机制的一般模式。第3章对广西的洪水和台风风险进行了描述和分析，广西的主要气象灾害是洪水和台风，每年造成的损失占所有气象灾害的86%，占死亡人数的90%。本书分析了广西珠江流域的洪水风险、西北部喀斯特地区特有的洪灾风险、泥石流风险和台风风险，并对这些风险特点进行了归纳和总结。

第二部分对广西的洪水和台风风险的评估和损失评价进行探讨和研究，包括第4章和第5章。第4章是广西洪水风险的评估与损失评价，首先阐述了洪灾频率分析风险模型以及灰色预测方法等洪水风险分析的一般理论。接着对建立的三个评估评价模型进行实证分析：第一个模型基于SVM模型，对广西洪水风险评估模型进行了实证分析。第二个模型基于多元逐步回归方法对灾情因子预测，研究洪水灾害中降水均值和降水极值对广西的灾情因子的影响。笔者认为在洪水灾害中降水均值和降水极值均对广西的灾情有正相关的影响，灾情因子会随着降水均值和降水极值增加而增加。第三个模型基于1993—2012年的数据建立广西洪水灾害造成的损失指数评价模型，对洪水损失进行量化研究，分析洪水灾害直接经济损失，研究农业经济损失指数、直接经济损失波动率，探讨广西洪水灾害直接经济损失对GDP的影响力指数和洪水灾害对经济的综合影响力指数等。总结过去20年对广西洪灾风险的总体认识，总体上看，直接经济损失波动率变化大，峰值出现在1994年，数值为0.514；最小值出现在2004年，数值为0.0545；广西洪水灾害造成的直接经济损失对GDP的影响力指数呈逐年下降的趋势，洪水灾害对经济的综合影响力指数也呈下降的趋势，但近年来起伏趋于平稳。以上研究结论为相关部门洪水灾害防治减损提供依据和参考。

第5章对广西台风风险的评估与测量，该章首先讨论了台风灾害系统理论，台风灾害系统风险评估理论、评估方法和评估流程等基础理论，然后对广西的台风风险评估进行了实证研究和分析，通过查阅1970—2004年的《台风年鉴》，总结了西太平洋台风影响广西沿海地区的台风暴雨的气候特征，发现西太平洋台风暴雨的年代际变化较为明显，每年平均影响次数为2.3次台风，并分析了三条不同登陆路径的不同影响。同时基于投入产出模型和乘数分析模型，对广西台风损失的关联性进行实证研究，分析台风对广西农业产生的影响后，由于部门之间的关联性，引致其他42个部门发生的关联经济损失。在此基础上进行评估台风灾害对劳动者报酬、国民收入、就业等方面影响。台风灾害带来的间接经济损失值较大。实证分析发现，2005—2011年，台风灾害给农业造成的直接和间接经济损失值为7.18亿元，给产业经济系统带来的间接经济损失值为4.06亿元，导致劳动者报酬平均每年减少5.682亿元，社会纯收入平均每年减少1.4214亿元，平均每年对社会就业人员的总需求减少1168人；对台风灾害高敏感的行业有以下几个，分别是农林牧渔业、化学工业、食品制造及烟草加工业、交通运输及仓储业、批发和零售业、金融业。

第三部分包括第6章至第11章。第6章主要是比较和借鉴了美国、英国等发达国家成熟的巨灾风险损失补偿的国际经验。第7章分析了广西现有的洪水和台风风险损失补偿机制中大部分损失受限于灾户自行承担为主、政府财政救济几乎成为唯一的损失补偿模式、社会捐赠受体制所限、保险与再保险没有起到应有的作用、资本市场和其他补偿主体的缺失等，并提出了广西巨灾风险损失补偿机制的方案设计，提出建立政府以协调和紧急救助为主导，重视保险与再保险的财务性安排，发挥资本市场的融资功能，协调社会捐赠救济，各司其职，各尽所能，社会、保险、资本市场与政府相互协调，相互补充的全方位、多层次、多元化的完善的巨灾损失补偿机制。

第8章探讨巨灾损失补偿机制的重要组成部分——保险与再保险，对巨灾风险理论上的可保性和国际实践中可保性进行分析，根据瑞士再保险公司的可投标准讨论广西巨灾风险的可保性，研究逆向选择、重大损失的可评估性和风险的分散性等深层次问题，在研究广西洪水和台风的保险体系建立、保费来源、风险的分散机制、再保险等现实问题的基础上对广西洪水和台风保险的具体模式进行了构建。最后通过应用基于离散关系和矩阵化的巨灾费率精算模型，在广西台风的统计资料基础上计算出了广西住宅台风保险的基准费率。

第9章基于国家在广西建立沿边金融改革试验区，从资本市场的角度探讨广西洪水和台风损失的损失补偿机制，讨论了广西洪水和台风的保险证券化、保险期货、保险期权的理论框架，对广西发行洪水和台风债券进行了研究，特别提出了创新的金融工具“侧挂车”损失补偿机制与广西洪水和台风风险的适用性，并在广西资本市场的现实条件下利用政策优势设计了适合广西本土的“侧挂车”损失补偿方案。

第10章主要从政府角度探讨广西巨灾损失补偿机制，认为政府不仅仅是提供财政救助，更重要的是发挥政府主导者、组织者、协调者和资助者的全面功能，在不断提高工程防御能力的基础上，充分利用民族区域自治的政策，制定完善的制度，建立包括洪水和台风在内的巨灾风险损失经济补偿体系。

第11章对本书的结论进行了总结，并就下一步的研究进行了讨论。

本书采用调查统计和文献检索等手段，利用了实证分析、规范分析、定性与定量分析、比较分析法等研究方法，对上面的问题进行了研究探讨，主要有以下的一些贡献和创新。

第一，以洪水和台风为例，就广西的巨灾损失补偿机制提出了多层次、多元化、全覆盖的整体解决方案。在研究广西巨灾现有的损失补偿方案后指出广西现有以灾户自主承担为主，政府财政补助为单一手段的损失补偿方案具有很大的局限性和不确定性，损失补偿完全依赖于政府的财政情况和政府的态度，由于政府的财力有限，补偿的金额难以满足补偿受灾户的损失，遇上大灾更是杯水车薪，对政府来说，长此以往，这也是一个很沉重的财政负担。本书试图构建一个以市场手段与行政手段相结合，资本市场与工程措施相促进，融合了保险与再保险、证券与期权，社会捐赠与财政救助于一体的多元化、多层次的全面完善的损失补偿机制。

第二，体现地方性与地域性，聚焦解决广西地域性巨灾风险及损失补偿机制问题。巨灾的地域性特别明显，以往其他的研究往往以全国为研究样本，难以顾及地方差异问题，中国地域辽阔，每个地方的巨灾都有不同的风险状况，不同的经济发展情况，对保险的需求和风险管理的要求是不一样的，用同一种方案解决全国不同地方的巨灾损失补偿问题显然是不现实的。本书以洪水和台风为例，针对广西巨灾提出适合地方情况的损失补偿机制的解决方案，不但对广西，而且对全国其他地方如何建立适合地方性的巨灾损失补偿机制有一定的借鉴意义。

第三，针对性使用多种方法和模型工具进行分析，有较强的实践性。（1）建立广西洪水灾害损失指数评价模型，对洪水损失进行量化研究，分析洪水灾害直接经济损失，农业经济损失指数、直接经济损失波动率，探讨广西洪水灾害直接经济损失对 GDP 的影响力指数和洪水灾害对经济的综合影响力指数等。（2）基于投入产出模型和乘数分析模型，对广西台风损失关联性进行实证研究，分析台风对广西农业产生影响后，由于部门之间的关联性，引致其他部门发生的关联经济损失，在此基础上进而评估台风灾害对劳动者报酬、国民收入、就业等方面影响。（3）通过应用基于离散关系和矩阵化的巨灾费率精算模型，在广西台风的统计资料基础上计算出了广西住宅台风保险的基准费率。（4）收集整理了广西巨灾特别是洪水和台风的资料，系统分析了广西巨灾的主要风险、损失及其特点。

第四，跨学科的综合研究方法。洪水和台风是自然灾害，其研究属于自然科学，其研究方法和研究手段都离不开自然科学的范畴，洪水和台风的风险管理和损失补偿机制会涉及经济学、金融学、保险学、管理学的基本理论与研究方法。本著作研究广西这一特定地方的洪水和台风，这一特定的对象就决定了研究手段和方法上必须具有独创性与综合性，一个洪水和台风损失补偿机制的整体解决方案不是简单地堆积组合，要在既有研究基础上进行全面系统地综合，结合广西的特色，在探讨洪水和台风损失补偿机制整体解决方案上的综合方法创新和融合。

关键词：洪水；台风；巨灾风险；损失补偿机制；资本市场；巨灾保险

目　录

1. 绪 论

1.1 研究背景及问题提出

广西是中国人口最多的一个少数民族地区，人口达到4600多万人，人口数量排名全国第12名，地区国民生产总值常年排名全国第18名左右，保险业原保费收入排全国第26名上下。我们由此可以看出，广西是全国经济处于相当落后的地区，保险的发展则更加缓慢，相对较为落后。在洪水和台风等巨灾风险造成的巨额损失面前，受灾的经济损失往往难以得到补偿，只能自己承担，给当地人民的生活和生产带来了极大的困难。

根据中国天气网的统计，1996—2008年，在所有的气象灾害当中，广西平均每年因气象灾害造成的直接经济损失为157.81亿元，其中洪涝90.13亿元、热带气旋（台风）45.61亿元，这两种气象灾害的直接经济总损失占气象灾害总损失的86%。1996—2008年，广西气象灾害因灾死亡人数合计2416人（年均死亡151人），其中洪涝死亡人数占85%，热带气旋（台风）、滑坡泥石流死亡人数约各占5%。[①] 所以本著作以洪水和台风为例，对广西的巨灾风险及其损失补偿机制进行研究。

本书的研究基于以下三大背景，也正是基于这些现实情况，作者最终选择广西的洪水和台风作为研究对象。第一是在我国巨灾造成的损失补偿机制的缺失，特别是广西作为洪水和台风高发地区，每年都造成巨大的损失，但对于这些损失却没有一个全面的损失补偿机制能够予以最大限度地

---

① 中国天气网. http://www.weather.com.cn/guangxi/zt/gxqxzh/05/1873097.shtml.

补偿，这与发达国家中能够弥补相当一部分损失的保险补偿机制形成了强烈对比，2008年以来，我国发生了很多巨大的自然灾害，如2008年汶川大地震、南方冰雪灾害、2009年“莫拉克”台风、2010年西南地区百年一遇旱灾、2010年青海玉树7.1级地震、2010年舟曲重大泥石流等，每一次灾害都造成了巨大的损失，但得到的补偿却很少。据统计，2008年南方冰雪灾害直接经济损失就达1516.5亿元，汶川地震直接经济损失达8451.4亿元，约占我国上年度GDP总值的2.4%[①]。但是在这些巨灾中，南方冰雪灾害保险业只赔付了10.4亿元，还不足经济损失的1%；汶川地震保险合计赔付16.6亿元，还不足经济损失的0.2%。在灾害面前，我们的保险业竟然显得那么苍白无力，我们不得不思考巨灾风险的管理和损失补偿机制的建立健全。

而在发达国家，巨灾风险损失相当一部分得到了补偿，特别是保险补偿。2011年3月11日，日本发生了9.0级地震并引发海啸，或可造成15.3308万亿日元[②]的直接经济损失，日本金融厅表示，截至当年7月19日地震已获得1.8万亿日元的赔付，约占经济损失的11.74%。

第二个研究背景是广西的洪水和台风这两大自然灾害是广西的主要自然灾害，造成的损失为当地每年自然灾害损失的三分之二以上，而且台风经常与暴雨同行。但针对广西洪水和台风的研究不多，特别是缺乏对损失补偿机制的全面探讨和研究。1990年以来，广西各地每年都发生一些地域性的洪涝灾害，只是受损程度大小不一而已，特大洪水灾害也不少见，特别是1994年、1996年、1998年、2001年、2005年、2008年都发生了重大洪水灾害。纵观过去三十多年的历史，每三年就发生一次特大洪涝灾害[③]。广西台风发生次数多，突发性强，凶猛强度大。根据1950年以来的数据统计，每年大概有4次热带气旋影响广西，三分之二的台风都在7~9月发生。2010年第一季度，广西发生特大旱情致90%以上的县市受灾，受

---

① 卓志，周志刚．巨灾冲击、风险感知与保险需求——基于汶川地震的研究［J］．保险研究，2013（12）：74－86.

② 财经中间站．http：//www.xinhua08.com/ztk/3553/index.htm.

③ 赵静．广西农业巨灾风险保险机制探析［J］．桂海论丛，2010－11－05.

灾人口达782万人，受其影响生活饮水不方便的人民群众达到219万人[①]。2008年初，四次低温雨雪冰冻极端天气接踵而来，破坏了大量的生产生活设施，造成了巨大的经济损失[②]。

第三是政策背景。2006年《国务院关于保险业改革发展的若干意见》（国十条）首次提出建立国家财政支持的巨灾风险保险体系。十八届三中全会明确提出，要“完善保险经济补偿机制，建立巨灾保险制度”。2014年《国务院关于加快发展现代保险服务业的若干意见》（国发〔2014〕29号），即业内所称的保险业“新国十条”也明确提出，将保险纳入灾害事故防范救助体系，要求以商业保险为平台，以多层次风险分担为保障，建立巨灾保险制度，逐步形成财政支持下的多层次巨灾风险分散机制。鼓励各地根据风险特点，探索对台风、地震、滑坡、泥石流、洪水、森林火灾等灾害的有效保障模式。《国务院关于进一步促进广西经济社会发展的若干意见》明确提出了广西“两区一带”的经济发展布局，北部湾经济区和西江经济带成为广西经济发展的重要区域，这两个区域占广西经济的主要组成部分，而洪水灾害则是西江流域最严重的自然灾害，也是对经济影响最大、损失最惨重、发生频率最高的自然灾害。2013年11月20日，国务院颁布了《云南省、广西壮族自治区建设沿边金融综合改革试验区总体方案》，提出了广西要增强金融创新能力，提高金融服务经济实体的要求，特别提出了多层次资本市场的培育与发展、促进农村金融产品和服务方式的创新、推进广西保险市场的发展与完善等金融支持政策。金融工具的创新可以为巨灾风险筹集更多的损失补偿资金。

目前，广西的洪水和台风损失等巨灾的损失是以财政救助为主的单一的损失补偿机制，除了少量的损失能得到补偿，绝大部分损失无法进行实质性的补偿，这严重阻碍了广西的经济发展，也给广大居民工作生活带来了极大的困扰。广西的洪水和台风的风险情况如何？广西洪水和台风造成的损失情况如何？如何对广西的洪水和台风风险进行评估？面对广西这样一个贫穷落后的西部少数民族地区的区情，如何应对损失数额越来越大的

---

① 赵静．广西农业巨灾风险保险机制探析［J］．桂海论丛，2010-11-05.

② 新华网．http：//news. xinhuanet. com/newscenter/2008-04/22/content_8030806. htm.

洪水和台风风险？面对巨额的损失，我们到底有哪些经济补偿的手段，保险、资本市场、政府、社会组织等各自应该在巨灾损失补偿机制中扮演什么样的角色？如何建立一个多层次、多元化的全面而完善的损失补偿机制？这些都是在经济新常态下，我们急需解决的问题。

1.2 国内外研究述评

1.2.1 国外研究述评

西方发达国家对于巨灾风险的研究颇多，有对风险评估和风险测量模型进行探讨的，也有对巨灾风险的损失补偿体系进行了研究。西方大部分国家已经建立了相对健全的巨灾保险制度，尽管各有差别，但都对本国的巨灾灾害起到了很好的经济补偿作用，在灾害过后快速恢复生产和生活方面发挥着重要的作用。

关于巨灾风险评估与测量模型。所谓巨灾风险评估模型，即通过对危害来源、危害对象易损性、危害对象价值这三个要素独立建模分析并串联每部分的分析结果以得出风险管理者所需要的分析结果，评估出潜在巨灾风险，以作为巨灾风险管理策略选择和执行的参考依据①。巨灾风险评估模型最早是由政府机关牵头建立，美国联邦紧急事务管理署（FEMA）于1985年委托应用技术委员会（Applied Technology Council，ATC）执行了ATC－13计划，即加利福尼亚地震损失评估数据（Earthquake Damage Evaluation Data for California）计划，建立了当时最为完善的地震灾害评估资料。该计划的实施，为后来地震风险评估体系的建立和发展提供了有力的保证，同时也催生了巨灾风险评估模型的建立。1987年，美国AIR环球公司开发了巨灾风险评估模型，是世界上第一家开发巨灾风险评估模型的公司，随后，美国RMS公司于1988年发布了地震灾害风险评估模型，进入

① 刘博，唐微木．巨灾风险评估模型的发展与研究［J］．自然灾害学报，2011，20（6）：151－157.

20 世纪 90 年代之后，美国的第三家专注于巨灾风险评估研究的 EQECAT 公司成立。此后，各式巨灾风险评估模型逐渐面世，巨灾风险评估模型通过考察、改进、加强和校验而不断完善，同时开发针对新风险种类和新地区的新模型，现在较为成熟的巨灾风险评估模型已经成为保险公司、相关政府机关研究巨灾风险的必备工具①②。

可以测量巨灾损失风险大小的另外一种方法是应用巨灾风险损失指数，与巨灾风险评估模型不同，巨灾风险损失指数的构建偏重对巨灾保险的关注，指数的设置及完善旨在与巨灾保险的触发条件挂钩。不同的学者对巨灾风险指数的理解不同，Scott Harrington 等③（1999）将巨灾风险指数定义为一种以全国性和地区性所暴露的加权风险为基础的能够反映灾害损失在不同时间和空间条件下平均变动的相对数；Cardona 等④（2005）则是从灾害统计的角度将巨灾损失指数定义为以灾害风险评估与管理系统框架为基础的用于评估灾害损失的数量总变动及其组成要素对总变动影响程度的统计指数；Francesea Biagini 等⑤（2008）根据巨灾风险的分布特点及历史变动规律将巨灾损失指数定义为利用各种灾害损失分布的历史数据，采用加权法或者综合法计算得出的，用于反映灾害分布历史特征和变动规则并且可以作为巨灾衍生产品的触发条件和定价基础的综合统计指标体系。段胜⑥（2012）则认为巨灾损失指数是以特定的巨灾风险所引起的经济损失和保险赔付为基础，基于历史灾情统计资料和承灾载体的物理属性特征，将灾害数据、易损性数据、价值分布数据以及保险方面的数据进行

---

① 叶宏. 巨灾模型技术及在风险评估与管理中的应用简介（上）［N］. 中国保险报，2011-07-26.

② 叶宏. 巨灾模型技术及在风险评估与管理中的应用简介（下）［N］. 中国保险报，2011-08-02.

③ Scott Harrington, Greg Niehaus. Basis Risk with PCS Catastrophe Insurance Derivative Contracts［J］. American Risk and Insurance Association, 1999 (5): 49-82.

④ Cardona D, Hurtado J E, Chardon A C, et al. Indicators of disaster risk and risk management Summary report for WCDR［R］. Program for Latin America and the Caribbean IADB-UNC/IDEA. 2005.

⑤ Francesca Biagini, Yuliya Bregmana, Thilo Meyer-Brandisb. Pricing of catastrophe insurance options written on a loss index with reestimation［J］. Insurance: Mathematics and Economics, 2008 (43): 214-222.

⑥ 段胜. 巨灾损失指数在巨灾风险综合评估体系中的作用探析［J］. 保险研究，2012（1）：14-20.

加权汇总所得到的一种能够反映巨灾损失总体分布在不同时空条件下相对变动情况以及差异波动程度的统计指标体系。

Krutilla（1966）认为美国投入数千万美元对防洪设施进行了加固，但是损失也不见得减少，可以考虑用洪灾保险而不采取工程措施的可行性，根本原因是如何消除措施导致的虚假安全感①。James（1971）等认为政府对强制性保险推行的困难估计不足，导致洪灾保险的失效，而且泛洪区难以承受太高的保险费率而影响经济的发展。Tai（1987）建立了一个最优保险的多状态保险费模型。

关于洪灾保险制度方面。David（1999）等在研究中发现，对于沿海巨灾风险来说，保险的作用是不可替代而且是持续的，而Browne（2000）在长期的观察中发现优化的家庭选择是参加洪水保险，这样可以在一定程度上避免家庭财产产生损失的突发性和突然性，从而避免家庭突然破产。关于洪灾保险体系方面。Campbell 等（1990）研究美国联邦政府推出了强制性洪灾保险计划，不但使泛洪区居民在受灾后损失得到补偿，而且在很大程度上减少了人们对洪水的害怕，分别对美国的洪灾保险计划的演变过程和修改完善的过程做了详细的研究和阐述。Treby 等（2006）对英国不断修建防洪工程是否对减少洪水损失提出质疑，提出并建立了自成一派的洪灾保险的洪水风险管理理论②。

从上述的研究中，我们可以看出，美国等西方发达国家对洪水的研究已经从对是否需要建立洪水保险的问题上升到如何完善该保险制度，提高洪水保险的效率，世界上没有一套通行的洪水保险计划，保险如何建立一套适合本国国情的洪水保险制度是一个重要而恒久的主题，而对于一个国家和地区，对于巨灾风险的损失补偿不仅仅是政府或者保险就能解决的，需要建立多方面参与、多层次结构的损失补偿机制。

---

① 陈少平．洪灾保险的经济学分析与中国洪灾保险模式探讨［D］．南昌大学博士论文，2008 - 11 - 11.

② 卓志，吴婷．中国地震巨灾保险制度的模式选择与设计［J］．中国软科学，2011（1）：17 - 24.

1.2.2 国内研究述评

关于洪水保险。孙祁祥，锁凌燕（2004）就对我国洪水保险的模式选择与机制进行设计，对英美洪水保险体制的比较，并提出政府在我国洪水保险中的主导作用。王薇（2007）指出我国的洪水保险由于费率的不合理导致承保率严重不足[①]，是否以法律形式规定为强制性洪水保险、各级政府的保费补贴比例怎么确定、如何建立洪水保险基金及洪水再保险体系等都值得理论界和实业界去研究和探索。甘小荣（2007）从研究美国 FEMA 模式入手，对我国的洪水保险提出了自己的见解，阐述了洪水保险在经济补偿层面对于灾后重建的意义，在社会层面维护和谐社会以及经济金融调控等方面的重要性。探索洪水保险费率、风险图等基础工作在洪水保险当中的不可或缺性和对发展洪水保险的支撑作用[②]。胡新辉，王慧敏（2008）对洪水风险保险市场失灵进行了研究，从供给和需求两方面分析了洪水风险保险市场失灵的原因：供给方面，保险公司的组织结构、盈利水平、其他保险组合、财务杠杆、个人保险和单位保险业务的比例、公司规模、公司对风险厌恶程度以及洪水风险本身特征等，会对保险公司是否愿意提供洪水风险保险产生不同的影响；需求方面，从心理抵触机制、个人对风险的感知以及慈善风险这三个角度来论述洪水风险保险需求不足的原因。市场失灵是大多数市场的共同特性，洪水保险也一样，也有其特定的原因，在解决洪水保险市场的对策研究中，政府对洪水保险市场失灵负有不可推卸的社会责任，应该由政府主导洪水保险市场。

关于损失补偿的研究。孙祁祥等（2004）探讨了我国巨灾风险以及巨灾风险补偿的现实情况和问题、我国与西方发达国家在巨灾风险补偿方面的本质不同、西方发达国家在这个领域的经验给我国的启示、我国再保险现状以及我国在巨灾风险补偿中还有哪些工作需要完善[③]。丘幸、丘汀萌（2007）从目前我国洪水灾害的损失补偿靠国家财政救济的单一模式出发，

---

① 王薇．对我国洪水保险制度的思考［J］．湖南财经高等专科学校学报，2007（2）．

② 张旭升，刘冬姣．美国国家洪水保险模式有效性实证研究［J］．现代管理科学，2012（1）．

③ 孙祁祥，锁凌燕．论我国洪水保险的模式选择与机制设计［J］．保险研究，2004（3）．

提出在特定区域如洪涝区推行洪水保险试点，并对洪水保险承保范围如何确定、如何厘定费率、如何确定保险金额等洪水保险制度的基本要素进行深入的讨论和研究。王海（2010）论述了洪水保险的实施与政府职责密切相关是因为洪水保险的损失补偿机制缺失，风险管理不足和洪水风险的巨大性都决定了洪水保险的政策性。霍栋（2009）通过研究我国的巨灾损失和损失补偿方的数据，并对历史文献资料进行整理和分析，研究表明我国经济受到巨灾保险的实际影响，针对我国巨灾风险补偿机制的现状，分析了存在的问题及其背后深层次的原因。洪丹（2012）认为现阶段我国的巨灾补偿机制特别是对于地震风险已经不能弥补巨额的巨灾损失，在针对现状、问题以及原因的基础借鉴和总结西方国家地震巨灾补偿机制的优点，强调地震巨灾补偿基金制度的必要性，建立全国地震巨灾补偿基金制度，其重要原则要适合国情，政府为主，市场为辅的灾前与灾后一体化的补偿机制，减少地震巨灾损失补偿给政府带来沉重的财政损失。沈蕾（2012）认为从2006年开展政策性农业保险以来，浙江农业抗风险能力得到明显增强，但目前的农业巨灾损失补偿机制尚不能保障农业保险制度的持续发展。从巨灾农业保险市场机制的视角出发，分析浙江省农业巨灾风险损失补偿现状，并提出应从建立农业灾害数据库、充分利用再保险分散风险的功能、建立农业巨灾风险基金等方面入手完善浙江省农业巨灾损失分担机制。

关于政府在巨灾损失补偿中的作用。马晓东（2012）指出要提高政府危机管理能力和政府的灾害管理能力，建立多方参与的补偿机制来弥补巨灾风险损失。张萌（2010）认为政府应急机制、保险的补偿机制和捐赠是构成巨灾保险保障机制的三个不同的层级。政府应急第一层级，体现在快速救灾反应层面，保险补偿是补偿最大的，应该是第二层级，慈善组织民间救助、社会救援是第三层级。巨灾带来巨大的经济损失、严重的社会后果和财政的巨大压力，这必须要建立一个巨灾风险损失的补偿体系，政府也为此做出努力。一方面政府建立巨灾基金，另一方面提供价格合理的巨灾保险产品，前者可以用于灾后重建和救助受灾群众，后者可以弥补自然灾害造成的损失，体现保险的社会功能①。

关于台风的研究。王雷（1999）就全球气候变暖对热带气旋（台风）及其灾害的影响进行了研究，分析了全球和中国热带气旋的气候特征和灾害，研究了近百年来全球气候变化的特征，总结了气候变暖对热带气旋活动规律的影响作用，提出了热带气旋对上海的影响及其对策。隋广军、唐丹玲、陈和（2010）指出广东沿海是台风经常侵袭的区域，台风灾害每年给广东省造成巨大的经济损失。鉴于台风灾害的经济影响，防台风则成为一个关系到国计民生的重要议题。尝试从灾前的防灾减灾体系、灾中的危机管理体系、灾后的损失评估及赔偿体系三个环节入手，为台风灾害防御系统建设提供一些具有可行性的操作思路。陈和、申明浩（2010）基于我国台风的灾害危机管理体系还非常不成熟的角度，提出借鉴西方发达国家成熟的台风风险危机管理经验对于我国有重要的参考意义，并在此基础上讨论了台风危机管理的内涵、特点和概念。杨兆民，张璐（2009）阐述了台风的物理效应及其成因与危害，并从正反两个方面分析了台风对我国农业经济的影响，介绍了人类对台风的防御措施和利用现代科学手段对台风进行“修理”的尝试。讨论了对台风的防御与治理的手段和措施。贾晓、路川藤（2010）等就中国沿海台风的统计特征及台风风浪的数值模拟进行了分析研究，统计了自1945年以来北太平洋地区相关预报中心的数据，采用NOAA（National Oceanic and Atmospheric Administration）的卫星数据，对影响中国沿海的台风的路径、气压等特征做了统计分析，得到了登陆台风的9种典型路径以及最低气压的空间分布。其次采用第三代海浪数学模型SWAN（Simulating Wave Nearshore）模拟了东海特征路径上的台风。邓中美、施延（2010）研究了台风应急指挥系统可以提高城市应对突发灾害的处置能力，减小灾害带来的损失。以统一建模语言UML为基础，利用UML对台风应急管理系统进行例图和类图的描述，全面构建了台风应急指挥管理系统，从而为台风应急指挥管理系统的开发集成奠定基础，实现防台抗台工作程序化、规范化、高效化。李永、刘鹃（2010）对基于无套利

① 田玲，骆佳．供需双约束下中国巨灾保险制度的选择——长期巨灾保险的可行性研究［J］．武汉大学学报（哲学社会科学版），2012.

利率模型的台风巨灾债券定价进行了研究，利用非寿险精算技术，对我国1990年以来损失在1亿元以上的台风损失以及次数分布进行拟合，建立动态变化模型对不严利率的变化过程进行模拟，利用复合泊松—伽玛分布的聚合损失分布模型描述了我国的台风损失分布。在此基础上，完成了我国到期保证偿还型台风巨灾债券设计的定价研究。

关于广西的洪水灾害的研究。主要集中于地域和区域性研究，如对桂北地区洪水的研究，对梧州市洪水的研究，到目前为止，基本没有发现对广西洪灾进行全面系统研究的文献。罗锦珠，黄联锋（2003）研究了广西北部地区兴安、全州、灌阳三县境内1985年骤降一场历史罕见的暴雨（简称“85·5”暴雨），导致湘江上游干支流遭遇严重洪水，为有历史资料以来的最大洪水。分析了本次暴雨洪水的特性，对湘江上游流域综合治理、规划设计、洪水预报、防汛抗洪等具有参考价值。宋书巧（1998）[①]研究了广西喀斯特地区面积大，生态环境脆弱，经济发展水平低，严重的洪涝灾害在一定程度上阻碍了经济的发展。在分析广西喀斯特地区洪涝灾害特点的基础上，提出了提高老百姓水患意识，使洪泛区的居民保持灾情观念；封山育林，绿化荒山；灾害防治规划与喀斯特地区的社会和经济发展规划相结合；定期或不定期检查与清理消水洞，工程措施排除洪涝等防治措施。宋书巧（1993）研究了梧州市的洪水灾害的发生时间，一年发生的次数，洪水呈现形式，在对水流分析、地形图研判与历史资料分析的基础上，深入研究梧州的地势、工程措施，江河流域的气候、生态环境的变化，得出重要结论：梧州市的地理位置是梧州频繁遭遇洪水灾害的主要原因。赵木林、潘新华[②]（2008）发现防御工作是一项十分复杂而艰巨的任务。通过分析广西异常暴雨洪水灾害的基本特点，提出其防御对策：“以防为主，以避为主”，工程防御和非工程防御对策相结合，根据灾害的特点、规律以及经济社会可持续发展的要求，协调好人和自然的关系，防止造成重大的人身伤亡和财产损失。骆艳珍（2009）分析了广西受西南低涡

① 宋书巧．广西喀斯特地区洪涝灾害研究［J］．广西师院学报（自然科学版），1998（1）．
② 赵木林，潘新华．广西异常暴雨洪水灾害研究及防御对策［J］．中国水利，2008（9）．

切变线天气系统的影响[①]，2008 年 6 月 8 ~ 14 日桂东北地区永福、临桂、灵川、桂林、平乐等市县普降暴雨至特大暴雨，导致桂江、洛清江、湘江上游干支流遭遇严重洪水。研究分析“08·6”暴雨洪水形成过程，对综合治理、规划设计洪水预报、防汛抗洪等具有现实意义。

1.2.3 巨灾风险及损失补偿机制研究评述

由前面国外巨灾风险及损失补偿机制的文献综述中可见，国外学者的研究为建立比较健全的巨灾风险损失补偿机制提供了一个基本的理论框架，从用保险理论去研究巨灾风险，到提出政府和市场的密切合作是解决巨灾损失补偿的唯一出路的主流观点，内涵日臻全面，视角也越来越多元。这些都从不同侧面对巨灾风险损失补偿问题的研究作出了一定贡献。但是，上述有关巨灾风险补偿研究也存在一些问题。首先，尽管上述研究者中不乏专家，他们的理论可以说是逻辑严密、视角独特，但在指导当前我国巨灾风险补偿机制的建立和完善过程中，不能照搬照抄，应考虑我国的实际，有所创新。其次，理论研究成分多，操作性强的具体措施与对策较为缺乏。尽管理论的构建是基础性的工作，但操作层面的薄弱直接影响到理论的应用及理论的价值。最后，关于巨灾风险补偿机制的研究还不是很多，主要依托国外学者所建立的理论框架，即政府与市场密切合作，也有从各个不同风险分散手段做不同角度讨论的。这些研究对建立健全我国巨灾风险补偿机制作出了大量卓有成效的贡献，从理论和实践的角度论证了政府与市场紧密合作，建立多层次补偿机制的必要性，但都没有从整体上去考虑建立一个全面的损失补偿机制。特别是这些研究大部分没有建立在中国这样的一个大背景，没有考虑地域性的特征，这些不足为本书探寻新的研究视角和研究范围留下了余地。本书所研究的正是基于广西的实践，以洪水和台风为例提出解决广西巨灾损失补偿机制的思路和方法。

从研究趋势来看，上面的研究综述，我们可以发现我国的洪水与台风的研究已经逐步从最先的是否需要投保，也就是说洪水与台风的可保性研

① 骆艳珍．广西东北部“08·6”特大暴雨洪水成因分析［J］．珠江现代建设，2009（8）：21－25.

究，到洪水与台风的保险经济学的研究，到前10年的洪水与台风的费率研究，还有承保率不足的原因探求，也有学者着重在微观层面对洪水保险的法律、法规等实际问题进行探讨。同时出现了洪水与台风保险的政策研究、救助救灾体系、财政补贴等各种技术流派的争斗，目前已经不同于过去的理论研究和经验的借鉴，更加重视向洪水和台风保险的运行体系、不同地方的特殊设计以及与其他商业保险的有机融合、政府作用的发挥等现实全面的解决方案的研究方向发展①。另外一个比较明显的理论和技术发展趋势就是从单一的技术解决方案向全面风险管理理论研究方向的发展，包括工程和非工程的措施，同时结合地方经济发展和河流区域特色形成有效的风险管理体系。

从前文的研究综述当中，我们还发现这些研究基本上都是对某一风险进行单独的讨论，然后建立相应的研究体系和解决方案，没有把某一地区最重要的自然灾害进行统一研究，提出一个全面的解决方案。其实洪水和台风等巨灾与地震巨灾一样具有很强的区域性特点，不同地方的巨灾风险完全不一样，需要的处理方法和损失补偿也是千差万别。也少有一个完整地建立在保险与再保险、资本市场、政府与社会救济的综合性的经济补偿方案的研究。针对某一地区的研究比较少，建立在全国层面的研究比较多，特别是对于广西这样比较落后的少数民族地区，很难找到全面的洪水和台风的风险管理研究，只有零星的一些针对某个市县的某个损失巨大的灾害研究。

1.3 研究目的及意义

1.3.1 研究目的

广西的洪水频繁，洪涝灾害严重，台风风险较大，每年造成的损失巨

① 刘家养．洪水保险的研究现状及其发展趋势分析［J］．今日财富（金融发展与监管）［J］．2011（12）．

大，缺乏全面的经济补偿手段。由此可以看出，我们的巨灾保险有待发展。巨灾发生后，保险业发达的国家，如美国和日本有将近一半的经济损失在全球保险范围内进行了风险分散，由于我国金融竞争力较弱，保险发展很落后，保险覆盖率低，巨灾风险造成的损失很难分散出去，主要靠财政拨款和社会各界人士慈善捐助等渡过难关①。

为了缓解政府的财政压力，提高灾后灾民的生活质量，我们必需建立起相应的损失补偿机制来转移灾民的经济负担，如保险，这也能减轻政府的负担。然而遇到特大的自然灾害，如汶川地震，保险公司也将会难以支撑巨额的赔付，因此我们在建立巨灾保险的同时也要发展再保险。再保险是转移保险公司风险的一个良好策略，现在世界各国都将风险转移给再保险公司，如日本“3·11”地震中慕尼黑、瑞士再保险公司也是此次灾害的大埋单者。全球经济的发展也带来了风险的全球化，在经历了一次次的巨额赔款，再保险公司也在缩水，我们必须还要发展其他途径来转移巨灾带来的风险，以大力提高保险业的承保能力，也为再保险业提供更为广阔的市场空间。行业损失担保、巨灾债券、巨灾期权、巨灾互换、应急资本、基准风险交易、债券期权、寿险债券等是常见的交易方式。政府救济是目前我国单一的巨灾风险损失补偿形式，难以满足巨灾造成的巨额损失，往往也造成各级政府严重的财政压力。由于经营规模和承保技术难以支撑巨灾风险管理的要求，一度介入巨灾市场的商业保险也只能被巨额赔偿的巨灾保险拒之门外。如何开发广西巨灾保险市场是我们面临的不小挑战，要在保险创新的基础上借鉴发达国家的成熟经验，利用保险衍生品工具如“侧挂车”进行全面的开发和挖掘。除了发展巨灾保险，巨灾再保险，巨灾风险证券化外，我们还可以发展巨灾风险基金。借鉴国外的成熟的巨灾损失补偿机制，根据广西的洪水和台风风险的分散性、复杂性、地域性等特点建立巨灾基金，对洪水和台风风险进行一个有效的管理。

广西的特殊地理位置，特别的地质构造、落后的经济发展水平、频繁的洪涝和台风灾害、惨重的经济损失，使得广西的洪灾和台风的风险

① 邱峰．保险风险证券化研究［D］．苏州大学硕士论文，2006.

特征表现出特定的特点，在这一特定的区域、特殊的地区对于洪灾和台风的解决机制有着其自身的特殊情况。本书的研究是建立在一个跨学科的综合研究方法的基础之上，体现地方性和区域性，突出实践性和实用性，针对广西巨灾风险的实际灾害情况、以洪水和台风为例，就广西的巨灾损失补偿机制提出了多层次、多元化、全覆盖的整体解决方案。改善广西洪水和台风现有的经济补偿方案所具有的局限性和不确定性，由于政府财力有限，补偿的金额难以满足补偿受灾户的损失，遇上大灾更是杯水车薪，对政府来说，长此以往，这也是一个很沉重的财政负担。努力构建一个以市场手段与行政手段相结合，资本市场与工程措施相促进，融合保险与再保险、证券与期权，社会捐赠与财政救济于一体，多元化、多层次的全面而完善的损失补偿机制，并对保险与再保险、资本市场、政府的定位与角色等各个环节进行了探讨和研究。

1.3.2 研究意义

地理位置上，广西地处祖国南疆，地处低纬地区，地势由西北向东南倾斜，具有周围高，中间低，形似盆地，山地多、平原少。属亚热带华南季风气候区，受季风气候影响，降雨时空分布不均。降雨量年际变化大，年均降雨量 1500 多毫米。汛期（4 ~ 9 月）降雨量占全年总降雨量的 70% ~ 85%，个别年份最多达到 90%①。

特殊的地理位置和自然环境，致使广西洪涝灾害频繁，受灾面积广，灾害损失大。洪涝灾害统计分析表明，广西 1990 年以来每年平均直接经济损失超过 80 亿元，约占当年 GDP 的 4.34%②（为全国平均水平 2% 的两倍多）；每年平均有一百多人死于洪涝灾害。

发生频率高、强度大是广西的台风灾害特点，而且大部分发生时间集中、连续性明显。自 1949 年以来广西平均每年发生约 4 场热带气旋，解放至今全部发生影响广西的台风有 203 场，其中 63 场造成重大经济损失，最

① 孙萍，肖飞鹏，黎志键．广西大石山区干旱灾害识别与特大干旱成因分析［J］．中国农村水利水电，2012（1）．

② 黄绍坚．广西洪涝灾害的基本特征和规律［J］．水利厅自治区防汛办总工程师，2010（6）．

大的台风风速达到53 米/秒（2003 年第12 号台风，北海涠洲岛实测）。大概有三分之二的台风发生在7 月至9 月，一年之内发生台风次数最多的是1981 年，达8 次之多。广西的台风及其引起的暴雨导致的洪涝灾害则影响至全区。突发性强也是广西台风的特点之一，1～2 天内就能形成重大损失的台风，特别严重的在几个小时内都会发生台风灾害事件。特别是一些在南海生成的范围小、移动速度快、飘移不定的台风，往往令人措手不及、防不胜防，造成较大损失。如1985 年8 月26 日在北部湾北部形成的台风（当时未编号）因发展迅速，很快在广东遂溪登陆，给雷州半岛和广西南部沿海造成较大灾害，直接经济损失达4.1 亿元。广西的台风灾害损失大，造成人员伤亡多。1949 年以来广西发生的63 场造成较大损失的台风灾害造成直接经济损失将近300 亿元，1906 年的一次台风引起风暴潮导致1000 多人死亡，这是广西有记录以来的最惨重台风，台风灾害是造成人员大量伤亡的主要灾种，钦州市青草坪村由于一次台风而不复存在，那是1934 年的一次强台风；2014 年7 月19 日在防城港市光坡镇登陆的超强台风威马逊按照登陆时强度计算，根据中央气象台资料，2014 年威马逊是继1973 年台风玛琪后，41 年以来登陆华南的最强风暴；导致广西11 个市52 个县332.91 万人受灾，因灾死亡9 人，直接经济损失达56.46 亿元。

2014 年8 月13 日，国务院正式发布《国务院关于加快发展现代保险服务业的若干意见》（以下简称“新国十条”）明确提出了要建立巨灾保险制度。因此，研究广西的洪灾和台风风险及损失补偿机制，对于广西的预防灾害以及灾后重建，快速恢复人民灾后的正常生活水平，落实《广西保险业“十二五”规划》，加快广西保险业的发展，充分发挥保险的“经济助推器”和“社会稳定器”功能，为广西经济的快速健康发展保驾护航具有重要的意义，对于避免广西经济发展的中断和受到重大冲击，保证广西经济的持续、健康、快速发展具有重要作用。同时也有利于加快广西全面建设小康社会的进程，早日赶上全国经济的平均发展水平。

广西是洪水和台风等巨灾风险的高发区，在国家政策允许的情况下，进行巨灾风险的研究和探讨，建立适合地方需要，具有地方特色的巨灾损失补偿机制是值得考虑的问题。一方面可以通过多层次的损失补偿机制分散风险，有效缓解因临时大额救灾支出对政府财政造成的压力，保证财政的稳定性；另一方面，政府每年以适当的财政投入作为“杠杆”，“撬动”更多的社会巨灾保障，也有助于提高灾后经济补偿能力。同时，通过完善的多层次损失补偿机制促进政府管理水平提升和职能转变，政府可将更多精力放在巨灾风险管理的宏观政策制定、公共设施建设、公共服务提供、灾害应对知识宣传等方面，这也是贯彻落实十八届三中全会精神，创新社会治理方式、推进治理能力现代化的有益探索。

1.4　研究思路、方法及内容

1.4.1　研究思路

本书综合运用发展经济学、区域经济学、金融经济学、制度经济学、保险经济学、灾害学、行政管理学等理论，为广西巨灾风险分析、保险与再保险制度、巨灾风险的证券化提供了理论支撑。在研究思路上，首先收集整理广西洪水和台风的原始数据并进行了分析；然后研究广西洪水和台风风险，分别采用灾害损失指数评价模型和投入产出模型对洪水和台风损失影响进行了评估评价；再从巨灾损失的国际经验借鉴到分析广西现有的巨灾损失补偿机制的局限性和不足，对广西巨灾损失补偿机制进行方案设计，提出建立以政府协调和紧急救助为主导，重视保险与再保险安排，发挥资本市场的融资功能，协调社会捐赠救济等手段，形成各司其职，各尽所能，社会、保险、资本市场与政府相互协调，相互补充的全方位、多层次、多元化的完善巨灾损失补偿机制，接着对保险的模式与费率设计、资本市场融资人创新工具、政府职能的发挥等问题进行了一一阐述。

1.4.2　研究方法

本书采用调查统计和文献检索等手段，突出实证分析的应用，采取定性与定量分析比较相结合、纵横比较和借鉴相结合的研究方法，对广西洪水和台风风险和损失补偿机制进行了深入研究。

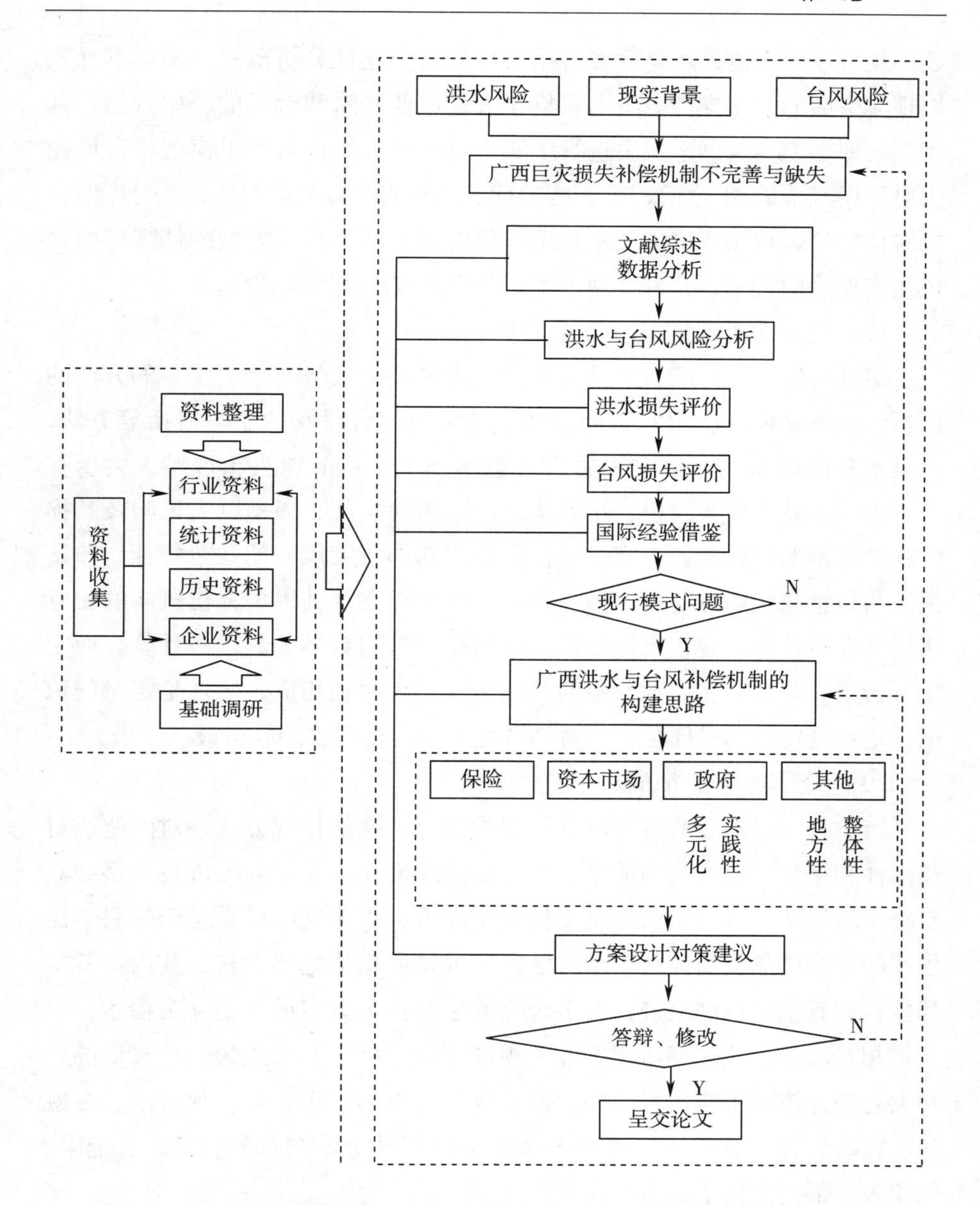

图 1－1 广西巨灾风险及其损失补偿机制的研究工作线路图

（1）实证分析与规范分析相结合

在基础理论研究与比较研究的前提下，主流经济学研究范式的不断拓展得益于它吸收了来自其他学科的研究方法与成果，而无论是数学模型构建的规范性分析范式还是巨灾与损失计量的描述性分析范式，都离不开我们现实生活的证据支持。本书收集了大量广西洪水和台风的原始数据，基于损失评估模型对洪水损失进行了实证分析；利用投入产出模型将台风损失对国民经济的41个部门的影响进行了具有实践意义的实证；针对广西台风对住宅的影响设计离散关系和矩阵化的巨灾费率精算模型的计算广西台风住宅保险的费率，充分体现了实证分析的实用性和实践性。

（2）定性分析与定量分析相结合

定性分析就是对广西的巨灾风险和损失补偿机制进行“质”的方面的分析。具体来说是运用归纳和演绎、分析与综合以及抽象与概括等方法，以洪水和台风为例对巨灾损失进行思维加工，从而能去粗取精、去伪存真、由此及彼、由表及里，达到认识巨灾风险本质、揭示巨灾风险及其损失补偿机制的内在规律。定量分析是对广西的巨灾风险的数量特征、数量关系与数量变化进行分析，揭示和描述广西巨灾及其损失补偿机制的相互作用和发展趋势。现代定性分析方法同样要采用数学工具进行计算，而定量分析则必须建立在定性预测的基础上，二者相辅相成，定性是定量的依据，定量是定性的具体化，二者结合起来灵活运用才能取得最佳效果。

（3）跨学科的分析方法

跨学科的目的是通过超越分门别类进行研究的传统方式，对问题进行整体性和综合性研究。当前学术界的前沿理论和业界中的先进技术多数具有跨学科性质。从近年诺贝尔奖授予情况看，很多前沿成果是跨学科、泛领域的综合结晶。当前每个学科已很难说是所谓的纯粹学科，其内部基本都能找到其他学科的痕迹；许多研究方法和技术方案或者是互为借鉴，或者是相互渗透，往往都适用于各个领域。跨学科研究已成为当今科研的一种大趋势，体现了当代科学探索的新规范。本书在灾害学、保险学、金融学、行政管理学、区域经济学等多学科的基础上，在水利、民政、金融、气象等多部门进行了调查和研究。

（4）比较的分析方法

在传统的经济学研究中，比较研究是一种行之有效的研究方法，也是最常用的一种分析方法之一，比较可以提供参照物，可以突出优缺点，可以提供思路，可以找到借鉴。本书也采用比较研究方法为分析和结论提供帮助。比较不仅有历史传统理论与现代理论的比较，也有跨学科间同一议题不同观点的比较；既有历史纵向的比较，又有跨地区同一时段的比较；最重要的是，本书既有传统经济学的理论比较，又有理论与实践的比较，既有对广西与中国的比较，又有国外经验的借鉴与比较。通过这些比较和借鉴，可以发现广西巨灾损失补偿机制与先进发达国家的差异，发现理论与实践的差异，为研究和政策制定提供翔实的参考。

1.4.3　研究内容

本书的研究内容主要分为三大部分，第一部分是研究的基础，主要包括第 1 章绪论、第 2 章理论基础和第 3 章风险分析及其经济影响分析。第二部分主要对广西洪水和台风的风险进行分析，包括第 4 章和第 5 章。第三部分包括第 6 章至第 11 章，主要阐述如何借鉴国际经验，打破现有的以政府财政救助为主的单一经济补偿手段，构建一个以市场手段与行政手段相结合，资本市场与工程措施相促进，融合了保险与再保险、资本市场融资，社会捐赠与财政救济于一体的多层次、多元化、全覆盖的完善的经济补偿机制。

第 1 章绪论包括研究背景、综述、目的和意义，并对主要的研究方法和内容进行了阐述。第 2 章介绍巨灾风险及损失补偿机制的一般理论基础，讨论了巨灾风险的界定、特征、分类和评估，探讨了巨灾风险损失的现代社会理论基础和巨灾损失补偿机制的一般模式。第 3 章在分析了大量数据的基础上，对广西的洪水和台风风险进行了描述和分析，广西的主要气象灾害是洪水和台风，每年造成的损失占所有气象灾害的 86%，占死亡人数的 90%。分析了广西珠江流域的洪水风险、西北部喀斯特地区特有的洪灾风险、泥石流风险和台风风险，并对这些风险特点进行了归纳和总结。

第 4 章是广西洪水风险的评估与损失评价，讨论了洪水风险性分析中的一般理论后，重点对广西洪水风险、损失评估进行了实证性研究。建立了三个评估评价模型，第一是基于 SVM 模型的基础上对广西洪水风险评估模型进行了实证分析。第二是基于多元逐步回归方法对灾情因子预测模型，研究洪水灾害中降水均值和降水极值对广西的灾情因子的影响。第三是基于 1993—2012 年的数据建立广西洪水灾害损失指数评价模型，对洪水进行量化研究，分析洪水灾害直接经济损失，研究农业经济损失指数、直接经济损失波动率，探讨广西洪水灾害直接经济损失对 GDP 的影响力指数和洪水灾害对经济的综合影响力指数等，总结过去20 年对广西洪灾风险的总体认识，为相关部门洪水灾害防治减损提供依据和参考。

第 5 章对广西台风风险的评估与损失的评价测量，该章首先讨论了台风灾害系统理论，台风灾害系统风险评估理论、评估方法和评估流程等基础理论，然后对广西的台风风险评估进行了实证研究和分析，通过查阅 1970—2004 年 35 年的《台风年鉴》，总结了西太平洋台风和南海台风影响广西北部湾沿海地区的台风暴雨的气候特征，并分析了登陆路径的不同影响。同时基于投入产出模型和乘数分析模型，对广西台风损失关联性进行实证研究，分析台风对广西农业产生影响后，因部门之间关联性引致的其他部门发生的关联经济损失，在此基础上进而评估台风灾害对劳动者报酬、国民收入、就业等方面影响。

第 6 章首先阐述了美国、英国、西班牙、法国、瑞典、日本等发达国家成熟的巨灾风险损失补偿的国际经验；然后从承保责任与范围、风险分散与控制、制度与保障等方面对巨灾损失补偿机制进行研究国际比较；最后讨论了国际经验的借鉴。

第 7 章分析了广西现有巨灾损失补偿机制的现状，指出损失由受灾户自行承担为主、政府财政救济几乎成为唯一的损失补偿模式、社会捐赠受体制所限、保险与再保险没有起到应有的作用、资本市场和其他补偿主体的缺失等局限性，讨论了居民的风险和保险意识差、政府职能缺位、灾害救助难以满足发展所需、损失补偿机制在商业运营模式下失灵、救灾基金不足等问题。提出建立政府以协调和紧急救助为主导，重视保险与再保险的财务性安排，发挥资本市场的融资功能，协调社会捐赠救济，形成各司其职，各尽所能，社会、保险、资本市场与政府相互协调，相互补充的全方位、多层次、多元化的完善的巨灾损失补偿机制，同时积极引导和鼓励居民进行灾害预防和自我补偿，提升全社会的灾害风险管理意识。

第 8 章研究巨灾损失补偿的重要手段——保险与再保险，对巨灾风险理论上的可保性和国际实践中可保性进行分析，根据瑞士再保险的可投标准讨论广西巨灾风险的可保性，研究逆向选择、重大损失的可评估性和风险的分散性等深层次问题，在研究广西洪水和台风的保险体系建立、保费来源、风险的分散机制、再保险等现实问题的基础上对广西洪水和台风保险的具体模式进行了构建。最后通过应用基于离散关系和矩阵化的巨灾费率精算模型，在广西台风的统计资料基础上计算出了广西住宅台风保险的基准费率。

第9章从资本市场的角度探讨广西巨灾损失补偿机制，讨论了广西洪水和台风的保险证券化、保险期货、保险期权的理论框架，对广西发行洪水和台风债券进行了研究，特别是提出了创新的金融工具“侧挂车”经济补偿机制对广西洪水和台风风险的适用性，并在广西现实的资本市场条件下设计了适合广西本土的“侧挂车”经济补偿方案。

第10章主要从政府角度探讨广西巨灾损失补偿机制，认为政府不仅仅是提供财政救助，更重要的是不断提高工程防御能力的基础上，发挥政府主导者、组织者、协调者和资助者的全面功能，充分利用民族区域自治的政策，制定完善的制度，建立包括洪水和台风在内的巨灾风险损失补偿机制。

第11章对本书进行了总结，并就下一步的研究问题进行了讨论。

1.5 本书的主要可能创新点与不足

1.5.1 本书的可能创新点

第一，以洪水和台风为例，就广西的巨灾损失补偿机制提出了多层次、多元化、全覆盖的整体解决方案。在研究广西巨灾现有的损失补偿方案后指出广西现有以灾户自主承担为主，政府财政补助为单一手段的损失补偿方案具有很大的局限性和不确定性，损失补偿完全依赖于政府的财政情况和政府的态度，由于政府财力有限，补偿的金额难以满足补偿受灾户的损失，遇上大灾更是杯水车薪，对政府来说，长此以往，这也是一个很沉重的财政负担。本书试图构建一个以市场手段与行政手段相结合，资本市场与工程措施相促进，融合了保险与再保险、证券与期权，社会捐赠与财政救助于一体的多元化、多层次的全面完善的损失补偿机制。

第二，体现地方性与地域性，聚焦解决广西地域性巨灾风险及损失补偿机制问题。巨灾的地域性特别明显，以往其他的研究往往以全国为研究样本，难以顾及地方差异问题，中国地域辽阔，每个地方的巨灾都有不同的风险状况，不同的经济发展情况，对保险的需求和风险管理的要求是不一样的，用同一种方案解决全国不同地方的巨灾损失补偿问题显然是不现实的。本书以洪水和台风为例，针对广西巨灾提出适合地方情况的损失补偿机制的解决方案，不但对广西，而且对全国其他地方如何建立适合地方性的巨灾损失补偿机制具有一定的借鉴意义。

第三，针对性使用多种方法和模型工具进行分析，有较强的实践性。(1) 建立广西洪水灾害损失指数评价模型，对洪水损失进行量化研究，分析洪水灾害直接经济损失，农业经济损失指数、直接经济损失波动率，探讨广西洪水灾害直接经济损失对 GDP 的影响力指数和洪水灾害对经济的综合影响力指数等。(2) 基于投入产出模型和乘数分析模型，对广西台风损失关联性进行实证研究，分析台风对广西农业产生影响后，由于部门之间的关联性，引致其他部门发生的关联经济损失，在此基础上进而评估台风灾害对劳动者报酬、国民收入、就业等方面影响。(3) 通过应用基于离散关系和矩阵化的巨灾费率精算模型，在广西台风的统计资料基础上计算出了广西住宅台风保险的基准费率。(4) 收集整理了广西巨灾特别是洪水和台风的资料，系统分析了广西巨灾的主要风险、损失及其特点。

第四，跨学科的综合研究方法。洪水和台风是自然灾害，其研究属于自然科学，其研究方法和研究手段都离不开自然科学的范畴，洪水和台风的风险管理和损失补偿机制会涉及经济学、金融学、保险学、管理学的基本理论与研究方法；本书研究广西这一特定地方的洪水和台风，这一特定的对象就决定了研究手段和方法上必须具有独创性与综合性，一个洪水和台风损失补偿机制的整体解决方案不是简单地堆积组合，要在既有研究基础上进行全面系统地综合，结合广西的特色，在探讨洪水和台风损失补偿机制整体解决方案上的综合方法创新和融合。

1.5.2 本书的不足

巨灾损失补偿机制在中国的缺失，没有现成可操作性的经验可借鉴，本书虽然在广西巨灾风险特别是对洪水和台风风险进行了研究，但在构建广西巨灾损失的补偿机制上更多的是进行了理论上的构建和探讨，指明了方向，构建了基本框架，提出保险与再保险、资本市场和政府责任相结合的一体化补偿机制，但具体到每一方面都还有大量的工作要做，要进行更加细化、更加深入的工作，比如证券化方面，如何借助中央提出的云南、广西建设沿边金融综合改革试验区总体方案结合广西的实际情况推出巨灾风险证券化产品等。

巨灾带来的危害及其造成的巨额损失，是一个全世界性的难题，中国地域广阔，各种巨灾风险在不同的地方，不同的时间频繁出现，发生的频率造成的损失都不一而论。没有任何一种损失补偿的方法能够普遍适用，一劳永逸地照搬使用，本书以广西巨灾风险为研究样本，也仅仅限定在洪水和台风这两大风险因素，还有待扩展到其他的巨灾风险，一个完善而又有可操作性的巨灾保险体系，一个不留遗憾的巨灾损失补偿机制的建立还有待对其他的巨灾进行全面深入的研究。

巨灾风险由于损失的巨额性，没有政府作为后盾，任何其他的损失补偿机制和手段都难以长久支撑，这必然涉及政策问题，本书在政策层面上进行了探讨，但如何进行顶层的设计是本书所不能企及的，这涉及财政、税收、中央、地方等方方面面，当然也不是一个论文所能解决的，特别是广西这样一个一半靠转移支付的财政贫困大省，需要政府部门和各级官员的政治勇气和智慧，但对于一个具有一定政策空间的自治区来讲，在国家强调调整经济结构，注重保障民生的今天，在巨灾损失补偿这一领域走出一条创新性的道路也不是不可能的。

2. 巨灾风险及损失补偿机制理论基础

2.1 巨灾风险理论基础

2.1.1 巨灾的界定

“巨灾”一词（Catastrophe）来源于法语，是指系统内或系统外的突变，导致系统无法承受不利影响①；其英文目前多被翻译为“Large - scale disaster”或“Catastrophic disaster”。“巨灾”在我国最早出现于1986年，主要阐述建立巨灾保险基金②，随后受到学术界普遍关注。

巨灾定义在众多定义中大致可分为三类。（1）从事地质学研究的专家，通常从致灾因子强度及其造成的人员伤亡和财产损失或受灾范围等方面来界定巨灾。马宗晋把死亡10000人以上，直接经济损失（按1990年价格）100亿元（含）以上视为巨灾③。（2）从事保险及金融管理研究的专家，以造成的承保财产损失大小定义巨灾，美国联邦保险服务局（ISO）将巨灾定义为造成至少2500万美元直接承保财产损失，且影响相当数目的保险人和被保险人的事件；瑞士再保险公司则将这一损失额确定为3870万美元。（3）经济合作与发展组织（OECD）认为巨灾可造成大量人员伤亡，财产损失和基础设施的大面积破坏，使受灾地区及邻近地区的政府束手无

---

① Roopnarine P D. Catastrophe theory［J］. Encyclopedia of Ecology，2008（2）：531 - 536.

② 蒋恂．建立巨灾保险基金的设想［J］．四川金融，1986（17）：33 - 34.

③ 马宗晋．中国重大自然灾害及减灾对策（总论）［M］．北京：科学出版社，1994.

策，甚至形成广大公民的恐慌，强调在巨灾应对时需要成员国间通力合作和帮助[①]。

本书认为巨灾是由超强致灾因子造成的人员伤亡多，财产损失大、影响范围广、救助需求高，且一旦发生就会造成受灾地区无力自我应对，必须借助外界力量进行处置的特大自然灾害。（1）致灾强度大，巨灾一般由某一种或几种特大致灾因子和其引发的一系列次生灾害形成的灾害链构成。（2）灾害损失重，巨灾通常造成大量的人员伤亡，巨额的财产损失，严重的经济社会和自然环境影响，形成大范围的灾区。（3）救助需求高，巨灾的应急救助和恢复重建等通常需要更大区域甚至国家层面的扶持，有时候国际援助也是必要的。

2.1.2 巨灾风险的特征

对于风险，有许多定义角度，较为通用的解释是：某种随机事件发生后给人们的利益造成损失的不确定性。再接上述对于巨灾的界定，我们可以对其做一下界定，巨灾风险是指在一定时间内某种巨灾事件发生后给人们利益造成损失的不确定性，也即某种巨灾事件损失结果发生的不确定性。

巨灾风险的特征：

（1）巨灾风险是一个或几个能导致人员伤亡和财产损失巨大的灾害。统计资料表明，自1992年以来，全球因自然灾害所造成的损失平均每年都超过300亿美元。

（2）巨灾是小概率事件，其发生的频率低于一般的灾害事故。与一般或非巨灾损失相比，巨灾损失发生概率非常小，其具体表现形式有地震、洪水、飓风、核泄漏等。巨灾的突发性是自然灾害的共同特点，区别在持续时间长短的不同，洪灾和旱灾持续时间一般较长，使人们有时间采取救灾措施，而地震从爆发到成灾的过程极为短暂，一旦发生，损失几乎同时形成。

① 张卫星，史培军，周洪建．巨灾定义与划分标准研究——基于近年来全球典型灾害案例的分析［J］．灾害学，2013（1）：15－22.

（3）预测困难。巨灾不管是起因于自然原因还是人为原因，对其预测都极为困难。尤其是自然现象比如地震，其孕育过程长，成因复杂，世界各国的科学家虽然进行了大量的研究和探索，但迄今为止仍然没有找到准确预报地震的方法。有些自然灾害的发生具有很强的地域性，可以进行一定的预测，如洪水一般在江河的中下游发生，台风和暴雨常发生在沿海地区，而有些则无法预测，强烈地震在短时间内极少在同一地点重复发生，即使重演，其复发周期也相当长，这种很低的原地重演性使人们对地震灾害的认识、预报、防御经验难以积累。

（4）对国民经济和保险公司带来巨大损失。对国家而言，巨灾可以严重影响一个国家的宏观经济指标，如产出、通货膨胀、国际收支平衡、汇率等，巨灾对国家经济的影响可以集中体现在 GDP 的变化上，对于保险公司而言，每一次事故的发生通常会使许多受害的被保险人同时向保险公司索赔，形成庞大的累积理赔金额，也就是所谓的风险累积。巨灾风险发生时，同一区间内大量个体同时出现，不满足个体损失分布相互独立的要求，真实损失偏差往往大于 3 个标准差，此类尾部风险造成的费差损失严重影响商业保险公司的偿付能力。

2.1.3　巨灾风险的分类

巨灾风险按不同的标准有多种分类方法。比较有代表性的分类方法是将其按发生的原因分为两大类：

（1）自然灾害风险。“自然灾害”是指由自然力造成的事件。这种事件造成的损失通常会涉及某一地区的大量人群。灾害造成的损失程度不仅取决于该自然力的强度，也取决于受灾地区的建筑方式、防灾措施的功效等人为因素。自然灾害的具体形式包括：水灾、风暴、地震、旱灾、霜冻、雹灾和雪崩等。

（2）人为灾难风险。人为灾难是指成因与人类活动有关的重大事件。在这类事件中，一般只是小范围内某一大型标的物受到影响，而这一标的物只为少数几张保险单所保障。人为灾祸的具体形式包括：重大火灾、爆炸、航空航天灾难、航运灾难、公路/铁路灾难、建筑物/桥梁倒塌，以及恐怖活动等[①]。

2.1.4 巨灾风险的评估

1. 巨灾损失指数

巨灾风险的评估一般需要以下几类数据[②]：（1）灾害数据，包括自然灾害发生的地点、频率和强度；（2）易损性数据，指在既定的自然灾害强度下造成的毁坏程度方面的数据；（3）价值分布数据，指种类保险标的分布及其各自的价值；（4）保险条件方面的数据，指购买保险的损失占总损失的比例。

基于上述几方面的数据，可以选择以下几类指标（源于原始数据的或经过加工的）作为巨灾风险的评估依据，上述指标称为巨灾损失指数：（1）基于实际发生事件的参数，如地震的强度或飓风的风速。Parametric 再保险有限公司发行的一种巨灾债券，就是使用日本气象局测量的东京及周边地区的地震活动强度作为计算赔付的基础。（2）参数指数，基于特定公式计算得出的参数。（3）模型损失指数，将实际物理参数输入事先约定的模型计算得出的损失指数。（4）行业指数，基于全行业的损失指数，如美国财产理赔服务署（Property Claim Services）公布的 PCS 巨灾损失指数，1997 年瑞士再保险公司发行的巨灾债券即以该指数作为标的。（5）行业指数权数，是在事件发生后通过模拟损失方法来设置的。（6）实际损失，对于保险公司而言，为实际的保险损失[③]。基于上述各类巨灾损失指数的巨灾合约在实际中均有应用，应用较广泛的是基于实际参数、行业巨灾损失指数或实际损失作为触发机制的巨灾保险合同或金融衍生品。从研究和应用角度看，目前也比较集中于实际参数、行业指数及实际损失进行巨灾风险的建模。

2. 巨灾风险评估的理论模型

记 t 巨灾损失总额为 $L(t)$，巨灾损失的发生次数为计数过程 $N(t)$，

---

① 周志刚. 风险可保性理论与巨灾风险的国家管理［D］. 上海：复旦大学，2005.

② Swiss Re. 自然灾害与再保险［EB/OL］. 2003. http://www.swissre.com/resources/9265320045ee85588155ad4b115b7532-KJAS-5U9LYQ_Publication.pdf.

③ Swiss Re. 证券化——保险公司和投资者的新机遇［J］. Sigma，2006（7）.

每次巨灾损失的金额为 l，l 为独立同分布的随机变量。巨灾损失的连续时间模型包括：

第一类模型

$$L(t) = \sum_{i=1}^{N(t)} l_i$$

一般假定 $\{N(t):t \geq 0\}$ 服从泊松过程，即 $L(t)$ 服从复合泊松过程，该模型在巨灾损失建模中得到了广泛的应用，在后期发展中学者们考虑了利率因素的影响，将巨灾事件发生的损失进行了折现，给出了巨灾损失的现值模型，并依据转移概率的变动情况将巨灾损失分为三类，将之用于巨灾期货和期权的定价①。

第二类模型

$$L(t) = \exp\left[\left(u - \frac{1}{2}\sigma^2\right)t + \sigma W_t\right]$$

上式中 W_t 为标准布朗运动，u 和 σ 为常数，分别代表漂移项和扩散项系数。上式假定，$L(t)$ 为几何布朗运动。Litzenberger et al. （1996）对美国 1956 年至 1994 年巨灾损失率数据进行了分析拟合，证明对数正态分布的拟合效果较好，也就是说巨灾损失率可以用几何布朗运动描述。基于此实证结果可以计算巨灾期权的价格变动，也可用于探讨巨灾衍生品相关的资产配置问题。

第三类模型

$$dL(t) = g(t)dt + dJ(t)$$

$$g(t) = \exp\left[\left(u - \frac{1}{2}\sigma^2\right)t + \sigma W_t\right]$$

$$J(t) = \sum_{i=1}^{N(t)} l_i$$

上述公式中，$g(t)$ 表示几何布朗运动，代表巨灾损失 $L(t)$ 的连续变动部分；$J(t)$ 为复合泊松过程，代表 $L(t)$ 的跳跃部分。此模型可以用来研究巨灾风险的金融衍生产品的定价。

① Egami M，Young V R. Indifference Prices of Structured Catastrophe（CAT）Bonds［J］. Insurance：Mathematics and Economics，2008（42）：771 – 778.

第四类模型

$$L(t) = \exp\left[\left(u - \frac{1}{2}\sigma^2\right)t + \sigma W_t + \sum_{i=1}^{N(t)} \ln l_i\right]$$

上式中巨灾损失 $L(t)$ 同样包括两部分：连续变动部分 $\exp\left[\left(u - \frac{1}{2}\sigma^2\right)t + \sigma W_t\right]$ 和跳跃部分 $\exp[\sum_{i=1}^{N(t)} \ln l_i]$。但第四类模型与第三类模型是不同的：此模型中跳跃部分为乘积形式，而第三类模型中跳跃部分为求和形式。由于数学上的易处理和在实际数据的拟合效果好，该模型在实际中运用广泛。在该模型帮助下，结合随机模拟，可以给出巨灾损失的概率估计，为巨灾损失的度量和巨灾保险及巨灾衍生产品的定价奠定基础。

2.2 巨灾风险损失补偿理论基础

2.2.1 巨灾风险损失补偿的现代社会理论基础

这里所说的巨灾损失补偿是指对遭受洪水与台风灾害的对象给予物质补偿和必要的援助，以便使巨灾对经济社会破坏程度的影响减至最小，使社会活动保持和谐状态。原因是：首先，中国地大物博，人口众多，这种特点也决定其灾害频繁，受灾的公民只有接受补偿才能保障其生存权益。而我们现代政府必须是服务型政府，其合法性和根本基础是要不断提高政府的服务能力和服务水平。因而灾害风险损失补偿便成为了我们服务型政府的基本职能。目前，我国经济增长水平不断提高，政府财力对巨灾损失进行补偿的能力条件在不断加强，满足人民群众公共福祉和不断提高生活满意度是巨灾损失补偿的真正意义所在。其次，我国的经济体制是公私经济体制共存的一种基本经济制度，社会主义市场经济体制不断完善，资源配置中市场机制起到基础性作用，政府职能也从“全能”转向“有限”，从“全面”型转向“指导”型，这样就必须改革现在的政资不分、政企不分、政事不分的经济管理体制，以保障市场经济遵循经济规律，这也使保险市场的作用成为了解决灾害风险损失补偿的最有效途径。最后，除政府和市场之外，还有社会各种团体及自发组织公民力量也成为灾害补偿的有益补充。他们以灵活、独立等优势在灾害损失补偿中发挥独特影响，并逐步形成了全球性公民社会参与灾害救助的趋势。

2.2.2 巨灾风险损失补偿的法律基础

灾害是不以人们的意志为转移的，具有不可抗拒的性质。灾害损失补偿是政府对公民的人身权、财产权和发展权的特殊保障。根据我国《宪法》的规定，国家应该保护公民的私有财产权和继承权。另外《自然灾害救助条例》《社会救助法》《民法》《水法》等也对灾害责任及救助赔偿的范围进行了相关的规定。在《防震减灾法》规定当发生重大地震灾害的时候，国家各个主管部门统筹协调国务院相关部门，给予救济。《防洪法》规定在发生洪涝灾害的时候，人民政府应当根据国家相关规定予以救助。

2.2.3 巨灾风险损失补偿的文化传统

我国的传统文化是以儒家思想为主的传统文化，其中以人社共存的“和谐”和参政的“以民为本”著称。特别是儒家倡导的大同社会与我国社会保障体系中的社会互助极其相似，由于社会互助的传统文化根植在人们心里，在灾害损失补偿中，这种传统的文化思想便得以发扬光大，社会团体及公民自发组织包括NGO、协会、志愿性社团、社区组织等都成为灾害补偿的合力。而“和谐”和“以民为本”就是要政府以实现人与自然的和谐共融，使不同事物稳定统一的关系与秩序，以民众作为根本，充分照顾到全民的利益为首要任务，这使得国家补偿救助成为灾害损失补偿的主力。传统文化是我国人民在长期社会生活实践中得出的精神财富，团结互助精神在当今社会的灾害损失补偿中难能可贵。

2.2.4 巨灾风险损失的公共物品现代理论

公共物品在这里且定义为社会团体或组织提供的产品或者服务；它具有非竞争性和非排他性，即对其消费不会减少对其供应。灾害风险损失补偿应该属于“准公共物品”，由于市场不能独立负担巨额损失，因而这种“准公共物品”不能完全由市场承担；而社会承担也会造成资源配置效率的降低，因而也不能完全由社会承担。各个政府在财政力量上的有限性和在公共事物及公共服务的投入资金的无限性之间存在巨大的矛盾，这使得提供公共物品效率最高的方式是政府与非政府组织、私人部门之间的合作。因此灾害损失补偿应该实行多元化的补偿方式来提供公共物品和服务。

2.2.5 巨灾风险损失补偿的基本原则

对灾害损失补偿的基本原则有：（1）公平正义。灾害损失补偿的公平正义是指对受灾对象进行的救济援助行动应不以区域、人种、国界、年纪等原由为区别，只以保证公民能行使其权益为目的的行为。体现的是“正义是社会制度的首要价值”。（2）适度补偿。灾害损失的补偿并不是指全部补偿，它必须要考虑到灾害损失的大小与国家财力的承受力，考虑对社会造成的影响而进行的公平补偿，它要求受灾对象也应该承担相应的损失。（3）效率。通过购买灾害风险保险来把灾害损失分散减轻到最小，是现代国际社会公认的最有效的保障机制，并已为现代多国采用。（4）互助互济。面对灾难，在地区之间、行业之间、人员之间乃至全社会中均应同舟共济，互相帮助，发挥“一方有难、八方支援”的精神，以及时、公正地保障公民的各项权利，减少社会矛盾，有利于正常的生产发展，并把受灾对象的损失降到最低。

2.3 巨灾损失补偿机制的一般模式

巨灾风险的损失补偿方式有多种，根据补偿的机理及方式不同可分为：自我保障、政府救助、社会捐赠、保险与再保险。无论从补偿的范围还是补偿的能力上讲，各种补偿方式有很大区别，体现了不同的补偿模式。

2.3.1 自我保障

自我保障模式，是指个人或单位非理性或理性地主动承担风险，即指单位、家庭或个人以其内部的资源来弥补损失。与保险同为企业在发生损失后主要的筹资方式，重要的风险管理手段，目前在发达国家的大型企业中较为盛行。自我保障是指项目风险保留在风险管理主体内部，通过采取内部控制措施来化解风险或者对这些保留下来的风险不采取任何措施，等损失发生再进行相应的处理。自我保障方式与其他巨灾风险对策的根本区别在于：它不改变巨灾风险的客观性质，即不改变巨灾风险的发生概率。

自我保障是一种重要的风险管理手段，它是风险管理者觉察了风险的存在，估计到了该风险造成的期望损失，决定以其内部的资源（自有资金或借入资金），来对损失加以弥补的措施；或在巨灾损失发生前，采取相应的减灾防损措施，来减小损失或防止损失扩大的有效措施。

选择自我保障方式的原因有以下几点：（1）某些巨灾风险的可保性存在争议。比如说地震、台风、洪水等。虽然巨灾风险相关的保险产品在开发，但是市场供给严重不足，所以巨灾风险的自我保障是重要的风险补偿模式。（2）与保险公司共同承担损失。比如巨灾保险中保险人规定一定的免赔额，以第一损失赔偿方式进行赔偿，采用共同保险的方式或者以追溯法厘定费率等。作为一定的补偿，保险人会让渡一部分保费，也就是收取比较低的保险费，这样自我承担风险部分也就纳入自我保障范畴。（3）单位、家庭或个人自愿选择自我保障方式承担风险。因为他们认为自我保障方式对自身更有利。因为巨灾风险的发生概率及强度既有地域上的不均等，也存在时间上的不平衡。比如地震风险，同一个地区在短时间内发生两次高强度的概率非常小，这也导致了单位和个体对风险期望损失大大降低，从而选择自我保障方式。

2.3.2 政府救助

在目前的情况下，政府救助是巨灾风险损失补偿机制中最为重要也是最常用的方式。由于巨灾损失风险的特殊性，既不能将巨灾损失风险完全视为私人风险，也不能将其完全视为公共风险。所以应将洪水与台风风险损失界定为一种处于私人风险和公共风险之间的“准公共风险”[①]。

对于政府参与巨灾风险损失分担和救助最直接的理论来源于市场失灵。关于市场失灵的原因主要有以下三点[②]：

（1）巨灾风险市场信息不充分

巨灾事件本身的信息不充分，巨灾事件发生的不确定性，并且无恰当的规律可循。在利用新型的资本市场的工具分散巨灾风险时，要对巨灾风险进行建模，虽然计算机科学技术进步很快，但是巨灾风险建模还是建立在很多假设的基础之上，对于巨灾信息掌握得越少，再保险公司的费率就会越高，甚至拒绝承保。

（2）巨灾风险市场不是一个完全竞争市场

巨灾保险市场由于信息不对称，巨灾保险模型的特殊性，以及再保险和巨灾金融衍生产品发行交易过程中面临的信息不充分等导致巨灾风险市场不是完全竞争市场，此外巨灾保险的供给有限且价格较高，许多面临巨灾风险的消费者并不愿意购买保险，巨灾保险市场的价格和承保能力存在着明显的波动性，再加上不可避免的市场垄断问题，这些特征违背完全竞争市场均衡的基本条件，这些更加证明了巨灾保险市场属于非完全竞争性的市场。

（3）巨灾风险市场的交易费用高

巨灾证券化产品的成本很高，保险人要向投资者提供大量与保险人承担的巨灾风险相关的信息，并且需要大量的中介机构，如巨灾模型公司、信用评级公司、投资银行等。而且保险风险证券化产品市场流动性不高、过高的技术含量等特点难以吸引投资者。

政府补偿为保障公民权利、维护公共利益，通过各级政府财政收入进行的补偿。它是我国巨灾补偿资金的主要来源，其优势包括：公共性，即根据损失程度对所有受灾者进行的救济补偿，体现公共财政取之于民、用之于民的根本精神；及时性，政府是各种资源的最大拥有者，能够在最短

① 庹国柱，王德宝．我国农业巨灾风险损失补偿机制研究［J］．农村金融研究，2010（6）：13－18.

② 高海霞，姜惠平．巨灾损失补偿机制：基于市场配置与政府干预的整合性架构［J］．保险研究，2011（9）：11－18.

时间内开展施救和补偿活动；保障性，政府补偿通过国家机关、法定的程序、完善的监督与问责制而具有最高信用，能够得到广泛的社会信赖；稳定性，政府补偿对恢复生产生活秩序、凝聚人心稳定社会具有长期效应①。

2.3.3 社会捐赠

社会捐赠为巨灾损失补偿的一种重要形式，与政府救助行为密不可分，巨灾风险补偿的根本目的就是要减轻巨灾危害，维护社会和谐稳定，在政府及各界媒体的推动下，社会慈善团体以及慈善人士乃至整个社会公民了解巨灾的损失及严重程度，自发形成社会捐赠，为了满足社会需要及实现公共利益而对受灾者进行的救济援助活动，不应区分地域、民族、种族、年龄等因素，以保障维护受灾者的各项权利。社会捐赠的补偿责任已成为国际社会广泛采用的形式。全社会应该发扬“一方有难、八方支援”和同舟共济的民族精神，最大限度地减少受灾者的损失。

由社会组织和公民自发开展的捐赠活动，是政府补偿和保险补偿之外的社会性补偿，包括慈善基金会、红十字会、协会、企业及公民等，其优势在于：补充性，社会捐赠能够把分散在民间的救助力量集中，通过社会自助组织网络分担巨灾补偿任务；灵活性，巨灾严重破坏生产生活秩序，社会捐助通过捐款捐物、志愿行动、扶危济困等多种内容和途径救助受灾者；广泛性，社会捐助不受条件限制而能够广泛激发和调动民间的参与力量。

此外，国际支援也是一种社会捐赠的重要组成部分，国际组织出于人道主义精神，自愿对受灾地区和群众给予的无偿帮助。新中国成立以来，中国付出了大量的人力、物力和财力，在世界范围内开展了灾害救助与支援活动，彰显了中华民族为人类进步事业的努力精神与良好政府形象，也赢得了国际社会的信赖和支持。汶川地震期间，先后有多个国家和组织通过多种形式捐款捐物、开展搜救及志愿活动，在大灾面前共同携手抗灾。

---

① 马晓东．论巨灾风险损失补偿机制［J］．学术探索，2012（1）：58－61.

2.3.4 保险与再保险

由于巨灾风险在具有公共风险的同时，也具有私人风险，所以巨灾风险也可以通过市场补偿的方式解决。市场补偿是指在巨灾风险可保性论断的基础上保险或再保险双方能在市场上以合意的价格就某一风险转移达成交易。

在我国作为损失补偿和风险转移的最佳手段，从风险管理的角度来看，保险对于灾害风险的管控有三个环节：首先是风险识别和评估，其次是在此基础上的风险防范和化解，最后是风险分散和转移。传统的商业保险往往注重风险的分散和转移，忽视风险控制和损失的降低；注重损失补偿，忽视防灾防损；注重“存量”风险的处理，忽视风险“减量”工作；注重灾后的社会“可恢复性”问题，忽视社会的风险暴露和灾害“易损性”问题。实际上，灾中的抢险救灾和灾后的恢复重建并不能显著改善社会面对灾害的脆弱性，风险分散和转移也并不能真正降低风险。保险业在灾前的风险转嫁和灾后的损失补偿职能，固然能够调节经济波动，接续社会发展链条，但并未真正减少人民生命财产和总体经济的损失。

对于巨灾风险，任何一个保险人都不可能只凭自身的资本积累进行承保。再保险作为保险人分散巨灾风险的手段，有其特殊的作用①。

第一，再保险对固有的巨大风险进行有效分散。再保险对风险的分散，其内涵具有平摊风险责任的含义，这就使得再保险能促进保险业务满足保险经营所追求的平均法则，以提高保险经营的财务稳定性。这样，一个固有的巨大风险，就通过分保、转分保，一次一次地被平均化，使风险在众多的保险人之间分散。损失发生时，庞大的再保险网络可迅速履行巨额赔款。再保险这种对固有巨大风险的平均分散功能，是直接保险所不具备的。

第二，再保险对特定区域内的风险进行有效分散。与固有巨大风险责任不同，有些风险责任是因积累而增大的，其特点是标的数量大，而单个标的保险金额并不很大。这类业务表面上看颇为符合大数法则和平均法

① 周志刚．风险可保性理论与巨灾风险的国家管理［D］．上海：复旦大学，2005.

则，但实际上这些标的同时发生损失的可能性很大，因而具有风险责任集中的特点。对于这类积累的风险责任，通过再保险，可以将特定区域的风险，向区域外转嫁，扩大风险分散面，达到风险分散的目的。显然，这种从地域空间角度来分散风险的功能是直接保险难以具备的。

第三，对特定公司的累积风险进行有效分散。这种积累的风险责任，是由于公司的业务局限于少数几个险种，特别是集中于某一个险种时造成的。这种情况在专业保险公司较为常见。对于这种由于公司业务性质造成的风险责任积累，再保险是唯一能将这种业务偏向冲淡而达到风险分散的有效方式，再保险对这种积累风险的分散，具有跨险种平衡分散的特点。

第四，通过相互分保，扩大风险分散面。相互分保是扩大风险分散面的最好方式。保险人既将过分巨大的风险责任转移一部分出去，同时又吸收他人的风险份额，这样，使该保险人所承担的总的保险责任数额变化不大，但却实现了风险单位的大量化及风险责任的平均化，因而实现了风险的最佳分散，财务稳定性得到很大的提高。

3. 广西巨灾风险及其经济影响分析

广西部分的自然灾害损失是由洪水和台风引起的，这两种灾害给广西造成的危害最大。广西自然灾害经常交替发生、灾害程度深，对人民生活生产造成很大破坏，同时广西保险发展滞后，灾害补偿机制并不健全。

3.1 广西的常见自然灾害

广西是一个自然灾害频发的地区，主要的自然灾害有强降雨洪涝灾害、台风、干旱、低温冻害及雨雪灾害等。由于广西的时空跨度比较大，桂东与桂西、桂南与桂北间的地理气候差异比较大，出现的自然灾害往往不一样。

3.1.1 洪涝灾害

广西洪涝灾害的重灾区主要分布于浔江两岸、郁江中下游、红水河、柳江、黔江下游、南流江、钦江中下游及沿海地区。洪水除淹没大片农田外，还威胁广西沿江城市，如西江的梧州市、柳江的柳州市、郁江的南宁市、桂江的桂林市等，而北海、钦州及防城港市主要受风暴潮灾。由于自然地理等因素的影响，广西区内各主要江河洪水发生频率、时间不尽相同，红水河最大洪水发生在1872年，郁江最大洪水发生在1881年，西江最大洪水发生在1915年6月，洪水频率约200年一遇[①]。

广西洪涝灾害损害程度较大，具有频发性、连续性、周期性等特征。

---

① 广西壮族自治区发展和改革委员会，广西防灾减灾体系建设“十一五”规划．2006.

根据1990年以来的灾害统计，每年都会有不同程度的局部洪涝发生，在1994年、1996年、1998年、2001年、2005年和2008年等均发生重大洪涝降雨灾害，平均每三年就会发生一次。1951年以来的洪涝灾情统计资料表明，广西每年都有不同程度的洪涝灾害发生，特大和重大洪涝灾害频繁发生，而且随着经济社会的发展，灾害造成的损失越来越大，其中1990—2005年的16年，全自治区洪涝灾害直接经济总损失累计达1276亿元，平均每年损失约80亿元，约占全自治区同期GDP的4.34%，是全国（1.8%）的2.4倍；全自治区平均每年有919万亩农作物遭受洪涝灾害，约占全自治区多年平均耕种面积的25%；平均每年因洪涝灾害死亡168人，是诸多自然灾害中死亡人数最多的灾种。由此可见，洪涝灾害已成为制约自治区经济社会快速、稳定、协调发展的重要因素之一。从表3-1可以看出，自1980年以来，中国十大损失最严重的水灾当中，有3次涉及了广西。

表3-1　　1980年以来中国十大损失最严重的水灾①

年份	主要省份/河流	损失总额（美元）	死亡人数
1998	湖南、江西	30700	4150
1996	长江、松花江	24000	3050
1991	贵州、浙江、四川、湖南	13600	2600
1993	安徽、淮河	11000	3300
1999	甘肃、内蒙古、山西、河南、河北、浙江、贵州、江西、广西	8000	800
2003	安徽、广西、长江	7890	800
1994	湖南、广西、贵州	7800	1400
2004	广东、江西、湖南、浙江	7800	1000
2007	四川、重庆、湖南	6800	650
1995	江苏、河南、湖北、安徽	6720	1400

数据来源：慕尼黑再保险公司：《2009年全球自然灾害报告》。

3.1.2 旱灾

广西因干旱造成的灾害也较重，干旱是广西的主要灾害性天气，在新

① 慕尼黑再保险公司：《2009年全球自然灾害报告》。

中国成立前的480年间，曾有148年出现过旱灾，平均3年一遇 。其中全区性大旱24年，平均20年一遇。新中国成立后至2001年有18年干旱，在干旱年中，受旱作物面积占作物面积一半以上的大旱年有3年，占总年数的7.5 %①。

广西的干旱主要是春旱和秋旱，夏旱也有。大旱之年一般是上年秋冬雨少，接着出现春夏或夏秋连旱。桂南、桂西、桂中地区春旱多于秋旱；桂东秋旱多于春旱；桂北夏秋旱多，春旱比较少。广西的干旱具有频发性、季节性、区域性、连续性、旱涝并存和交替等特点。

降雨量时空分布不均是造成干旱的主要原因。由于降雨在年际之间变化也大，丰水年的雨量是枯水年的1.5～2.5倍，枯水年常发生大范围的干旱。雨量在地域上的差异也比较大，桂东、桂东北、桂东南偏多，桂西偏少，桂中居二者之间，因此桂西和桂中的干旱多于桂东、桂东北和桂东南。根据1951年以来至2005年的旱情资料分析，广西每年都有不同程度的旱灾发生，其中1990年至2005年平均每年有1410万亩农作物受旱，约占多年平均农作物耕种面积的三分之一②。

3.1.3　旱灾和洪涝并存

由于广西降雨时空分布极不均匀，一年之中往往先旱后涝或先涝后旱，此旱彼涝或此涝彼旱，旱涝并存，旱涝交替、急速逆转。影响较大的连续旱灾年和涝灾年基本以每世纪出现3～5次不等，大的旱灾洪涝灾害经常发生在连续灾害过程里。比如，2005年发生的三次大旱灾，是在2003年、2004年连续发生旱灾后发生的，大旱基本上50年一遇，干旱与洪涝并存现象发生在5月下旬至6月上旬，特大洪水于6月中下旬发生，特别是1915年以来最大的江西洪灾，可谓百年一遇，更严重的是洪灾后接着发生较大的秋冬旱灾。这样的现象也发生在2010年4月，百色、河池等地抗旱的同时，桂林市的全州县发生大洪灾。

---

① 李耀先，李秀存，张永强，涂方旭．广西干旱分析与防御对策［J］．广西农业科学，2001(3)：113－117.

② 广西壮族自治区发展和改革委员会，广西防灾减灾体系建设“十一五”规划．2006.

3.1.4 降温、冰冻及雨雪灾害

在2008年1月中旬到2月上旬，我国南方受到严重的灾害，主要原因便是连续大幅的降温以及雨雪天气，在这场灾害中，运输、电力均受到极大损害，导致经济损失达1516.5亿元人民币，广西发生降温冰冻及雨雪灾害的过程之长、受灾面积和程度之大之深也是很罕见的。

3.1.5 台风破坏严重

根据统计，自20世纪50年代以来，75%左右的台风集中发生在7~9月，平均每年在4次左右。重大的台风最快可在几个小时内发生，一般情况下会在1~2天内。台风灾害破坏严重①，如1906年造成1000余人死亡，1934年造成钦州市青草坪村全村覆灭；1996年的15号台风更是导致58人死亡，40多人失踪。台风灾害一旦发生，便具有突发、频发、破坏性大的特征。

3.2 广西巨灾的主要风险

3.2.1 广西洪水灾害风险

地处华南的广西属于亚热带季风气候区，因此容易发生旱涝等灾害。西江作为珠江干流，广西境内其流域集雨有202427 km，占全广西面积的86%。资料显示，据统计1959年至2008年的情况，5~9月为超过梧州市起淹水位年最高水位的集中发生月份，这期间92.1%发生在6~8月。6月、7月、8月发生超警戒线的年最高水位的概率分别为85.0%、67.8%和92.6%。5月西江流域降雨基本被吸收或提升水位，主要原因在于前期水位低雨水少、土壤湿度小等，故洪涝发生概率较小；6~8月因水位较高、土壤湿度大，容易引起洪涝灾害。自20世纪90年代以来，西江流域

① 杨年珠. 中国气象灾害大典（广西卷）[M]. 北京：气象出版社，2007.

发生严重洪涝灾害的年度较多，洪涝灾害危及到广西广大的行业并且对下游地区造成较大隐患。

表 3－2　　　　广西主要河流情况

河流名称	流域面积（万平方公里）	年径流量（亿立方米）	流域面积占全区总面积比重（%）
全区	23.67	2057.33	100
红水河	3.86	215.45	16.3
郁江	6.81	242.06	28.80
西江下游区	2.14	280.66	9.00
桂江	1.82	256.49	7.70
南流江	0.92	142.75	3.90
柳江	4.20	351.18	17.70
贺江	0.84	62.19	3.5

注：本表数据由自治区水利厅提供。

从频率来看，西江流域大部分地区出现洪涝的频率达到20%以上。梧州[①]、苍梧达到36%～37%；郁江、柳江和红水河交汇区达到33%以上，柳州地区柳江河谷每年的发生率都超过30%以上，在贵港郁江和桂林梧州的桂江河谷每年都要超过27%，西江流域降雨基本被吸收或提升水位，主要原因在于前期水位低，雨水少到21%～27%。因此，西江流域中西江作为珠江干流，夏季洪涝频率每年都绝对比所有的支流大，发生严重洪涝灾害的年度较多，各支流中下游洪涝频率每年都远远比上游大的特点。

最常见的最普通洪涝灾害可归纳为三种类型：局部性洪涝灾害（这是最多发的）、区域性洪涝灾害（这个也是经常发生），流域性洪涝灾害（这个造成的危害最大损失最多）。整个流域在每年的夏季降水量最多，洪涝灾害60站次以上，造成支流超过警戒水位，导致经济损失很大。20世纪50年代以来，洪涝灾害有8次，1968年、1994年该地区不可思议地发生了损失特别严重的前所未有的洪涝灾害，让人不敢想象的是总站次居然都在100次以上。1968年6月、7月，西江流域的主要中等城市梧州市的水位几乎创纪录地超过警戒水位8.95米；8月西江的中游郁江县发生的大洪

① 卢建壮．“6·23”梧州特大洪水气象成因初探［J］．广西气象，2006（1）．

水，广西首府南宁的防洪堤居然出现了匪夷所思的缺口，淹没南宁市75%的城区，造成极其沉重的损失。1994年5月到8月，大部分高于正常降水量30%到1倍。6月继续引起广泛的强降雨主要河流中部和北部的水位激增，洪水泛滥成灾，中部柳江柳州、广西东出口西江下游城市梧州超过警戒水位分别为9.25米和10.91米，导致362.6亿元经济损失。还有1995年8月，尽管水位没有超过警戒值，因受辐合线和9506号风暴影响，郁江流域发生暴雨，导致损失达到19.37亿元。

表3-3　西江流域洪涝的年代际统计特征

年份	平均洪涝站次	流域性洪涝年/a	区域性洪涝年/a	局部性洪涝年/a	超24.2米水位年/a	超25.9米水位年/a
1961—1970	39.7	1	3	4	0	0
1971—1980	33.0	0	3	4	1	0
1981—1990	19.8	0	0	3	0	0
1991—2000	49.5	3	3	2	3	2
2001—2008	49.1	4	1	3	2	1

注：本表数据由自治区水利厅提供。

广西地处东亚大陆南缘，部分受东亚季风影响，降水充沛。各地年平均降水量1086~2755毫米，全区平均1530.4毫米是全国降水量最丰富地区之一。广西各地年平均暴雨日（日雨量≥50毫米）为2.7~15天，平均每气象站5.5天，暴雨日数最多的1994年平均每站8.8天。大暴雨（日雨量≥100毫米）平均每站每年0.9天，大暴雨最多的1994年，平均每站2.2天。日雨量≥250.0毫米的特大暴雨不多，多数年份每年1~7站次，平均每年2站次。广西不仅暴雨多，而且降水强度也大。各站日最大降水量为147.1~509.2毫米，其中有34站≥250毫米，有20站≥300毫米，有5站≥400毫米，北海达509.2毫米（1981年7月24日），灵山也达498.3毫米。

3.2.2 广西西北部喀斯特地区的洪灾风险

长期以来，喀斯特地区的洪涝灾害的风险管理问题并没有引起学界的重视，也没有得到政府和社会的足够支持，研究者稀缺。广西喀斯特地区面积为12万平方公里，占全区总面积的51%。喀斯特地区具有非常特殊的地形地貌，70%~80%是裸露的石灰石，生态脆弱，植被稀少，无雨则旱，有雨则涝。研究表明，广西喀斯特地区洪涝灾害特点明显，发生频率高，季节性、集中性、突发性强，损失大，洪涝持续时间长，短则半个月，长则3~4个月，恢复难度大。本书在研究喀斯特洪涝灾害特点基础上，创新性地提出了广西喀斯特地区洪涝灾害风险评估的目的、方法、手段和指标体系。形成了与一般江洪风险管理注重工程措施完全不一样的方案，以灾害防治与社会经济发展相结合的非工程措施为主的全面风险管理，辅以移民和扶贫相结合的政策，努力解决广西喀斯特地区1000多万人的洪涝灾害问题。

广西喀斯特地区面积较大，约超过12万平方千米左右，为全区总面积的51.8%，其中，石灰岩裸露面积占全区土地面积的41%，分布遍及自治区83.9%的县份。

当地人们为扩大耕地而减少林地、草地等，破坏了喀斯特地区环境，降低了土地生产率，更严重的是导致水土流失和石漠化加剧。根据喀斯特大石山区所占的比例，我们可以将广西喀斯特地区划分为三类。

表3-4　　广西喀斯特地区划分表①

类别	比例	地区
一类喀斯特地区	喀斯特地形占70%	桂林市、忻城、宜山，靖西、大新、天等、柳城、河池币、富川、隆安、武宣、扶绥，柳江、都安、来宾、龙州，崇左、象州，马山、合山20个县市
二类喀斯特地区	喀斯特地形占50%~70%	德保、阳朔、上林，南丹、宾阳、罗城，环江、全州、平果、武鸣、东兰、柳州市12个县市
三类喀斯特地区	喀斯特地形占30%~50%	鹿寨、凌云、巴马、灵川，荔浦、隆林、恭城，田阳、凤山、平乐，贵县、钟山、那坡、田东、融安、临桂、永福17个县市

① 周性和，温琰茂．中国西南部石灰岩山区资源开发研究（中国科学院西南资源开发考察队）[M]．成都：四川科学技术出版社，1990.

3.2.3　广西泥石流灾害风险

因为暴雨、暴雪或其他自然灾害引发的山体滑坡并携带有大量泥沙以及石块，在山区或者其他沟谷深壑可引发泥石流灾害。由于泥石流的突然到来、流动迅速、体量大等特点，往往造成较大的破坏，并损害交通运输甚至村镇等。据不完全统计，近十几年来，广西泥石流无论发生频率还是损害程度均不断增加，每年广西的大量农作物被损坏，估计达99000多亩。桂北山地，桂东西、大瑶山、十万大山、桂西等为广西泥石流主要集中地。泥石流灾害对建筑物、农作物和人畜等造成广泛、深重的破坏。

造成泥石流的直接因素为暴雨①。根据统计，泥石流频发期与雨季存在惊人的一致。如4~6月的桂东北暴雨，尤其5~6月是泥石流多发月份。6~8月桂东南和桂南经常情况下都是暴雨和泥石流不约而同地同时出现。在许多地方泥石流的表现最重要的特征就是高含沙量（>800公斤/立方米）的洪流，较大的雨量和雨强可在短时间内产生足够大的冲击力和爆发力，冲刷和带动地表大量松散物质从而形成泥石流。特别是来势猛、强度大的历时短暴雨（<3小时），如1991年6月6日的资源县八坪，2小时的暴雨强度达到55毫米/小时，降雨1小时便形成泥石流。对比起来，长时间的降雨反而强度较轻，但在峰值时，便容易发生泥石流。如1983年6月17~20日的资源县城，降雨量共570毫米，雨量高达165毫米，而后引起泥石流。一般来讲，泥石流历时短，尤其是在1~2千米长的沟谷，仅有十分钟到半小时不等。2010年6月3日，广西玉林市容县由于连日下雨，爆发泥石流，于2日凌晨淹没位于六王镇陈村上垌一队一户民宅。包括两名老人，三名儿媳妇和六名孙子、孙女共11人一家三代全部遇难。2011年5月9日，广西全州县咸水乡洛江村山体突发泥石流，导致现场21人失踪和死亡。

3.2.4　广西台风风险

自然灾害是当今人类面临的全球性重大问题之一，尤其是台风灾害更

① 赵木林，潘新华．广西异常暴雨洪水灾害研究及防御对策［J］．中国水利，2008（9）．

是全球发生频率最高、破坏性最大的一种自然灾难。在我国，广西是仅次于广东、福建和台湾受台风影响大的省份，自唐代以来就有历史记载。1949 年中华人民共和国成立以后，根据 1950—1985 年 36 年的资料统计，广西共发生台风和热带低压 196 次，平均每年 5.4 次，最多年份 9 次，最少年份也有 2 次。自 5 月到 12 月都有出现，6～9 月频率较多，其中又以 8 月最多，频率达 29%。大风包括寒潮大风、雷雨大风，龙卷风等对渔业生活和生产造成较大影响。特别是大风出现于两山夹一谷的河谷地带时，风力更加强烈。

据世界气象组织报告，全世界每年有 2000～3000 人死于热带风暴，每年台风造成西太平洋沿岸国家经济损失达 40 亿美元。中国位于太平洋西岸，受台风影响相当严重，广西是台风活动影响广大的沿海省份，人口稠密，同时也是台风灾害最为脆弱的地区，台风灾害对广西社会经济发展构成了严重的威胁。

台风包括最常见的热带低压、损失不是特别严重的热带风暴以及带来极大冲击和大量损失的强热带风暴，而最具摧毁性的导致严重损失的是台风、强台风和超强台风。它们是一种中心附近最大风力达 12 级或 12 级以上的热带气旋，它们的名称是根据其中心附近最大风力的大小来决定的，世界气象组织规定：气旋中心最大风力为 6～7 级的称为“热带低压”，8～9 级称“热带风暴”，10～11 级称“强热带风暴”，12～13 级称“台风”，14～15 级称“强台风”，16～17 级称“超强台风”。根据人们的习惯将以上六类热带气旋均称为“台风”。为方便起见，我们用统称的“台风”来统计。

台风为热带气旋俗称，主要特征为大风大雨。热带气旋中心如果进入北纬 19°以北、东经 112°以西，广西将遭受影响。在 1949 年到 2000 年间，广西台风一般发生在 7 月到 9 月，占全年数量的 71.4%。每年最早 4 月底到 5 月初，最晚为 12 月 1 日。5 月底 6 月初是早期发生较大灾害的热带气旋的时期；晚期则在 10 月中旬左右。每年平均发生 5 次，最多年份达到 9 次，最少年份也达到 1 次。一旦中心进入广西内陆或近海，通常会造成气象灾害[①]。

强风、暴雨和风暴潮为台风产生损害的几个因素。第一强台风风速在17米/秒以上，甚至在60米/秒以上，有着极大的能量。根据测算，风力达12级时，不可思议的事情就是让人不敢想象的垂直于风向平面上每平方米风最大的风压可达230公斤。其次是暴雨，因为几乎所有地方的台风都具有较强的降雨系统。每次台风，中心可降100~300毫米的大雨，多时可达500~800毫米。由此引发的洪涝灾害十分危险。台风暴雨强度一般较大，加上发生频率较高，危害面积广。最后，当台风移向陆地，使海水向海岸堆积，水位猛涨，从而形成风暴潮。风暴潮能使沿海水位上升5~6米，遇到天文大潮位时，形成高频潮位，从而会导致水位溢满，冲破堤岸，造成居民房屋建设以及农作物等的伤亡损失。另外，还会形成海岸的破坏、土地的破坏等。

西太平洋台风，在西太平洋洋面上形成的猛烈旋转的大气涡旋。西太平洋台风平均每年有3个影响广西，占影响广西台风总数的56%，多出现在7~10月，主要从湛江以东至福州以西一带沿海登陆后，再向西到西北行进入广西内地。由于西太平洋台风移动路径长，并比南海台风移动路径稳定，可在其西移路径中监视其变化，所以一般都能较早地做好预警和防御工作。但由于西太平洋台风大都比南海台风强，如果其在珠江口以西登陆后进入广西，强度减弱慢，破坏力较大，也给防灾减灾工作带来一定的困难。

南海台风，在南海海面上生成并加强的台风，或西北太平洋热带低压西移至南海后加强而成的台风，都称为南海台风。南海台风平均每年有2.3个影响广西，占影响广西台风总数的44%，多出现在6~9月，主要从珠江口以西沿海登陆后向偏西行影响广西。由于南海台风的移动路径经常出现转折、打转、停留等现象，还有一些南海台风在近海生成或突然发展，并在1~2天内就影响广西，所以南海台风有时会给预警和防御工作带来一定的难度，因而必须对其动向引起足够的重视，否则会造成严重的损失。

---

① 杨年珠．中国气象灾害大典（广西卷）［M］．北京：气象出版社，2007.

3.3 广西巨灾的损失情况

我们收集了自1966年至2011年广西的受灾情况和成灾情况，发现广西是遭遇自然灾害损失比较严重的省份，最高的年份（1994年）受灾面积接近广西土地面积的10%，广西的水灾成灾面积占广西自然灾害的成灾面积按年平均计算达34.19%，最高的年份（2002年）达79.53%，在这46年间有9年超过了50%，也就是说每5年就有一年水灾成灾，面积占全部自然灾害的成灾面积的一半。

表3－5　广西成灾面积比较

年份	成灾面积（千公顷）	受灾面积（千公顷）	成灾面积占受灾面积比重（%）	水灾成灾面积（千公顷）	水灾受灾面积（千公顷）	水灾成灾面积占成灾面积比重（%）	台风灾受灾面积（千公顷）	台风灾成灾面积（千公顷）
1966	266.67	1022.67	26.1	133.3333	242	50.00	—	—
1983	287	786	36.5	86	167	29.97	—	—
1984	680	1070	63.6	120	170	17.65	—	—
1985	580	1140	50.9	380	590	65.52	—	—
1986	440	1110	39	190	360	43.18	—	—
1987	322	920	35.1	20	90	6.21	—	—
1988	960	1680	57	200	370	20.83	—	—
1989	690	1240	56	10	50	1.45	—	—
1990	919.33	1467	62.6	71	160	7.72	—	—
1991	800	1504	53.2	67	142	8.38	—	—
1992	1001	1542	64.9	108	203	10.79	—	—
1993	531	1047	50.7	235	483	44.26	—	—
1994	1567	2324	67.4	1050	1520	67.01	—	—
1995	528	1186	44.5	287	358	54.36	—	—
1996	911	1943.3	46.9	623.3	1060.7	68.42	—	—

续表

年份	成灾面积（千公顷）	受灾面积（千公顷）	成灾面积占受灾面积比重（%）	水灾成灾面积（千公顷）	水灾受灾面积（千公顷）	水灾成灾面积占成灾面积比重（%）	台风灾受灾面积（千公顷）	台风灾成灾面积（千公顷）
1997	436	803.3	54.3	269.3	478	61.77	—	—
1998	791	1294	61.1	548	793	69.28	—	—
1999	918	2200	41.7	149	372	16.23	—	—
2000	836	1523	54.9	150	234	17.94	—	—
2001	757	1155	65.5	518	772	68.43	—	—
2002	723	1170	61.8	575	963	79.53	80	53
2003	1134	1831	61.9	128	315	11.29	340	279
2004	914	1995	45.8	208	659	22.76	—	—
2005	838	1524	55	249	520	29.71	42	26
2006	741	1546	47.9	123	296	16.60	562	339
2007	429	1126	38.1	110	364	25.64	39	2
2008	1129	2306	49	556	642	49.25	19	8
2009	459	1110	41.4	109	303	23.75	88	19
2010	869	1665	52.2	92	467	10.59	88	19
2011	638.1	1437.9	44.3772	173.8	160.6	27.24	435	56

数据来源：中国气象灾害大典（广西卷），热带气旋年鉴（1949—2012）。

3.3.1 广西洪灾损失情况

3.3.1.1 广西洪灾的影响

广西洪涝灾害频发，灾害发生后对广西的社会经济发展都造成了多方面的影响，可以从以下几个方面来看：

（1）生命影响

从上述的数据我们可以知道洪涝灾害对区内的影响首先表现为人员伤亡，广西每年都有几十个生命在洪水中丧生，这对家庭的伤害无论用什么来补偿都是不能弥补的。不光是广西，乃至全国，洪水灾害都是自然灾害中较为严重的一种。

（2）经济影响

洪涝灾害对经济的影响包括对农业、交通、水利设施以及居民家庭财产等方面。在洪涝期间，农田、农作物常被不同程度损坏，给农民生产生活造成较大破坏。铁路、公路等交通枢纽是国民经济的动脉，当洪水发生，不仅冲毁铁路、公路、桥梁，给交通带来不便，交通中断还会导致间接效益损失。每一次洪涝灾害都造成大量水利工程水库、堤坝、电站等被破坏，还有造成房屋倒塌，居民家庭财产如家具、家电等被洪水冲走或损坏造成经济损失。

（3）社会影响

洪涝灾害发生后会有大量受灾群众没有食物没有居所，灾民的生活要尽快妥善安置，否则将会增加社会动乱因素，增加人们对社会的负面情绪。

（4）环境影响

洪涝灾害会对耕地造成破坏，还会对水环境、生态环境造成污染。洪水灾害一般会造成沿岸耕地破坏，影响人们的生活生产。土地盐碱化程度加剧，对农业生产和生活环境带来严重危害。洪水泛滥会使垃圾污水等四处漂流，河流、池塘等水资源都会受到病菌、虫卵的危害，导致多种疾病发生，危害人民身体健康。还有一些城镇、矿厂遭到洪水淹没后，一些有毒的重金属就会扩散开来，对水质造成污染，不利于人民恢复生产生活。洪涝灾害影响深远，对生态环境如水土流失、土壤贫瘠化造成持久的负面影响。当土壤贫瘠或石化，既不利于农民对土地的利用和耕种，又会影响农民的经济收益，洪涝灾害造成了很多不利的影响。

因此，洪涝灾害的发生对我们整个社会的影响是多方面的，是巨大的，我们要引起重视，不要小看洪灾带来的影响。洪水灾害并不可怕，我们不要把它看成是一个魔鬼，其实它也是有弱点可被突破的地方的，我们应充分分析洪水风险，充分了解洪水风险，相信通过我们的努力，洪水灾害对我们造成的影响一定会减小。

3.3.1.2 广西洪灾的主要类型

广西的洪灾就其成因及危害的严重性而言，广西洪水灾害类型大致可分为山洪灾和江洪灾两类。

第一种是山洪灾。广西境内多山，一旦发生暴雨等很容易发生山体滑坡等山洪之灾。这种洪水如果形成固体径流则是我们通常所说的泥石流。在广西，溪河洪水是山洪灾害最主要的种类之一，并且是泥石流以及滑坡等的诱发因素及动力。因为山区地面和河床的坡降比较陡，降雨后产流和汇流都比较快，形成急剧涨落的洪峰。所以山洪具有突发性、水量集中以及破坏力强等特点，一旦发生山洪灾害，虽然灾害波及范围较小但是造成的损失较大。

第二种是江洪灾。江洪大多为局部性灾害，因为连续多天降雨而导致西江各支流同时暴涨，通常会造成沿江沿河流域大范围的水灾。这种江洪灾在广西近年来也是比较多的，由此引发的水灾屡见不鲜。由于江、河、湖、库水位猛涨，堤坝漫溢或溃决，洪水流入境内而造成灾害。由此可见，江洪灾范围广，水势猛，其危害比山洪灾要惨烈得多。而江洪涝虽然来势比较缓慢，可是造成的损失也不容小觑。

3.3.1.3 广西2009年至2013年洪灾经济损失

2010年全区先后发生了10次洪涝灾害，其中超警戒洪水152站次，高洪以上洪水55站次。

2011年全区洪涝灾害造成全区农作物受损面积534.54千公顷，成灾面积229.55千公顷，受灾人口513.62万人，因灾死亡33人，倒塌房屋1.104万间，直接经济损失48.1386亿元。北海、崇左等市受灾较重。

2012年的汛情、灾情总体上属正常偏轻年景，但灾害频次偏多。全区农作物受灾面积491.07千公顷，成灾面积157.33千公顷，受灾人口653.09万人，因灾死亡21人，倒塌房屋2.06万间，直接经济损失43.79亿元。北海、防城港、崇左等市受灾较重。

2013年广西的气候比较异常，灾害性天气比较频繁，先后发生了14次洪涝灾害，其中受台风影响致灾7次，受强降雨影响致灾7次，与常年相比总体上属洪涝灾害次数偏多的年份。洪涝灾害特点：一是台风次数多影响大，二是局地降雨强度大，三是部分河流水势猛。全区农作物受灾面积531.9千公顷，成灾面积153.51千公顷，受灾人口544.57万人，因灾死亡41人，倒塌房屋1.8万间，直接经济损失54.56亿元。贵港、崇左等市受灾较重。2013 年度中央财政补助广西防汛抗旱资金共计 38970 万元，其中应急度汛项目资金 1800 万元，特大防汛补助费 8200 万元，山洪灾害防治经费 21370 万元。

我们从上面的数据可以看出，广西近几年洪水灾害发生频率高，损失十分严重，不仅造成农作物等的破坏，房屋受损，甚至还有人因灾死亡，虽然有补助费，但是对受灾群众造成的创伤是不能弥补的。如果能够更加有效地减少灾害损失，无论是对政府还是人民都是更好的。洪灾损失巨大也反映了广西对洪水风险的防范意识薄弱，对洪水风险的分析不到位，因此我们要加强防范，找出在风险分析过程中容易被忽视的问题，加强洪水风险分析，做到对症下药。

表 3－6　　2009—2013 年洪水泥石流人口损失

<table>
<tr><th>年份</th><th>地区</th><th>受灾人口（万人次）</th><th>死亡人口（人）</th><th>失踪人口（人）</th><th>紧急转移人口（万人次）</th><th>其他需紧急生活救助人口（万人次）</th></tr>
<tr><td rowspan="2">2013</td><td>中国</td><td>4763.7</td><td>74</td><td>22</td><td>569.6</td><td>159.6</td></tr>
<tr><td>广西</td><td>398.3</td><td>4</td><td>0</td><td>22.5</td><td>6.9</td></tr>
<tr><td rowspan="2">2012</td><td>中国</td><td>10588.5</td><td>1053</td><td>358</td><td>461.8</td><td>194.2</td></tr>
<tr><td>广西</td><td>160.2</td><td>42</td><td>1</td><td>7</td><td>8.8</td></tr>
<tr><td rowspan="2">2011</td><td>中国</td><td>12137.8</td><td>601</td><td>111</td><td>551</td><td></td></tr>
<tr><td>广西</td><td>317.8</td><td>35</td><td>0</td><td>12.7</td><td></td></tr>
<tr><td rowspan="2">2010</td><td>中国</td><td>19935.4</td><td>3101</td><td>978</td><td>1624.3</td><td></td></tr>
<tr><td>广西</td><td>981.2</td><td>115</td><td>5</td><td>61.3</td><td></td></tr>
<tr><td rowspan="2">2009</td><td>中国</td><td>9245.7</td><td colspan="2">902</td><td>389.22</td><td></td></tr>
<tr><td>广西</td><td>690.46</td><td colspan="2">15</td><td>56.7</td><td></td></tr>
</table>

注：数据来源于《中国民政统计年鉴（2010—2014）》。

3.3.2　广西喀斯特地区洪涝灾害的现状

在广西喀斯特地区，桂林与全州雨水相对比较多，年降水量为 1800 毫米，其他地方均为 1600 毫米，而桂南的南宁市隆安地区、崇左的扶绥地区小部分地区为 1200 毫米外，几乎绝大部分地区为 1400 毫米左右。在广西不同地域不同地区可能会出现相差达到 600 毫米的情况。广西非岩溶地区，最少雨的只有1000毫米左右，而在广西的南边最多雨的达3000毫米以上。因此，喀斯特地区内降水变化梯度较小，其变幅仅为非岩溶区降水量变幅的三分之一左右。特别是桂西、桂西南大片石灰岩地区更为明显。桂东北的桂林、贺县一带雨量较多。

表3－7　　　　广西喀斯特地区降水量月分配

地区	观测站名	年降水量月分配百分比%												年降水量	雨季降水量百分比	
															月份	%
桂东北	桂林	2.60	4.50	6.70	13.70	18.50	18.80	11.50	9.30	3.90	4.30	3.70	2.50	1904.50	3～8	78.50
桂中	柳州	2.70	3.40	6.40	9.10	14.80	17.60	15.00	13.50	4.30	5.70	4.30	3.20	1513.80	3～8	76.40
桂西	巴马	1.10	1.70	2.80	8.00	15.40	21.40	16.90	17.10	4.80	5.30	3.30	2.20	1571.20	4～9	83.60
桂南	龙州	1.70	2.60	3.80	6.30	13.80	16.30	16.40	18.20	10.70	5.50	2.40	2.30	1416.10	4～9	81.70

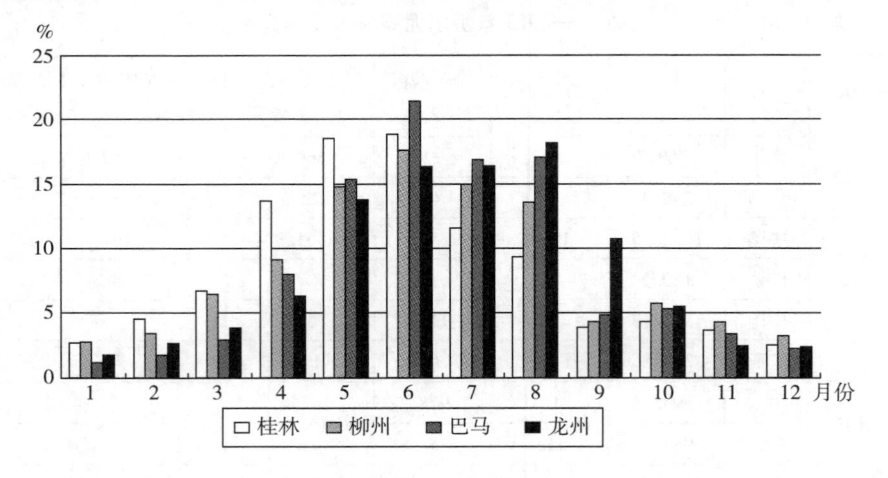

图3－1　广西喀斯特地区降水示意图

因受东南季风的进退和台风活动的影响非常明显，广西喀斯特地区的雨量如果以连续最大月分配百分比的6个月为雨季，6月到7月两地受大气环流的影响是有所不同的，柳州出现雨峰。桂林因位置原因，东南季风的时期相比较早，且较有利，从而上半年有较丰富的雨量。地处桂中的柳州下半年受台风雨的影响比桂林为多，相比桂林、柳州，巴马、龙州雨季晚一个月，雨季降雨量较为集中，占年量的81%到84%，8月份台风雨丰足，巴马雨峰出现在6月和8月。综上所述，广西喀斯特地区的降水春、秋季雨量偏少，主要集中于雨季，加上喀斯特地区的特殊地理环境因素，因此在雨季经常出现洪涝灾害。

3.3.3　广西台风损失

广西很容易受到台风等的影响，从而产生高强度的暴雨，如遇天文大潮，沿海地区的洪涝、风暴潮灾害更为严重，是我国热带气旋活动频繁、台风暴潮灾害严重的省区之一。广西的致灾因子风险较大，风速 30 米/秒的概率为 0.0588。通过蒙特卡罗实验模拟，广西的期望损失为 4 亿元[①]。

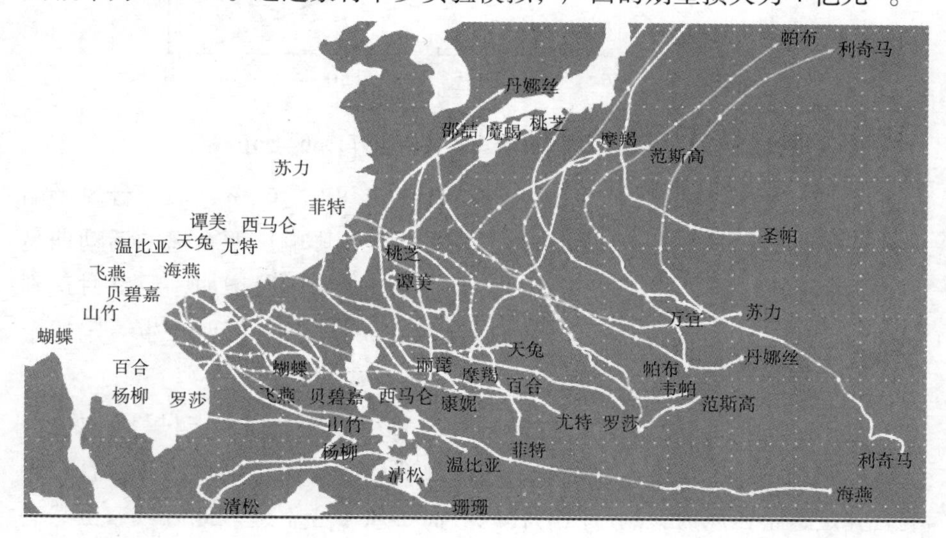

图 3－2　2013 年登陆中国台风情况

1949—2010 年，影响广西的台风共 310 个，平均每年为 5.3 个，一般年份 4～6 个，最多年份 9 个（1974 年），最少年份 0 个（2004 年）。影响时间分布在 4 月底至 12 月初，其中以 7～9 月为影响高峰期（见图 3－2），占影响广西台风总数的 72.6%。

广西的台风影响季节，习惯指每年 7～9 月的后汛期。这一时期影响广西的台风比较集中，占一年影响广西台风总数的 83%，成为防御台风的关键时期。在台风影响季节，除有台风影响外，还有热带辐合线、东风波、台风槽、热带云团等天气系统影响，所以雨量比较丰沛，7～9 月的总降雨

① 广西 2010 年防台风工作情况汇报。

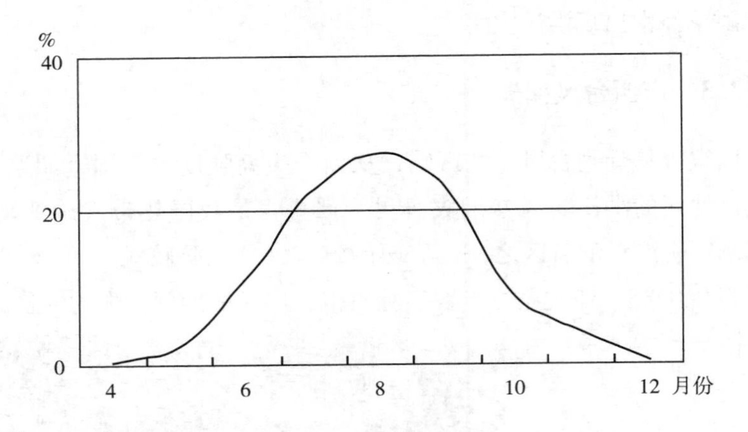

图 3-3 影响广西台风概率月分布图（1949—2010 年）

量，桂北占全年总雨量的 30%~40%，桂南占 40%~60%，加上台风影响时风力较大，所以容易造成风涝灾害。实际上，影响广西台风的活动期是从 4 月底至 12 月初。4 月底至 6 月，台风影响概率逐月增加，7 ~9 月达到最高峰，10 ~12 月又逐月下降。所以台风在 5 ~7 月对广西产生一定的影响，尤其是 7 月活动较为频繁。

根据广西气象部门规定，台风影响区定为：19°N 以北、112°E 以西的区域。凡有台风中心进入此区域，广西大部地区都受这个台风环流直接影响，并定这个台风为影响广西的台风。而台风中心不进入此区域，虽然有时也会给广西带来风雨天气，但由于广西只受这个台风的外围环流影响或间接影响，所以定这个台风为不影响广西的台风。广西平均每年 5.3 个台风进入“台风影响区”。由于台风中心大多从台风影响区的南部经过，所以桂南受台风影响较多，造成的风雨天气比较明显，沿海有时还会同时出现风暴潮灾害。

表 3-8 2009—2013 年台风造成人口损失

年份	地区	受灾人口（万人次）	死亡人口（人）	失踪人口（人）	紧急转移人口（万人次）	其他需紧急生活救助人口（万人次）
2013	中国	4922.2	179	63	555.2	45.1
	广西	445.9	31	5	19.8	5.9
2012	中国	11392.4	918	155	453.8	642.5
	广西	334.5	33	1	11.6	40
2011	中国	1812.8	26	1	271.5	—
	广西	406	7	1	17	—
2010	中国	1149.2	140	6	122.7	—
	广西	225.5	0	0	11.6	—
2009	中国	1943.57	64		278.11	—
	广西	72.57	0		1.3	—

注：数据来源于《中国民政统计年鉴（2010—2014）》。

表 3-9 广西台风受灾面积

年份	台风灾受灾面积（千公顷）	台风灾成灾面积（千公顷）
2002	80	53
2003	340	279
2004	—	—
2005	42	26
2006	562	339
2007	39	2
2008	19	8
2009	88	19
2010	88	19
2011	435	56

影响广西台风的发生源都来自南海和西太平洋海域，两者分别占44%和56%，其强度为热带低压的有65个，占影响总数的21%，达到热带风暴、强热带风暴和台风等级的有245个，占影响总数的79%。

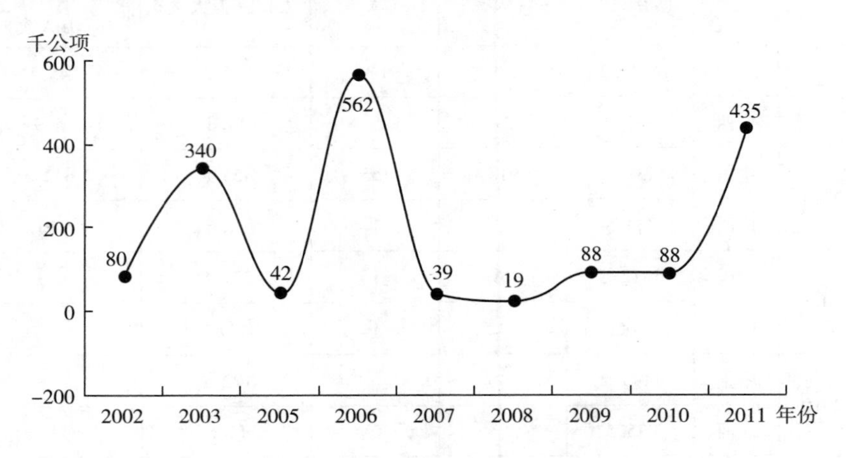

图3－4　广西台风受灾面积

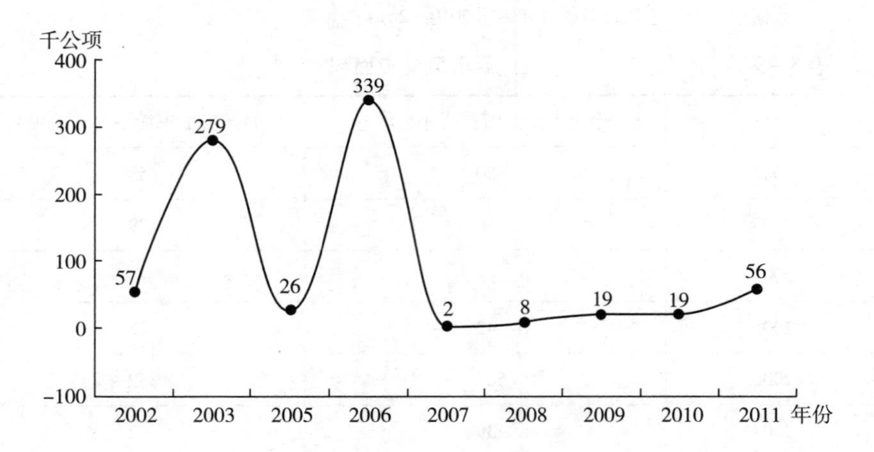

图3－5　广西台风成灾面积

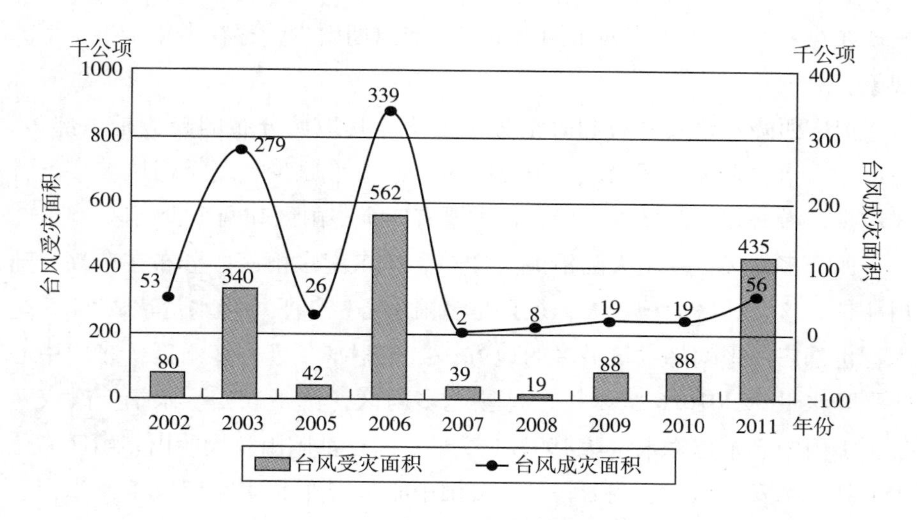

图 3-6　台风受灾面积与成灾面积

3.4　广西巨灾风险的主要特点

3.4.1　广西洪涝风险的特征

广西洪涝灾害频率高、持续久，再加上周期季节因素等，造成的影响破坏比较严重。

（1）频率高、连续性和周期性

根据1990年以前的资料表明：洪涝灾害，1950年前平均1.6年一次，1950年后平均2.1年一次。20世纪90年代以来统计表明：每年都会发生不同程度的一般局部性的洪涝灾害，而重大洪涝灾害也是频发，其中1994年至2008年间平均每3年多一次；而且这些灾害常常是连年出现，具有明显的频发性、持续性、周期性特点。

（2）区域性强

广西雨季出现的时间区域差异较大，桂北早，桂南迟。广西汛期是这样划分：桂北地区是每年3月15日至9月15日，其他地区均是每年4月1日至9月30日。桂北的暴雨多发生在4～7月上旬。桂南等地的暴雨一般出现在6～9月。由于广西汛期雨量多，非汛期雨少，存在半年湿半年干的现象。

但广西降水地域分布和时空分布不均。其地域分布的趋势是东部多、西部少，南北多、中部少，丘陵山区多、盆地平原少，夏季迎风坡多、背风坡少，沿海多、海岛少的特点，主要有四个多雨区和两个少雨区。

四个多雨区：一是大陆沿海、桂东、桂东南多雨区，分布在东兴、陆川一带。这一地区面积较大，东兴是多雨中心，年平均降水量达2754.5毫米，也是广西平均降水量最多的地方；二是昭平、金秀多雨区，多雨中心昭平降水量达2016.6毫米；三是桂北多雨区，位于兴安、永福、融安一带，多雨中心永福降水量达1992.1毫米；四是都阳山、大明山多雨区，位于上林、都安、东兰、凌云一带，多雨中心都安降水量为1742.5毫米。

两个少雨区：一是桂西南少雨区，主要位于左、右江流域，这一地区降水量大部少于1400毫米，其中又有两个少雨中心：右江流域的少雨中心西林年降水量为1086.3毫米，田阳1087.1毫米，这两个地方也是广西年降水量最少之地，左江流域的少雨中心宁明年降水量为1143.3毫米；二是桂中盆地少雨区，位于桂中盆地及附近区域，年降水量大都在1450毫米以下，此区域南部少雨中心为武宣，年降水量为1251.2毫米。广西降水量的地区差异大，多雨区的东兴是少雨区西林的2.54倍，是田阳的2.53倍。邻近少雨中心的多雨区都安、凌云，降水量也是少雨中心的1.57～1.6倍。有的地区相邻两县（市），或者仅一山之隔，降水量相差也很大。例如，东兴是上思的2.27倍，昭平是武宣的1.61倍，凌云是百色的1.56倍。各季节降水量的地区差异更大。例如，冬季桂东北大部降水量为150～230毫米，桂西大部不到100毫米。桂东北多雨中心兴安235.0毫米，是桂西少雨中心田林50.3毫米的4.69倍。夏季降水量东兴达1554.0毫米，是灌阳477.3毫米的3.26倍。

（3）季节性明显

广西降水量的季节差异显著，降雨时空分布极不均匀，先旱后涝或先涝后旱经常发生，旱涝总是交替发生。4～9月是广西的雨季，又称为汛期，雨量集中，暴雨频繁，常引发暴雨洪涝灾害和地质灾害。10月至翌年3月是干季，降水量平均只占全年的22%左右，易发生干旱。就全区平均而论，广西降水量 6 月最多，为 261.4 毫米，占全年的 17.1%；12 月最少，为 31.9 毫米，仅占全年的 2.1%。全区降水量主要集中在主汛期 5~8 月，4 个月雨量占全年的 61.2%，这一时期发生洪涝的频率最多。按分季节而言，夏季降水量最多，占全年的 46.5%，易发生洪涝；冬季降水量最少，只占全年的 8.5%，易发生干旱；春季多于秋季。由于雨量季节差异大，有时一年之中旱、涝交替出现。各地区降水量的季节差异有所不同。桂北、桂东 40%~49% 的降水量集中在前汛期（4~6 月），桂南、桂西 40%~54% 的降水量集中在后汛期（7~9 月），所以，暴雨洪涝发生的时间也存在地区差异。在春种春播的 2~4 月，桂西大部及北海市降水量较少，平均降水量不到 200 毫米，降水量最少的田阳、西林仅 110 毫米，这些地区大都发生春旱频率高。百色市大部地区春旱频率达 50% 以上，有“十年八旱”之说。被称为秋季的 8~10 月，桂东北一些地区降水量较少，秋旱频率高。

（4）影响范围广，损失程度深

据统计，全区平均每年直接经济损失达 80 亿元人民币，约占当年 GDP 的 4.34%；造成死亡人数达百余人，成为死亡人数最多的灾种。广西集水面积 200 平方公里以下有山洪灾害的小流域共 995 条，涉及土地面积 17.28 万平方公里，涉及人口 2993.16 万人。这些地区山洪灾害频繁，防御措施不健全，常造成重大人员伤亡和财产损失；由于山洪灾害治理所需资金及工程量大，治理难度大。山洪灾害是指由于降雨在山丘区引发的洪水灾害及由山洪诱发的泥石流、滑坡等对国民经济和人民生命财产安全造成损失的灾害。山洪灾害预警预报难，点多面广、突发性强、破坏力大，是造成人员伤亡的主要原因，山洪灾害造成的死亡人数约占洪涝灾害死亡总人数的三分之二。

（5）年际变化大

由于天气系统、季风强弱的变化，广西降水量的年际变化大。就全区平均而言，1961 年以来降水量最多的年份是 1994 年，广西平均降水量达 2006.6毫米，降水量最少的 1963 年平均降水量仅 1151.8 毫米，1989 年也只有 1156.4 毫米，最多年是最少年的 1.74 倍。1994 年发生了 1950 年以来广西最大的洪涝灾害，1963 年是广西干旱最严重的一年。各地的年际变化差异更大，多数地区雨量最多年是最少年的2～3倍。

3.4.2 广西西北部喀斯特地区的洪灾风险特征

（1）较强的季节性

因降雨季节不均匀，全年80%左右的降雨量发生在4～8月份，6月中旬至7月中旬多发生重大洪涝。

（2）较强的突发性

因山区地形、地势的差异特殊，暴雨一旦发生，短期便会形成洪灾，造成破坏。

（3）洪涝以局部性为主

河池地区的洪涝灾害是以局部性洪涝为主。根据1958年至2001年现有资料表明，81.9%的洪涝同时发生在1到3个县，9.6%的洪涝同时发生在4到5个县，全地区性洪涝灾害占8.5%。

（4）较高的频率

河池山区一般日降雨量超过100毫米或连续3天降雨量超过200毫米，即可引起洪涝灾害，产生大暴雨。据统计，1958—2001年共发生157次，频率为365%。进入20世纪90年代以后，平均每年发生4.5次大暴雨。

（5）内涝持续时间长、淹没程度深

据调查，受灾地区一般面积大、淹没时间长，如东兰县的纳合、板坡、板华，巴马县的合康，凤山县的中亭、大化的六也、贡川、共和，罗城的双寨、下里等耕地面积达一万亩以上的连片农场，淹没时间多数达半个月以上，长者达3～4个月，淹没深度达2～10米。另有许多小农场属半淹没和全淹没类型。

（6）山洪伴随山地灾害

因河池独特的环境因素，暴雨发生时，山体、河水均会成灾，同时伴随着泥石流、山体崩塌、滑坡等灾害，多灾害并发。

（7）损失比较严重，在建难度较大

因并发的灾害，对房屋、农业、交通等基础设施造成广泛的损害，影响面大、影响程度深，同时山区财政匮乏，在建难度十分大，恢复工作难度大。

3.4.3 广西泥石流灾害风险特征

自然条件及生态破坏程度的不同导致广西泥石流规模不等，总结起来主要有以下特点：伴生性、突发性、群发性和局部性等。

（1）伴生性。广西发生泥石流的地方一般情况下会同时伴随山洪暴发，但相反情况是不容易观测到的，即山洪暴发却未必有泥石流发生。大多数情况泥石流灾害会加剧人畜损失，也称“水毁”。泥石流的发生地区伴随有崩塌、滑坡等。如陆川王沙林场在1981年7月24日同时发生崩塌、滑坡和泥石流共3080处等。

（2）突发性。大暴雨在山坡和沟谷形成强大的地表径流，大概1~2小时就能诱发泥石流，还经常发生在午夜或午后，很难防范规避。如资源县饼干厂泥石流在数分钟内埋葬40多人，造成了惨重的伤亡。

（3）群发性。因为大暴雨通常在较大范围内发生，因此广西区域发生的暴雨范围内通常有数量众多的非常恐怖的泥石流同时爆发。如1985年5月27日海洋山两侧同时爆发了让人不敢相信的数十条沟道泥石流而且持续时间不长，如1989年6月21日广西百色地区的天峨县爆发滑坡、泥石流共97处。在非常短的时间内由于大量的泥沙如同雨水般冲击到干流河谷，河床在非常短的时间内迅速增高，必然的后果就是造成洪水漫出河床，最后淹没两岸大部分的农田村庄，而各支流流域泥石流还扩大到干流两岸的山区冲积平原，加大了洪涝灾害的破坏面积。

（4）局部性。泥石流大多数情况下可形成的坡面泥石流和我们不太理解的沟谷泥石流。坡面泥石流在广西是最常见而且也是破坏力最强的，由坡面径流的侵蚀搬运引起，虽然短时间内其形成、搬运和堆积范围都不大，但造成的损失仍然很大。沟谷泥石流一般可分侵蚀区、搬运区和堆积区，分布在中、低山和高丘陵地区的山谷之中，成灾范围限于谷底和谷口附近开阔地。

3.4.4 广西台风风险特征

（1）次数多。新中国成立以来平均每年约4场，共有203场，一年内影响广西的台风最多达9次之多（1974年）。

（2）突发性强。一般在1~2天内，甚至在几个小时内发生。特别是一些在南海生成的范围小、移动速度快、飘移不定的台风，往往令人措手不及、防不胜防，造成较大损失。如1985年8月26日在北部湾北部形成的台风因发展迅速和很快在广东遂溪登陆，给雷州半岛和广西南部沿海造成较大灾害，直接经济损失达4.1亿元。

（3）强度大。造成较大损失的有63场，实测最大风速达每秒53米。

（4）影响广。发生遍及全自治区，影响的范围包括整个沿海地区。

（5）时间集中。每年都有固定的时间75%左右基本上发生在7~9月，最早是5月中旬，最迟出现的就是在11月下旬。

（6）损失大。新中国成立以来影响广西并造成较大损失的63场台风灾害共造成直接经济损失达292.9亿元，同时造成人员大量伤亡。如1906年1000余人死亡；1934年造成全村覆灭；1996年造成40多人失踪，58人死亡[①]。

① 数据来源：中国天气网广西站，2011-06-23。

4. 广西洪水风险的评估与损失评价

4.1 洪水风险评估与测量的分析

灾害风险评价模型在我国是一种不太可能引起太多关注的自然灾害风险研究的基础，特别是对其方法的研究在灾害风险理论中占据了主要的地位，在实践方面，对灾害的评价，灾害的预警和预报以及灾害的风险管理具有重要以及深远的意义。

对灾害风险的评价理论研究通常从概念入手，然后深入到对风险的分类，属性的描述，最后对其评价的体系进行系统科学的评分，比如马宗晋学者就曾研究出一种5级灾度的评价模式来对自然灾害的破坏程度进行描述和分级。

主要通过两种方法来研究灾害风险评价模型，首先运用统计学方法，这种方法比较依赖对历史数据的准确收集，然后通过数理模型等对自然灾害进行概率论评估，最后加入风险度量的方法设计模型对其进行评价。除了统计方法，也有直接根据灾害发生的自然原理来直接建立风险模型的方法。

无论是哪种方法，在对灾害进行评价时，都要通过以下基本的步骤。第一步是预评估，预评估时，首先对受灾的地理环境进行分析，进而深入到致灾理论的研究，最后形成整个区域的灾害系统理论。由于地理环境的复杂性，加上气候的不确定性，洪水灾情的预评估仍然非常困难和复杂。

第二步是实时评估，这一部分主要通过观测后形成统计数据得到。当洪水灾害来临时，应对其进行实时评估，特别是对自然致灾因素的监测，而数据是实时收集也很重要。收集到的资料在经过加工处理后可以进行传输并交换，最后通过相关人员的分析后可对外公布，特别在如今信息化的时代下，无论预报还是实时信息反馈都受到大众的关注，因此实时评估也为灾害警报发布提供了有力的支持。

第三步是灾后评估。当灾情减退，并通过实时评估后，还应该特别对灾后的情况进行评估。受灾过后，很多在灾情发生时的后果开始显现，因此灾后评估旨在对受灾的地区的人口、经济、生态变化进行调查和反馈。人口方面主要是洪水灾害导致的人口死亡和受灾数量，也包括居民房屋，农田的受灾面积，然后深入到他们的因洪灾导致的经济损失。在生态环境方面，主要评价因灾导致的环境破坏情况。根据受灾的程度变化，可以以此为依据对洪水的等级和灾度进行评估。

技术的进步对灾情的评估也起到了促进的作用，现在比较先进和常用的做法是利用 GIS 和遥感技术，这两个技术在对灾害进行预报和实时监控时都起到了相当重要的作用。裴志远学者在这方面作出了比较突出的贡献，他的团队利用 NOAA 遥感技术对大范围的洪涝灾害进行了检测，收到的效果很好。

与灾害评估不同，在广西洪水和台风开展灾害风险管理需要的是内容和措施更加丰富和全面。不仅涉及多个领域，并且在各个领域之间的交叉中也是相当复杂。从洪水灾害预防开始，到国家、地方对灾害保险的立法，从灾害的预报，到灾中的抗灾救灾活动，都是一项系统的大工程。

随着新技术的应用，以及经验的不断积累，我国洪涝灾害的风险研究已经在现实中起到了巨大的作用，不仅是防洪减灾的简单预报和抢救，而且是在自然生态的保护上作出了巨大的贡献，因此也间接地促进了社会的稳定与和谐。但是不容小觑的是，我们的研究在很多方面还有待更深入的分析，这些局限也制约着整个风险灾害管理的发展。首先，尽管在洪涝灾害的评估评价上面已经有了本质的改善，但是由于百家争鸣，我国尚未建立起标准统一，能够全面评价洪水灾害的风险体系，在这方面基础性研究显得略为薄弱。其次，洪水灾害带来的危险应该有科学的分析方法，但是目前学者对此多是单因素的分析，而自然灾害的复杂性，单因素分析必然不能解决复杂的问题，因此如何科学地进行多因素的综合分析还有待深入研究。再次，灾害的发生并不是突然的自然变化，其中一定有前期环境变化的积累，对此致灾因子被学者关注，孕灾环境的变化是导致灾害发生的重要因素，如果能将两者结合起来，那灾害的风险管理将更上一个台阶。另外，前文所说的预评估也是目前自然灾害评估的一个难点，在这个方面的研究工作也比较少。最后，研究成果的孵化也是自然灾害理论研究的一个瓶颈，将研究成果转化为准确，快速的信息回报，将是理论研究的最大贡献。

4.2 洪水灾害的分析方法

4.2.1 遥感技术与地理信息系统对灾害研究的结合

传统的自然灾害风险预测和评价不仅大量依赖人力，而且也无法实现快速的反馈和即时的预报，这是由于自然灾害的突发性所导致的，人力观测等传统方法自然无法胜任这一时效性的工作。可喜的是，地理科学的不断完善为此提供了有力的后盾。RS 以及 GIS 是目前较为先进的技术，并且越来越多地被应用到了自然灾害的评估中，不仅能实现对灾情的预报和预警，还能实时对灾情的发生状况进行动态的检测和反馈，而在灾后的评估上，更是起到了不可代替的作用。在效果上，这种技术不仅准确，更重要的是其时效性，因此这种技术的理论研究，方法研究也成了目前最前沿的研究。

其实空间遥感技术并不是近几年才有的新技术，早在 20 世纪 70 年代技术就已经开始萌芽，而经过 40 多年的发展，前期的理论研究已充分进入到了应用阶段，特别是其对自然灾害的检测上，起到了举足轻重的作用。统计数据表明，在美国通过空间遥感技术的应用，每年能够为其减少 20 亿美元的损失，对农业地区的居民及其家庭带来了不言而喻的好处。而在我国，利用气象卫星进行洪水检测也已经取得了一定的成绩。不仅是气象预报，在洪涝灾害面前也是起到了非常重要的作用，特别是灾害发生时和灾害发生后的信息收集，能够为决策者提供有力的依据，以及时有效地采取救护行动，将危险尽可能地降到最低，并且可以准确地查明灾后受灾情况。因此，根据每年的受灾信息，我国也建立了强大的防洪数据库和河道管理数据库。

遥感技术常常需要配合气象卫星的使用，两者结合可以对灾情的致灾因子进行分析，且实时搜集到灾情的画面并转换为数据。不同类型的传感器可以应对不用特点的灾害，而最后结合遥感模型通过定量为所需要的评价参数，我国较常使用的卫星有 NOAA 卫星，FY－2 卫星以及 CBERS 卫星。这些卫星结合遥感技术所搜集到的平台数据已经成功地为我国的自然灾害发生进行有效地预报和检测，不仅理论可行，在实际应用中也已经成为体系。与此同时，航天航空技术的发展也为卫星遥感技术添砖加瓦，高清技术的运用也使得卫星传回的图像越来越清晰，分辨率的不断升高更是为整个自然灾害的检测特别是洪涝灾害的数据搜集提供了准确的信息。

综上所述，国内外的遥感技术和灾害监测理论研究已经在一定程度上取得了令人瞩目的成果，但是从发展的眼光看定性的研究也制约了这些技术的发展，缺乏定量的系统性研究。虽然国内外也已经有较为成熟的定量研究，但其准确性、科学性、合理性也受到了制约。因此，在这一方面的研究又成为了近几年的研究热点，比如刘高焕和魏文秋就在遥感技术上进行了一种复合的复杂实验，目的就是提高遥感技术的精确程度。

不管怎么样，GIS 技术在灾害研究中的应用还是很多的，下面将分别阐述：

（1）致灾力指标的确定

致灾力是评价自然灾害对自然的破坏程度，在洪涝灾害面前主要和洪水的自然特征有关。在不同的时间发生自然灾害，应该和历史同期的正常水平进行对比，指标统筹使用淹没面积和淹没水深两者进行联合度量，而淹没水深由于数据的易得性显得更为常见。淹没水深比较好理解的是，淹没的深度越深代表着灾害越严重，但这也只是一个相对的概念。不仅要考虑淹没的深度，不容忽视的是洪水的行进程度也在很大程度上影响灾害的破坏能力，因此常常用洪水动力学来进行数据的模拟，模拟时主要考虑两个因素，一是洪水流域的分布，二是淹没的范围，根据这几点进行评价，精度很高而且信息也全面，但是由于这些要求，也导致了比较高的人力财力成本，也限制了以下的实际应用问题。但是总的来说，数字高程模型的建立以及 GIS 的技术联合应用是较为常见的方法，对洪水可能造成的受灾地区有着重大的意义，特别是洪水的破坏面积和淹没的程度。为了方便理解，特列该方法的评估公式：

$$\Delta h = H_{水位} - H_{高程} \tag{4-1}$$

式（4－1）中：水深用 Δh 表示；水位用 $H_{水位}$ 表示；地面高程用 $H_{高程}$ 表示。

（2）受灾的指标

承灾体我们要进行一个统一的定义是承受灾难的对象，通常情况下就是人类及其发生的生产、生活活动、现代社会中也更加注意经济活动。而评价承灾体的损失程度也是灾难管理中的重点和难点。通常的做法是首先对承灾体的分布进行描述，进而深入到其空间密度和承受灾难的接受性，即理论中所谓的脆弱性特征，而这些都要与洪水的致灾力联合起来决定，也就是说这是一个相对的概念，必须在致灾强度相同的情况下才可以进行比较，如果用 b 来表示承灾体的空间分布，V 为损失率（损失率是损失值占承灾体总数的百分数）的话，受灾程度为这两个因子的函数，其公式如下：

$$D = F(b, V) \tag{4-2}$$

其中，V 也可以用致灾强度 H 和承灾体的类别 S 来进行函数表示，通常情况下，致灾强度用之前所说的淹没水深来表示，标准单位为（m）。用类别作为另一个因素主要是不同性质的承灾体在不同的强度下所带来的损失也不相同。表示如下：

$$V = v(H, S) \tag{4-3}$$

（3）洪灾损失的评估

结合以上两个章节的描述，现在可以对洪水灾害所造成的损失进行定量确定了。选取三个因素进行评价，分别是承灾体脆弱性、承灾体密度和致灾力强度共同决定，即

$$D = f(H, b, V) \tag{4-4}$$

4.2.2　遗传算法在洪水风险分析中的应用

遗传算法是计算数学中用于解决最佳化的搜索算法，是进化算法的一种。几年来也越来越多地运用到了洪水灾害的危险性分析建模中。因为在洪水灾害的危险性分析中，最常见的模型参数估计下的模型参数的优化，与不太常见的却经常是人们不太理解的估计问题，常常是以这样的一种遗传算法（Genetic Algorithm，GA）来解决。

（1）遗传算法的原理

GA 是受生物学影响的一类数学方法，它能够将解决问题的方法以二进制的编码进行排列，因此可以类比为“染色体”，而在 GA 进行之前，就可以提前假设好问题的解存在，是一个假设出来的解（串），然后按照遗传学原理即适者生存不适者淘汰的逻辑在假设解（串）中选择出来，就像选择一条染色体一样挑选出来后进行复制。选择出来的“染色体”并不是最优的方案，而是将它进行各种计算，在医学上便称为交换甚至进行突变的操作，这样的目的是在环境的不断变化中能够自己产生一个更加适合生存的群体。如此往复以后，会将不同代不同数量的解最终变为一个不变的收敛解，也就是说无论环境怎么变化，这种方式的“染色体”都能够淘汰其他竞争者，也就是数学上喜闻乐见的最优解了。在 GA 的体系中，霍勒德简化了这些优化方法，最终形成了可以用计算机实现的简单遗传算法（Smple Genetic Algorithm，SGA），在某种意义上可以说是最简单的 GA，也是其他 GA 的基础，整个过程如下：

begin

a. 选择适当的表示模式，生成初始群体；

b. 通过计算群体中每个个体的适应度，并对群体进行评价；

c. While 未达到目标 do

begin

a. 选择下一代群体的每个个体

b. 执行交换操作

c. 执行突变操作

d. 对群体进行评价；

```
end
end
```

在实际应用中 SGA 方法已经成功地应用在了对洪涝灾害中队洪峰流量频率曲线上。在已经完成的试验中，用 GA 方法估计上述评价指标的参数，误差相比其他方法小，也更加符合实情。另外除了洪峰流量的评价，暴雨的强度公式也可以用这样的方法进行拟合。因此，在某种意义上可以说，GA 法所算出的结果比传统方法更优。

（2）遗传算法在洪水预测中的应用

在实际应用中，前期的理论研究已经做了相对完备的铺垫，为了更好地结合洪水灾害的自然特征，GA 法需要和水文学方法进行结合，方能对洪水预测起到作用。目前，比较流行的水文学方法叫做马斯京根法，这种方法被广泛地应用到河道洪水的模拟和演算中。这种方法在 1938 年首次被 McCarthy 提出，是目前最常用的河道洪水演算方法，由四个表达式可以简单地描述该方法的逻辑思路，第一个表达式是一个连续方程，如下：

$$\frac{dS}{dt} = I - Q \tag{4-5}$$

接下来用一个方程来表示非线性蓄量和流量关系，如下：

$$S = k[xI + (1 - x)Q] \tag{4-6}$$

在上式中，k 和 x 为演算参数。因此将其分解后得到第三个表达式，是前者的差分解，如下：

$$\begin{cases} \tilde{Q}(1) = Q(1) \\ \tilde{Q}(i) = C_0 I(i) + c_1 I(i-1) + c_2 \tilde{Q}(i-1)(i = 2 \sim n) \end{cases} \tag{4-7}$$

式中：n 为演算时段个数，多数情况下是这样的一种结果，$I(i)$ 为第 i 个时段的入流量，这样我们就不必要去纠结是否需要引入新的变量；$\tilde{Q}(i)$、$Q(i)$ 分别为第 i 个时段的演算出流量与实测出流量，但是在这些参数不统一的情况下，c_0、c_1、c_2 为流量演算系数并满足第四个表达式，如下：

$$c_0 + c_1 + c_2 = 1 \tag{4-8}$$

如果通过最小面积法或者最小二乘法等方法来估计上述表达式的参数

的话，常常会带来很大的误差，而且这样算出的表达式往往也和实际现象有很大的出入，因此其他学者在利用最小化演算出的流量经常情况下与实测出流量的离差平方和，这并不影响到最后我们所需要的结果，并以此为目标函数，来估计 c_0、c_1、c_2。

于是也可采取类似的办法，我们可以在某种情况下将马斯京根模型表示为：

$$\min F = \sum_{i=2}^{n} \left(c_0 I(i) + c_1 I(i-1) + (1 - c_0 - c_1)\tilde{Q}(i-1) - Q(i)\right)^q \tag{4-9}$$

$$s.t.\ g_1: c_0 \in [0,1]$$

$$g_2: c_1 \in [0,1]$$

$$g_3: 1 - c_0 - c_1 \in [0,1]$$

于是可采用 GA 方法估计模型的参数。

（3）在洪水中投影寻踪聚类评价模型的应用

在上述技术的发展上，统计技术也在随之产生新的变化，一种探索性的数据分析方法近年来越来越受到整个统计界的关注，因为其方法是由样本数据直接驱动分析，因此也被称为投影寻踪（Projection Pursuit，PP）方法。

之所以叫投影寻踪，是因为其思路运用到了立体空间中的投影原理，其逻辑是将高维空间的数据投影到一维线性上，而线性值的描述可以根据某种比例来衡量，然后通过最后投影指标函数的求解来找到最佳的投影方向，沿着该方向再次投影后又可以根据线性结构来分析数据的特征，这也是寻踪的由来。但是由于庞大的计算量和问题的复杂性，该方法一直只能在理论研究上作为模型使用，实践利用价值不大，受到 GA 的启发，一些学者提出了基于遗传算法的投影寻踪聚类评价模型。它的具体过程如下：

第一步是对评价指标值进行标准化处理，这是一个基础步骤。

第二步是对投影指标函数的构造这是关键的一环。

通常情况下就是将一个 P 维数据 $\{x(i,j), j = 1 \sim n\}$ 通过我们所说的投影到某方向 a 转化为一个一维的投影值就形成一个投影指标函数，其计算式为：

$$z(i) = \sum_{j=1}^{p} a(j)x(i,j) \tag{4-10}$$

式中 a 为单位长度的向量。

然后对 $\{z(i),(i=1\sim n)\}$ 的一维散布图来分类。$z(i)$ 投影指标函数可构造为

$$Q(a) = S_z D_z \tag{4-11}$$

其中

$$S_z = \sum_{i=1}^{n} [z(i) - \bar{z}]^2/(n-1)^{0.5} \tag{4-12}$$

$$D_z = \sum_{i=1}^{n}\sum_{j=1}^{n} (R - r_{ij})u(R - r_{ij}) \tag{4-13}$$

$$r_{ij} = | z(i) - z(j) | \tag{4-14}$$

式中：$\bar{z}$ 为系统 $\{z(i),(i=1\sim n)\}$ 的均值；S_z 为 $z(i)$ 的标准差；R 为窗口半径，一般取 $0.1\ S_z$；D_z 为 $z(i)$ 的局部密度；r_{ij} 为距离。

投影指标函数的优化。为了获得最佳投影方向我们可以通过最大化投影指标函数，这是因为当各样本的值不发生变化时投影指标函数只随不同投影方向的变化，即

$$\mathrm{ma}Q(a) = S_z D_z \tag{4-15}$$

$$s.t. \sum_{j=1}^{p} a^2(j) = 1 \tag{4-16}$$

这里用遗传算法来求解这个最优解非常有效和简便。

(4) 聚类

为了得到样本的投影值我们只需要把求得的最佳投影方向通过式(4-9) 求解即可。同样为了对样本集进行分类，我们需要把 $z(i)$ 值从小到大进行排序。通过观察发现 $z^*(i)$ 与 $z^*(j)$ 值越接近，表示我们观察到的样本 i 与样本 j 越接近于同一类。

在用于洪水灾害研究的实践中，多将此法用于灾害研究易损性指标平均。其具体做法是在所观测的资料中确定一系列评价因素集合，集合中常常包括可用于描述承灾体的所有因子，常用的有人口的密度，人均生产总值，农业总产值等，然后根据 PP 法中的第一步对它们进行标准化的处理，

然后就可以逐步代入到 PP 模型中，从而得到洪水灾害易损性平均的投影指标函数。根据上述第三步，利用 GA 法得到最佳投影方向后就得到了样本地区的投影线性值。根据线性结构的不同，大小分类后就可以在不同的样本间进行比较甚至排序，最佳的结果是能对该地区进行分类。PP 法能够克服传统方法所带来的离散问题，而基于 GA 法的 PP 法又能解决数据复杂不可行的问题，因此十分具有应用前景。

除此之外，基于 GA 法的 PP 法也可以用在对洪水强度的分类中。其做法基本与上文描述类似，首先也是需要对历年的洪水样本进行标准化处理，代入 PP 模型中后得到投影指标函数，再通过 GA 法算出最后解后根据投影值的大小结构来对洪水强度分类，因此此法能够为一个地区的洪水灾害提供非常重要的信息，以供决策者使用。由于基于 GA 法的 PP 法不需要一个所谓的标准值，因此仅靠历史数据就得出最优解并投影后的分类法在实践中应用广泛，前景巨大。

4.3 洪水灾害风险模拟预测方法

4.3.1 洪灾频率分析风险模型

作为对风险的研究，发生频率必然是最重要的研究对象之一，也应该是最先关注的对象。而洪水在自然界中无时无刻不处于一种循环的过程之中，当一部分过程的强度太大，洪灾便由此发生。因此在这样一个循环的体系中，洪灾的发生也不是完全无迹可循，而是有其自身的规律。不过由于其发生的随机性，在研究时常常简化为一种随机事件，这样一来，概率论、数理统计方法都可以用来对其进行研究和分析。如果继续用随机变量来描述洪水灾害的强度，则整个洪灾的特征都可以用随机变量的概率进行全面的描述。

概率论的经典方法是对随机变量进行经验频率的技术，选择合适的概率模型进行拟合，然后根据经验数据进行参数估计。用概率论方法研究洪水的频率也不外乎这三个步骤。

（1）经验频率的计算

在计算连续洪水灾害的经验频率时，首先对洪灾的历史资料根据大小顺序进行排列，记录下各自的序号后根据如下的公式便可以计算：

$$E(p_i) = \frac{i}{n+1} \tag{4-17}$$

式（4－17）中，$E(p_i)i$ 为灾情值为 p_i 的频率，$i=1$，2，…，i 为序号，n 为灾情数据的样本数。

但是上式对于偶发的罕见洪灾并不适用，因此在对稀遇洪水灾害进行经验频率的描述时，还要加入历史年度的资料数据。这样一来便形成了一个不连续的序列，上式便不适合了。如果假设在 N 年观察期内共发生过 b 次洪涝灾害，以及用 n 来表示连续实测灾情资料的数量，则根据上式变形后的历史洪涝灾害的经验频率为

$$E(p_i) = \frac{i}{n+1} \quad i = 1,2,\cdots,b \tag{4-18}$$

实测洪水灾害经验频率变为

$$E(p_{b+j}) = E(p_b) + [1 - E(p_b)]\frac{j}{n+1} \quad j = 1,2,\cdots,n \tag{4-19}$$

（2）概率分布曲线的选择

在计算出经验频率以后，根据概率论的经典方法，需要选择一类概率分布模型，记为 $f(x) = f(x;\theta_1,\cdots,\theta_k)$（其中 $\theta_1,\cdots,\theta_k$ 为参数），用于拟合上节所计算出的经验频率，记为（$X_1,\cdots,X_n$）。拟合的目的是能够用最准确的分布曲线继而用 $f(x)$ 来评估不同概率下的洪水事件 X_p。其中，p 为洪水风险率；重现期为 $T=1/p$。

常见的正态分布，对数正态分布都曾经用来拟合过自然灾害的经验频率，但效果都只能说一般。而一些复杂的分布，例如 EVI、EVIL、EVIII 三种极值分布（其中，第 I 型应用广泛）；即 K－M 分布；Wakeby 分布等也被许多学者研究，但是由于其复杂性，其应用价值相对较小。另外一种突出的曲线，名称为 P－III 型分布得到了广大学者的认可，《水利水电工程设计洪水计算规范》一书中也明确提出，“一般情况下我们可采用皮尔逊 III 型曲线，但是在某些特殊情况下经过我们的整理进行探讨分析论证也可采用其他线型。”而根据徐高洪、马建明等研究，P－III 曲线经常情况下我

们可以用于洪灾损失风险评价这是我们最希望的结果也是较为合适的。

P－Ⅲ型分布的概率密度是：

$$F(x) = p(x \geqslant x_p) = \frac{\beta^a}{r(a)}\int_{x_p}^{\infty}(x-a)^{a-1}e^{-\beta(x-a)}dx \quad (4-20)$$

式（4－20）中：$r(a)$ 为 a 的伽玛函数；x_p 为频率 p 所对应的洪灾强度。

其中参数我们直接可以按照下式进行估计：

$$a = \frac{4}{C_s^2} \quad (4-21)$$

$$\beta = \frac{2}{(E_x^* C_v - C_s)} \quad (4-22)$$

$$a = \left(1 - \frac{2C_v}{C_s}\right) \quad (4-23)$$

E_x 为均值，C_v 为变差函数，C_s 为偏态系数。

（3）参数估计

最后一步也是最关键的一步即在上一部选择好合适的概率曲线后进行参数估计。根据上一节最后的表达式可以知道，C_v、E_x、C_s 均是我们需要估计的参数。传统的参数估计方法主要有极大似然法，矩估计法等。这些方法均可以较好地对这三类参数进行估计。

不过国内一些学者的研究比如丛树铮等也提出了不同的意见，他认为极大似然法对数据集求解的要求太高，而矩估计法得出的参数其精度比较低，因此他认为适线法是在某种程度上比极大似然法和矩估计法更加优良的方法。

适线法中最常用的方法被称为准则适线法，因其克服了另一种适线法——目估适线法所带来的结果不稳定性以及受主观影响大的缺点，因此更加常用。准则适线法与其他方法不同，它是一种非线性的最优求解办法，之所以叫准则适线法是因为在计算时常常采用一系列准则，我们通常情况下最常用的有纵标离差平方和某种条件下可能的准则、纵标离差绝对值和不一定是这样发生的准则以及横标离差平方和准则。不过即使P－Ⅲ型频率曲线能够较好地拟合我国的河流情况，但由于其灵活性很大，因此我们真正直接情况下就算是使用准则适线法进行某些有用的但又不会出现歧义的参数估计，但经常情况下最可能再现的是和实际情况也会存在一些偏差。

（4）洪灾风险率的计算

上述三节是对历史数据的一个描述以及量化过程，而最重要的则是根据拟合的分布对洪灾的风险率进行预测。以达到预报和警告的作用。在做预测时，先明确一些数学记号，记 X 是容量为 n 的随机样本 $X_1, X_2, X_3, \cdots,$ X_n，按照某种参数估计方法比如说我们最经常使用的就是一般用适线法构造 μ 统计量：

$$\hat{\mu} = R_i(X_1, X_2, \cdots, X_n) \tag{4-24}$$

代入样本值 $X_1, X_2, \cdots, X_n$，直接用公式计算出 $\hat{\mu}$，就可以画出我们所需要的样本频率曲线。要注意的是最后根据给定的设计频率 P，是在某种情况下的在样本频率曲线上最直接可以让我们查出相应于 P 的数值 X_P，这就是我们设计这样的一个模型所要求的设计值。

所以，洪灾风险率为

$$P_f = P\{r < L\} = \int_0^{\infty}\int_0^{l} f_{RL}(r,l)\,drdl \tag{4-25}$$

式中，$f_{RL}(r,l)$ 是系统荷载 L 的承载能力 R，由我们特别需要设计出来联合分布密度函数可以直接使用，通常上式可以简化为

$$P_f = P\{r < L\} = P\{Q_s < Q_d\} = \int_{Q_s}^{\infty} f(Q_d)\,dQ_d \tag{4-26}$$

其中 Q_d 代表荷载效应，最多的是我们要计算的参加安全泄量 Q_s 代表承载能力。从前面我们所讨论的可以看出上式说明可以直接由荷载效应 Q_d 的概率分布函数 $f(Q_d)$ 求得洪灾风险率。

4.3.2　灰色预测方法

洪水灾害系统具有不确定性和未知信息，几年来对于不确定性的研究衍生出一种预测方法称之为灰色预测法。

所谓灰色则是不黑不白的意思，应用到信息理论中常常用于部分信息可观测，部分信息未知这样属性的信息处理。而洪涝灾害信息的特点，正好符合“灰色”这一概念。已知的信息比如降水量是可以直接观测得到，但是洪灾形成的因素以及不同降水量所带来的损失程度是变幻莫测并且难以观察得出的。所以，灰色预测法对洪灾进行预测有可行性。下面介绍灰

色预测法的相关步骤。

步骤1：对原始数据序列做一次累加生成。

设能够观测的原始数据列为：$X_0 = (X_0(1), X_0(2), \cdots, X_0(n))$，由于这些数据列无规律性，因此不能直接用于建模。但是若将其一次累加生成后，则可获得新数据列，记为：$X_1 = (X_1(1), X_1(2), \cdots, X_1(n))$，由于一次累加的原因，该数量的无规律性将会由于某种外界的影响大大降低，平稳性也会在这种情况下而因此增加。其中：

$$x_1(t) = \sum_{k=1}^{t} x_0(k) \tag{4-27}$$

步骤2：这是我们求解灰色微分方程所需要的参数。

以生成数列为基础我们所需要迫切建立的灰色微分方程为：

$$\frac{dx_1}{dt} + ax_1 = u \tag{4-28}$$

我们直接称为一阶一个变量的灰色模型，记为GM（1，1）模型。其中，我们要知道这并不是最终的参数所能计算的，μ 为内生控制灰数；a 为发展灰数。

设 $\hat{a}$ 为参数向量估计值，$\hat{a} = \begin{pmatrix} a \\ u \end{pmatrix}$ 我们直接可以使用最常用的也就是利用最小二乘法求解为：$\hat{a} = (B^T B)^{-1} B^T Y_N$，其中

$$B = \begin{pmatrix} -\frac{1}{2}(x_1(1) + x_1(2)) & 1 \\ \frac{1}{2}(x_1(1) + x_1(2)) & 1 \\ \vdots & \vdots \\ -\frac{1}{2}(x_1(N-1) + x_1(2N)) & 1 \end{pmatrix} \tag{4-29}$$

$$Y_N = (x_0(2), x_0(3), \cdots, x_0(N))^T \tag{4-30}$$

步骤3：将 $\hat{a}$ 代入时间函数求解微分方程，得预测模型：

$$\hat{x}_1(t+1) = \left(x_1(0) - \frac{u}{a}\right)e^{-at} + \frac{u}{a} \tag{4-31}$$

若 $x_1(0) = x_0(1)$，则：

$$\hat{x}_1(t+1) = \left(x_0(1) - \frac{u}{a}\right)e^{-at} + \frac{u}{a} \tag{4-32}$$

步骤4：对 $\hat{x}_1$ 求导还原得到：

$$\hat{x}_1(t+1) = -a\left(x_0(1) - \frac{u}{a}\right)e^{-at} \tag{4-33}$$

步骤5：模型检验。

一般情况用后验差方法对灰色预测模型进行检验。

根据

$$s_1 \sqrt{\sum_{i=1}^{m} (x_0(t) - x_0(t))^2} \tag{4-34}$$

$$s_2 \sqrt{\frac{1}{m-1} \sum_{i=1}^{m-1} (q_0(t) - \bar{q}_0(t))^2} \tag{4-35}$$

其中 $q_{(0)}$ 为 $\hat{x}_0(k)$ 与 $\hat{x}_0(k)$ 的残差数列，并得到后检测检验指标：

$$C = \frac{S_2}{S_1} \tag{4-36}$$

$$p = \{|q_0(t) - q_0(t)| < 0.6745S_1\} \tag{4-37}$$

根据后验比 C 和小误差概率 p 我们可以直接采取办法对模型进行检验，当 $c < 0.35$ 和 $p > 0.95$ 时，模型可靠，这时我们可直接计算预测值，否则我们还要对某种参数进行残差修正。

4.3.3　分形理论在洪灾预报中的应用

除了以上传统的概率论方法在洪灾预报中的应用以外，一些新兴的技术也已应用到了洪水自然灾害的预报中，其中由美国科学家曼德布罗特提出来的分形（fractal）理论则是其中一个。在分形理论的不断完善和发展下，现在的分形理论依据在描述和分析不规则性或非线性现象上有了一定的地位，特别是在分析物质世界方面，堪称物理学的第三次革命。最具有创新性的地方是，它将确定和不确定之间的界限打破，不仅如此还将这两者统一起来。例如该理论认为，一些事物的发生既具有随机性，同时也具有确定性，所以也特别用来描述一些对于整体稳定而在某些局部不稳定的复杂事物。

所以由以上思想，提出了分形的概念，它从不同角度来理解“相似”

这一概念，并且是一种动态的观念，在某种空间，某种尺度下事物可能是相似的，但若换了另一种空间和尺度，这种相似可能会导致直接则产生了变化。所以这种在局部以某种方式与我们所需要的整体相似的某种不一样的也是我们所不知道的形态称为分形。用分形维数（简称分维）我们可以直接来刻画这个我们所需要的系统这种的自相似性是完全可以的。对于这样的我们想象不到的一个系统，如果所需要的度量其大小的尺度为 r，则我们认为其可以得到的度量的结果为 $N(r)$。

4.4 广西洪水风险预测模型分析

广西地处我国南部沿海地区，紧邻广东，属于欧亚大陆东南缘。广西境内，约为百分之八十的面积为山丘或岩溶，可以说是山脉纵横，因此也带来了复杂的地表变化。气候方面，属于典型的华南季风气候区。在这种气候特征下，易形成暴雨天气，因此也极易因暴雨产生洪涝灾害，严重威胁到当地居民的生产和生活，甚至严重威胁到了当地居民的人身和财产安全。例如，1994 年夏季，广西各地降水量从 900 毫米到 2800 毫米不等，这个水平已经几乎接近正常年度的年降水量，而这却仅仅是当年 5 ~8 月的降水量，超常规的降雨使广西超过两千七百万群众受灾，死亡人数超过 470 人，直接经济损失超过 360 亿元。十年之后的 2014 年，7 月登陆广西地区的超强台风“威马逊”也影响了整个广西人民的生产生活，境内 11 个市 50 多个县出现了非常严重的损害，受灾人群超过 420 万人，农作物受灾面积更是达到了 1457 千公顷之多，其中成灾 377 千公顷，倒塌农房 4654 户 8319 间，直接经济损失 138.09 亿元。

本部分选取自 1994—2012 年以来广西共 87 个暴雨致洪灾害过程，以暴雨时间长度、暴雨过程降水极值、暴雨过程降水均值三个指标作为致灾源因子，以暴雨洪涝造成的直接经济损失作为主要灾情因子，通过对数变换获得更加光滑的灾情因子序列。利用统计学理论建立支持向量回归模型，采用网格搜索法进行 SVM 的参数寻优，利用选取的致灾源因子对灾情序列进行回归预测。

4.4.1 数据来源

1994—2012 年间的 87 个暴雨致洪源数据来自于广西壮族自治区气象台的原始记录。中国气象灾害大典（广西卷）、广西民政厅、广西农业厅和广西防汛抗旱指挥部所综合公布的灾情统计数据（主要是指经济损失的统计值）为此次实证分析提供了灾情的统计数据。

4.4.2 SVM 回归方法简介

SVM 的全称为 Support Vector Machines，译为支持向量机。这种回归方法是由 Vapnik[①] 等人提出，它专门针对的是统计学中的小样本统计方法，并为小样本数据的统计规律提供有力的理论支持。

一般统计学方法都是在大样本的前提下方能得出较可靠的统计规律，但是对于自然灾害这种小样本群体，传统统计学回归方法可能会有较多的局限性。而 SVM 法是建立在结构风险最小化原理基础之上的，成功地避免了因样本数量不足所带来的一系列问题，也为有限样本在高维模型中的应用指出了一条明路。

SVM 法首先需要定义一个最优的线性超平面，因此对于所有问题的终极目标都转化为寻找最优线性超平面的，而在寻找过程中所使用的算法便被归结为求最优解的问题。而对于样本空间，则使用 Mercer 展开法进行处理，并且通过一组非线性的映射过程，把样本空间内的信息组全部映射到一个高维的特征空间中去，我们称这一高维的特征空间为 Hibert 空间，最后在得到的这个 Hibert 空间中，利用 SVM 的方法来解决高度非线性的回归问题。

4.4.3 数据处理

通过对数据的搜集整理，我们认为暴雨致洪的发生因子具有共性，能够导致洪涝灾害的发生的暴雨有着很相似的地方。通过对资料的分析研究，我们认为，在一定的气候背景下，若发生强度大、范围广、持续时间

---

① Vapnik V. Pattern recognition using generalized portrait method [J]. Automation and Remote Control, 1963 (24): 774 - 780.

长的暴雨天气过程，那洪涝灾害的发生则像是必然的结果。而为了描述洪涝灾害所带来的后果，直接用暴雨洪涝造成的直接经济损失来衡量，一是最直观，二是数据容易处理，即将直接经济损失作为主要灾情因子。

另外在处理灾情因子时，其经济损失在每年的变化具有相当的分散性，特别是两段的极值差距非常之大。这种差距的产生一方面是由于洪涝灾害的严重程度，另一方面则是由于货币计价所带来的物价不一致问题所导致。例如，在所有观测年内，最少的经济损失 414 万元，是 1994 年 5 月下旬连续 5 天的暴雨过程所导致的洪涝灾害，当时降雨过程中降雨量的极值为 170 毫米，而经济损失最多的一次洪涝灾害则发生在 2001 年 7 月中旬，虽然降雨过程也同样持续了 5 日，但在整个降雨过程中，降水量的值为 258 毫米，因此便产生了最多的经济损失，全省累计高达 159 亿元。这两者由于灾情的不同，物价的不同产生量天壤之别的经济损失值，如果直接使用这样的数据，将会给研究过程带来不必要的麻烦，因此为了尽可能地避免因不同原因导致的巨大差异，利用对数化方法对经济损失值进行处理，方法如下：

$$Y_i = \log\left(a \times \frac{y_i}{y_{gpd}}\right) + b \tag{4-38}$$

其中，第 i 个暴雨过程所产生灾情因子用 Y_i 表示，而 y_i 表示当此暴雨致洪所产生的直接经济损失（元），为了消除每年的物价水平对灾情因子的影响，应入当年广西壮族自治区的 GDP，用 y_{gdp} 表示。而为了使每一次暴雨过程在灾情因子压缩在一定的范围内，在公式中引入了两个调整参数，分别记为 a 与 b。为了使本次研究对象的灾情因子限定在 0～15 范围内，本书取 $a=100$，$b=10$，便于非线性模型在我们所限定的范围的建立。

4.4.4　基于 SVM 算法的分析模型

（1）SVM 算法

本书选取径向基函数（也称为 RBF 核）$K(x, x_i) = \exp\{-g\|x - x_i\|^2\}$ 作为 SVM 的核函数[①]。通过参数的选择，我们可能会对某些引起 RBF 核可

---

① 牟少敏．核方法的研究及其应用［D］．上海：上海交通大学，2008.

这是因为 RBF 核能把非线性样本映射到更高维的空间上，可以处理以上三个致灾源因子与灾情之间的非线性关系。同时，RBF 核的计算难度均小于其余三个核。

以处理任意分布的样本，这样我们就不需要考虑其他太多的因素可以很好地解决灾情因子在广西这样的地域分布情况。

（2）SVM 算法参数的建立

过去在传统的回归模型中，回归精度越高往往意味着算法越复杂，而 SVM 算法正是两者不可兼得的一种完美结合。SVM 算法中存在一类参数，被称为惩罚误差参数，一般用 C 来表示。通过 C 的存在可以调整回归系数在精度和复杂性之间的矛盾，这样我们就使用最大的空间和最有利的学习方法以使学习机器的推广能力达到最好，通常情况下我们都知道 C 越小表示在 SVM 算法中对我们不知道的可能出现的某种经验误差的惩罚就越小，反之则意味着如果取相当大的 C，则意味着惩罚越大，而这种惩罚即是意味着算法的复杂性越大。

除了惩罚参数 C 以外，SVM 法中的 RBF 核参数也是一个很重要的参数，通常情况下我们用字母 g 来表示这类参数。映射函数和特征子空间取决于核函数和后来用于映射的函数，而且这种关系是一一对应的，也就是说，确定其中一个，另外两个也随之确定了。这便体现了参数 g 的重要性。另一方面，如果在特征子空间里，用它的维数来确定此空间能够构造的最大 VC 维，也就是回归平面的维度，也就根据 C 参数可以确定此回归平面所能够实现的最小经验误差。因此 C 参数和 g 参数共同决定了特征平面的误差大小和复杂程度，两者的不同组合将带来不同的结果①。

因此寻找最优的（c，g）组合成为回归方法的首要任务。由于没有特别 C 和 g 的不同组合带来的后果可以一一解出，因此本书用网格搜索法对 C 和 g 的组合均一一表示出来后再将 C 和 g 取不同的值进行比较，选择最优的组合作为本次实证分析的参数值。我们可以在某种情况下先将 C 与 g 在我们所指定的某种指数范围网格内进行查找，这样我们不必要花费太多的力气通过不断改变网格的大小，来达到我们所需要的比较各自的最优参数的目的。最后确定此网格大小为 X：$2^{-4.5} \sim 2^{4.5}$，Y：$2^{-5} \sim 2^{5}$，结果得到

---

① Keerthi S S，Lin C J. Asymptotic behaviors of support vector machines with Gaussian kernel [J]. Neural Computation，2003，15 (7)：1667 - 1689.

作者表示：每一个特征子空间对应唯一的推广能力最好的回归超平面，如果特征子空间的维数很高，则得到的最优回归平面较复杂，经验风险小但置信范围大，反之亦然。

最优值为：C =0.707107，g =32。

4.4.5 基于多元逐步回归方法对灾情因子预测模型

在选取回归方程的自变量时，我们首先将降水均值（x_1）、在某种情况下降水极值（x_2）和我们最容易忽略的降水时长（x_3）纳入考虑，灾情因子（Y）作为回归变量。但并不是每一个自变量都能通过显著性检验，因此，必须首先对单一自变量进行 t 检验。经检验，降水均值（x_1）、降水极值（x_2）通过显水平为 0.05 的检验，它们的 P 值分别为 0.006 和 0.004。而降水时长（x_3）的 P 值为 0.517 >0.05。因此，（x_1）、（x_2）保留在回归方程中，而（x_3）由于未通过检验将其剔除。

通过 R 软件得到灾情因子 Y 的回归方程如下：

$$\tilde{Y} = 6.002 + 0.016x_1 + 0.005x_2 \qquad (4-39)$$

用 F 检验对以上回归方程进行检验，显著性水平设定为 0.05，上述方程通过检验。

由上式可以看出，若降水均值增加（或减少）一个单位，则灾情因子会相应地增加（或减少）0.016 个单位，而若降水均值不变，降水极值增加（或减少）1 个单位，灾情因子则会平均增长（或减少）0.005 个单位。而降水极值对灾情因子 Y 的影响力度远不如降水均值的原因，也可以解释为降水均值对降水极值的影响，这其中也包含了降水时长等因素，所以上述回归方程也是我们所需要的某种经常发生的情况下解释了降水均值对灾情极度的重要程度所做出的选择。

4.5 广西洪水损失评估的实证分析——基于损失指数评估模型

洪水灾害损失评估是防洪减灾领域的一项十分重要的基础性工作，它在洪水灾害风险管理、洪水保险、防洪减灾效益评估等方面发挥着日益重要的作用。

1988 年美国的 Sujit 和 Ruell Lee[①] 提出了所谓非传统的水深损失曲线方法，用于计算特大洪灾（如溃坝）的经济损失。我国对洪涝灾害损失评估主要采用参数统计模型，利用参数统计方法确定模型参数进行研究。冯民权[②]利用随机过程的相关知识，建立了财产损失评估随机模型，模型描述了洪水灾害财产损失率的随机变化情况；肖红霞等基于洪水灾害损失不稳定度等指标进行评估[③]，本书参考了其方法；王艳艳等[④]的基于洪水模拟演进的洪涝灾害评估。但这些方法存在指标繁多、资料信息获取难度大、计算工作量大等缺点，操作性普遍较低。

本书通过构建洪水灾害直接经济损失（L）、洪水灾害农业经济损失指数（La）、洪水灾害直接经济损失波动率（M）、洪水灾害直接经济损失对 GDP 的影响力指数（N）、洪水灾害对经济的综合影响力指数 C 等指标，对洪水灾害进行量化，使不同时间下发生的洪水灾害能够进行比较，具有较强的典型性。通过以上评价指数的建立及对广西 1993—2012 年这 20 年的洪水灾害经济损失的综合评价，达到对过去 20 年广西洪灾风险的总体认识，为相关部门洪水灾害防治减损提供依据和参考。

4.5.1　数据来源

本书采用洪水灾害经济损失指数评价方法对洪水灾害经济损失进行评价。该方法选取洪水灾害的主要经济损失指标（农作物总播种面积、农作物成灾面积、农作物水灾成灾面积、洪水灾害造成的直接经济损失、广西 GDP 等），这些指标信息能够充分说明洪水灾害对经济的影响，且这些信息在中国经济与社会发展统计数据库和国家统计局网站处很完备，容易获取。

---

① Sujit, Lee R. A Nontraditional Methodolo gy for Flood Stage - damage Calculation [J]. Water Resources Bulletin, 1988, 24 (6): 1263 - 1272.

② 冯民权，周孝德，张根广．洪灾损失评估的研究进展［J］．西北水资源与水工程，2002，13（1）：33 - 36.

③ 肖红霞等．广西壮族自治区洪水灾害经济损失评价［J］．水土保持通报，2011，31（4）：232 - 236.

④ 王艳艳，陆吉康，郑晓阳等．上海市洪涝灾害损失评估系统的开发［J］．灾害学，2001，16（2）：7 - 13.

4.5.2　参数选择与模型构建

（1）洪水灾害直接经济损失（L）

洪水灾害直接经济损失指洪水灾害作用于人类社会而造成的人员死亡和社会财产损失。直接经济损失可直接取自灾情报告、气象报告或统计年鉴，数据不难获取。统计广西 1993—2012 年各年洪水灾害直接经济损失，结果如图 4－1 所示：

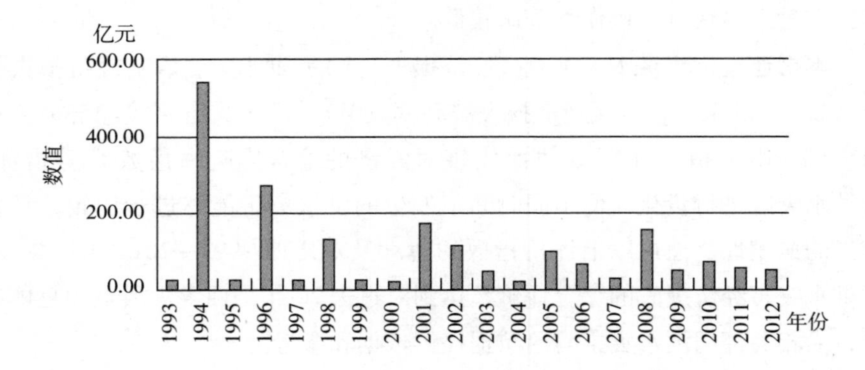

图 4－1　广西 1993—2012 年洪水灾害直接经济损失

由图 4－1 可以看出，1993—2012 年广西洪水灾害直接经济损失年际变化较大，呈现出不稳定的特征。洪水灾害直接经济损失最大的年份是 1994 年，达到 546.04 亿元；直接经济损失最小的年份是 2004 年，为 15.30 亿元。两者相差了 35.7 倍。

（2）洪水灾害农业经济损失指数（*La*）

洪水灾害农业经济损失指数反映了洪水灾害对农业所造成的影响，采用陈香等[①]的自然灾害造成的农业经济损失的计算方法：

$$L_a = P \times S_2 \times 30\% / (S - 30\% \times S_1) \qquad (4-40)$$

其中：P——农业总产值（亿元）；

S_1——农作物成灾面积（千公顷）；

S_2——农作物水灾成灾面积（千公顷）；

① 陈香，沈金瑞，陈静．灾损度指数法在灾害经济损失评估中的应用：以福建台风灾害经济损失趋势分析为例．

S——农作物总播种面积（千公顷）。

统计广西1993—2012年洪水灾害农业经济损失指数的数据，情况如图4－2所示：

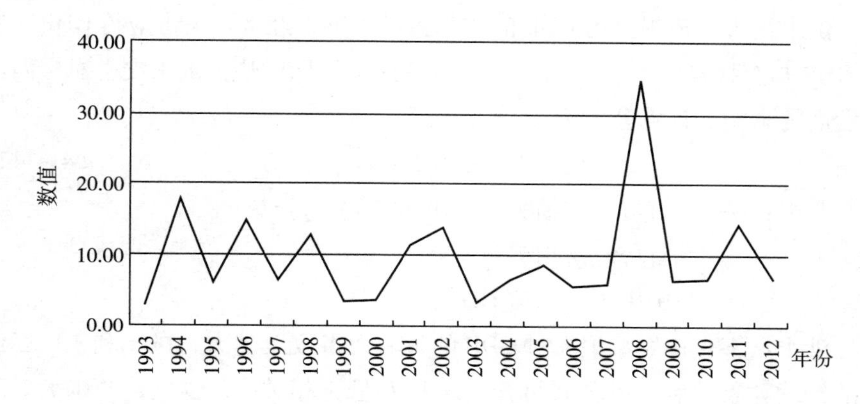

图4－2 广西1993—2012年洪水灾害农业经济损失指数

由图4－2可看出，广西1993—2012年洪水灾害农业经济损失指数最高的年份出现在2008年，数值为34.44；最低的年份为1993年，数值为2.89。除了2008年以外，其余各年份农业经济损失指数总体较为稳定。同时，由图4－1和图4－2结合可以看出，洪水灾害直接经济损失大的年份，其农业经济损失指数不一定大，两者之间关系不大。如1994年的直接经济损失数据是各年份中最大的，但这一年的农业经济损失指数为17.68，农业经济损失指数并不是各年份的最大值；再如，2008年的直接经济损失为156亿元，并不是各年份的最大值，但其农业经济损失指数却是这20年中的最大值，为34.44。

（3）洪水灾害直接经济损失波动率（M）

洪水灾害环境的波动情况对经济损失影响很大，能在一定程度上加重或减轻洪水灾情。洪水灾害造成的经济损失极差（即最大值与最小值之间的间距）能刻画当地环境的不稳定度，反映一个地区受灾害攻击的脆弱性。计算公式为：

$$M = (L_I + L_{\min})/(L_i + l_{\max}) \tag{4-41}$$

其中：M——洪水灾害直接经济损失波动率；

L_i——第i年的直接经济损失（亿元）；

L_{min}——直接经济损失最小值（亿元）；

L_{max}——直接经济损失最大值（亿元）。

（4）洪水灾害直接经济损失对 GDP 的影响力指数（N）

洪水灾害经济损失占 GDP 的比率指洪水灾害经济损失占应得 GDP（实际 GDP 与直接经济损失之和）的比值。这个指标反映了洪水灾害对广西经济发展的影响。计算公式为：

$$N = L/(L + G) \tag{4-42}$$

其中：N——直接经济损失对 GDP 的影响力指数；

L——直接经济损失；

G——国内生产总值 GDP。

洪水灾害直接经济损失对 GDP 的影响力指数 N 越大，越不利于广西经济的持续健康发展。由公式可知，N 和 L 呈正相关，L 越大，N 越大。减轻洪水灾害经济损失，有利于稳步提高 GDP 以及 GDP 的增长速度，有利于保持广西经济稳定增长的态势。

4.5.3 广西洪水损失对经济影响的分析

根据中国经济与社会发展统计数据库和国家统计局网站上 1993—2012 年的农业生产总值、农作物总播种面积、总成灾面积、洪水灾害成灾面积、直接经济损失和广西 GDP 的统计数据，由公式（4－40）可计算出洪水灾害农业经济损失指数。各项数据如表 4－1 所示。

表 4－1 广西 1993—2012 年洪水灾害相关数据

项目 年份	农作物总播种面积 S（千公顷）	农作物成灾面积 $S1$（千公顷）	农作物水灾成灾面积 $S2$（千公顷）	农业总产值 P（亿元）	农业经济损失 La（亿元）	直接经济损失 L（亿元）	广西 GDP（亿元）
1993	5385.2	531	235	214.24	2.89	21.00	871.7
1994	5516	1567	1048	283.71	17.68	546.04	1198.29
1995	5746	528	287	384.2	5.92	20.50	1498
1996	6011	911	623	450.52	14.68	271.81	1698

续表

项目 年份	农作物总播种面积 S（千公顷）	农作物成灾面积 S1（千公顷）	农作物水灾成灾面积 S2（千公顷）	农业总产值 P（亿元）	农业经济损失 La（亿元）	直接经济损失 L（亿元）	广西 GDP（亿元）
1997	6203	436	269	482.5	6.41	23.11	1817.3
1998	6293.4	791	548	476.24	12.93	134.00	1911.3
1999	6289.4	918	149	454.85	3.38	23.40	2002
2000	6260.7	836	150	425.2	3.18	16.00	2080.04
2001	6288.1	757	518	439.93	11.28	173.30	2279.34
2002	6164.4	722.6	575	465.47	13.50	116.30	2523.73
2003	6107.4	1134	128	500.82	3.33	46.20	2735.13
2004	6172.9	914	208	623.09	6.59	15.30	3433.5
2005	6343.9	838	248.6	711.89	8.71	98.10	4076
2006	5557.3	741.2	122.7	807.9	5.57	62.80	4829
2007	5594.40	428.6	109.8	971	5.85	23.30	5823.41
2008	5695.6	1128.9	555.6	1107	34.44	156.00	7021
2009	5834.2	459.5	109	1139.6	6.54	42.70	7759.16
2010	5896.9	868.9	92	1339.58	6.56	69.00	9569.85
2011	5996.48	638.1	173.8	1602.4761	14.39	48.10	11720.87
2012	6082.6	304.5	74.7	1724	6.45	45.60	13035.1

结合图 4－1、图 4－2 及表 4－1，可以清楚地看出农业经济损失（*La*）和直接经济损失（*L*）各年变化的总体走势。1993—2012 年这 20 年时间里，农业经济损失（*La*）和直接经济损失（*L*）的较大值出现在 1994 年、1996 年、1998 年、2001 年、2002 年和 2008 年这六年；其中 *La* 与 *L* 的最大值分别出现在 2008 年和 1994 年，表明 2008 年遭受的农业经济损失最严重，1994 年遭受的直接经济损失最严重。具体来看，*La* 与 *L* 的值在 1994 年分别为 17.68 亿元和 546.04 亿元；1996 年分别为 14.68 亿元和 271.81 亿元；1998 年分别为 12.93 亿元和 134.00 亿元；2001 年分别为 11.28 亿元和 173.30 亿元；2002 年分别为 13.5 亿元和 116.3 亿元；2008 年分别是 34.44 亿元和 156 亿元。在其余的 14 个年份，农业经济损失和直接经济损失均不明显，*La* 与 *L* 均处在较低的水平；同时从 *La* 与 *L* 的各年

的波动幅度的绝对值看，*La* 与 *L* 的变化有逐渐趋于稳定的趋势。

4.5.4 广西洪水损失波动率评估分析

根据表 4－1 中的洪水灾害经济损失数据，结合公式（4－41）可计算出广西壮族自治区 1993—2012 年的洪水灾害经济损失波动率。其变化趋势如图 4－3 所示。

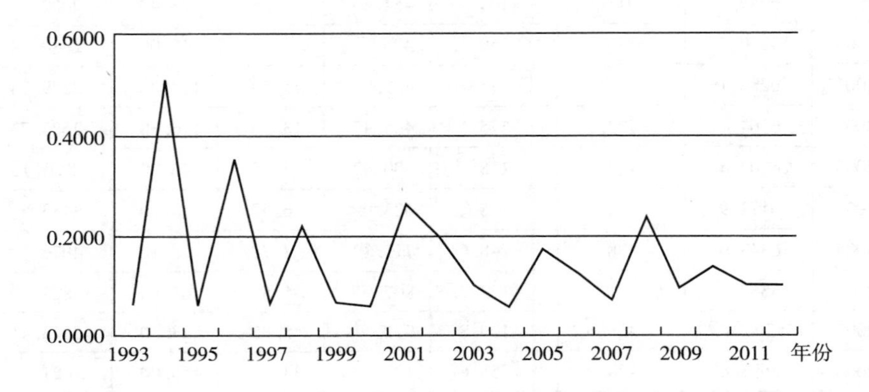

图 4－3 广西 1993—2012 年洪水灾害直接经济损失波动率变化趋势

总体上看，直接经济损失波动率变化大，峰值出现在 1994 年，数值为 0.514；最小值出现在 2004 年，数值为 0.0545。除了直接经济损失波动率较高的 1994 年、1996 年、1997 年、2001 年、2008 年这五年以外，其他年份的波动率数值均较小。其中，经济损失波动率在 0.2 以上的均为直接经济损失较大的年份。直接经济损失波动率出现较大起伏的原因则是因为该指标随着洪水强度的变化而变化，证明洪水强度是影响广西直接经济损失波动率的主要因素。虽然直接经济损失波动率的变化起伏较大，但这 20 年来的变化总趋势是下降的，这可能与广西地区近年来加大洪水灾害防灾减损建设密切相关。

综上所述，建议广西加大对环境保护及防洪设施的投入，以增强恢复环境的稳定度，在加强防洪设施建设的同时着重加强对较大洪水的防御能力，对存在洪水隐患的地区提前采取措施，降低洪水灾害经济损失波动率，提高抗灾减损能力。

4.5.5 广西洪水损失对 GDP 的影响力指数分析

根据公式（4-42）可计算出洪水灾害直接经济损失对 GDP 的影响力指数，如图 4-4、图 4-5 所示：

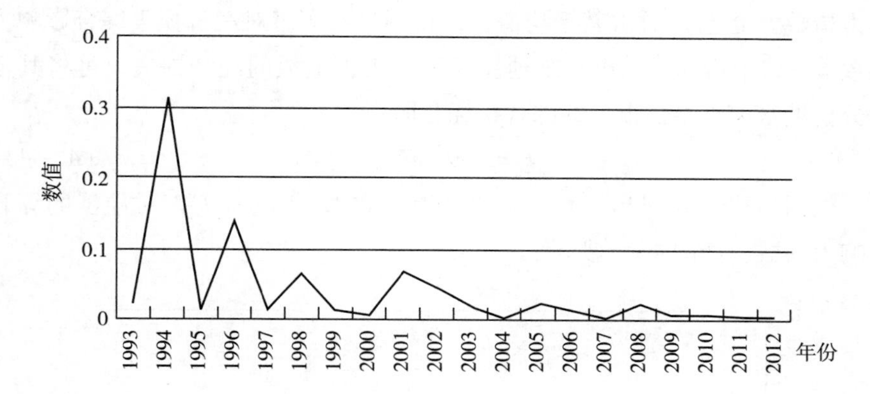

图 4-4 广西 1993—2012 年洪灾直接经济损失对 GDP 的影响力指数

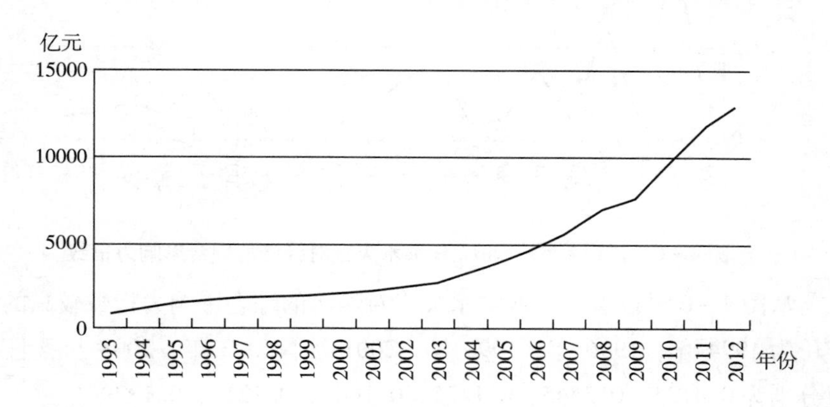

图 4-5 广西 1993—2012 年各年份 GDP

由图 4-4、图 4-5 可以看出，广西地区 1993 年 GDP 为 871.7 亿元，到了 2012 年则增加到 13035.1 亿元，增长了近 15 倍。GDP 在快速增长的同时，洪水灾害直接经济损失对 GDP 的影响力指数也随着变小。洪水灾害直接经济损失对 GDP 的影响力指数最高的年份是 1994 年，为 0.3130，说明 1994 年洪水对社会经济的发展造成了很大的影响；最低的年份是 2012 年，为 0.0035。随着 GDP 的增长，洪水灾害直接经济损失对 GDP 的影响力指数呈逐年下降的趋势。

4.5.6 广西洪水损失对经济的综合影响力指数分析

将洪水灾害经济损失波动率 M 和洪水灾害直接经济损失对 GDP 的影响力指数 N 进行加总求其平均值，即得到洪水灾害对经济损失综合影响力指数 C，这个指标可以更直观地反映洪水灾害造成的经济损失，可将其作为分析洪水灾害经济损失的综合指标，即：

$$I = (M + N)/2 \tag{4-43}$$

根据公式（4－43），计算广西 1993—2012 年洪水灾害对经济的综合影响力指数，如图 4－6 所示：

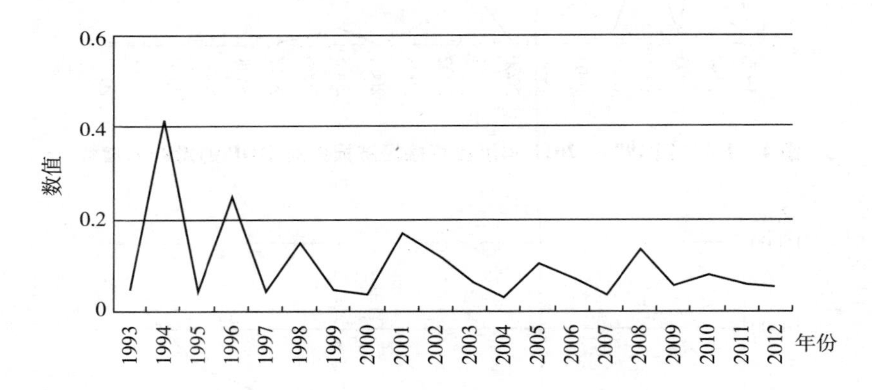

图 4－6 广西 1993—2012 年洪水灾害对经济的综合影响力指数

从图 4－6 可以看出广西洪水灾害对经济的综合影响力指数较高的几个年份为 1994 年，1996 年，1998 年，2001 年，2002 年，2008 年，且其数值分别为 0.4135，0.2445，0.1425，0.1664，0.1214，0.1329。

由图 4－6 可以看出，广西洪水灾害对经济的综合影响力指数呈下降的趋势，近年来起伏趋于平稳。这表明广西地区洪水灾害造成的经济损失比重有逐渐减小的趋势，但若发生特大洪水，比重仍然较大，对广西经济社会的发展构成不可忽视的影响。洪水灾害风险不得不防。

4.5.7 结论及评价

（1）采用洪水灾害直接经济损失波动率（M）和直接经济损失对 GDP

的影响力指数（N）构建的洪水灾害对经济的综合影响力指数 C，用于分析洪水灾害对经济的影响是科学、合理的，能够较准确地反映洪水灾害造成的经济损失程度及变化趋势，也可用于不同年份发生的洪水灾害损失的比较，很好地反映了洪水灾害致灾因子年际变率和孕灾环境的波动性，模型简单易懂，所需数据易获取，评价较为科学，效果较好，实际操作性强。

（2）广西洪水灾害直接经济损失占应得 GDP 的比例处于较低水平，该区直接经济损失波动率（M）总体上表现出逐年减小的趋势，但年际变化大，在一定程度上增大了洪水灾情的不可预测性。抵御洪水灾害的能力还与具体年份洪水强度相关，若遇特大洪水，环境脆弱性将增大，抗灾能力降低。建议广西各部门间加强协调与合作，共同应对洪水风险。完善洪水灾害预警系统、提高城市防洪和农村水利工程防洪水平，对存在洪水威胁的区域提前采取措施，提高其抗灾能力。

5. 广西台风风险的评估与损失评价

全球经常性发生且造成严重危害的一种自然灾害台风，从瑞士再保险公司统计数据显示，在近几十年尤其是 1970—2007 年，在全球 10 大灾害中，造成保险损失金额最高的，台风就占了 8 起。中国由于其特殊的地理位置，也名列地球上台风发生较多损失较大的国家，每年中国由于台风造成的损失近 300 亿元①，这还不包括间接经济损失，随着中国经济的快速增长，台风造成的损失也越来越多②。

在国家的建设发展过程中，灾害的评估对于减灾减损起到很重要的作用，在很多时候为国家制定政策特别是防灾政策提供直接的依据，在实践中对于国家的稳定和谐发展具有指导意义。从 1960 年开始，人们从不同方向对台风灾害风险进行研究，特别是在学术方面进行了卓越的理论和实践的开拓，有的对台风灾害灾情进行了全面的评估方法的研究；有的对台风灾害造成怎样的经济损失进行深入研究，开展全面的评估；更有学者对台风灾害如何进行全面的减灾防灾能力进行理论和实践的评估，提出了台风灾害整体系统理论的全面研究。最近有学者提出了建设台风灾害生态的评估手段和经常使用的方法。其中防灾效益与生态评估很少开展，开展较多的是台风灾害的风险评估和台风灾害的灾情评估。台风频发的风险地带往往是一次次台风灾害全面进行风险评估的理想对象和实践基地，有一部分甚至成为历史保留下来的常态性评估模式；对正在或者刚发生的台风进行一次具体的灾害研究过程，并结合台风灾情评估的对象损失程度进行全面

---

① Xiao Fenjin, Xiao Ziniu. Characteristics of tropical cyclones in China and their impacts analysis [J]. Nat Hazard, 2010, 54: 827 - 837.

② Zhang Q, Wu L, Liu Q. Tropical cyclone Damages in China 1983—2006 [J]. Bulletin of the American Meteorological Society, 2009, 90 (4): 489 - 495.

而深入的研究和评估。

5.1 评估台风灾害风险的理论和方法

根据台风灾害的发生概率、强度和承灾体的特性，台风灾害风险评估就是要对将来某个地方可能会发生台风灾害进行预先的估计并就灾害的大小、性质、发展方向进行预测。基于过去某个地方的台风历史资料的基础上对过去、现在和以后可能发生的灾害损失进行数学的定量计算方法，这是灾情评估。台风灾情评估的重点与一般的风险评估完全不一样，主要是对受灾的某个地区在将来或者过去遭受台风所造成的损失大小进行研究计算，对于某一次如果正在或过去已经发生的某次台风灾害作为研究对象。宏观评估是在一个更大的范围内进行研究，计算台风发生的强度和发生的损失严重程度就是台风灾情指数评估方法。

在现实的研究过程中我们要时刻明白台风灾害中的风险管理的核心内容是台风灾害风险评估，它同时在现阶段世界进行台风灾害损失严重程度识别的过程中具有重要意义。对于各种致力于减少灾害的组织，这是一个重要值得关注的关键问题。台风灾害风险评估的重大的理论和实践意义在于为防灾、减灾提供科学支撑和决策依据。

5.1.1 台风灾害系统理论

在灾害链系统中，台风灾害属于其中的典型的一个环节。台风灾害中的各个系统在各个灾害要素之间构建了一个关系复杂的网络，相互之间进行垂直和横向的各种影响，对于本身带有致灾因子的某个台风而言，台风期间的大风，间歇暴雨和台风风暴潮等可能在各系统当中的影响导致各种关系的衍生并形成灾害链系统，在某种因子作用下会加大其影响的范围和程度。台风灾害链模式的研究在某种程度上取得了一定的成果进展，主要有：1991 年，史培军；2002 年，潘安定等；2006 年，唐晓春；2007 年，陈香等；2011 年，殷杰等。本书的中国沿海台风灾害链系统就是在借鉴上述研究成果，基于灾害系统理论上初步构建。在全球的气候问题越来越受到重视，城市化越来越明显的背景下台风灾害链系统也在不断地发展和突破，波动变化是其中一个重要的衍生结果，并导致链式关系产生了如下3个方面：

（1）灾害链在某种台风或者大风的触发下，如果形成中心气压极低、气压梯度极其强这种影响非常巨大的天气系统，风速则可能出奇地大。台风中心在海上和陆地上风速有明显区别：海上的最大风速可达100～120m/s，陆地上可能会达到12级以上的大风，台风会导致巨大的人员伤亡和财产损失，它不仅可以吹断电缆造成大面积停电进而可能引发火灾、产生事故，还可以摧毁房屋建筑刮倒树木庄稼，毁坏车辆等设施装置等。此外，台风大风的发生频率和强度会随着全球气候变暖的形势而加大，台风大风引发的灾害链在某种压力的作用下造成的影响也会随着气候变化而不断增大。

（2）台风产生的暴雨是在极端的情况下出现我们所不愿意看到的灾害链。驱动相当规模的水汽，并在我们所能及的范围以某种极其强烈的气流引起空气大气层不断分散下的上升运动最终形成。在大部分（高达95%）的暴雨都是在某种台风登陆在某个地方而导致暴雨，在某种极端的天气当中特大暴雨是常常可以观测并且体会到的。如果在台风天气形成持续性的区域影响严重的台风暴雨，将在沿海低地造成严重人员伤亡和财产损失。它引发大面积的洪涝灾害，冲毁房屋、河堤，摧毁淹没农田、道路等。更严重的地区是在沿海经常看到的如广西的桂北地区某些丘陵地区，台风所到之处可能会出现不可思议的规模性的极具破坏力的崩塌、大面积的滑坡、巨型的泥石流甚至占据整座山脉，这些地质灾害经常造成大量的经济损失，在植被稀少的丘陵地带水土流失也是不可避免地发生，这些都是台风导致暴雨所造成的后果。在城市建设过程中需要大量的水资源，抽取地下水为了得到更加廉价的资源，但是由于过度开采导致地面下沉同时由于城市化导致土地贫瘠，加上不合理的城市规划洪涝灾害也时有发生，特别是城市管理不到位等情况更是对城市如何避免洪涝灾害带来雪上加霜的压力。

（3）台风在急剧的运动当中引起大气扰动最终可能的结果就是导致海面潮位的垂直而猛烈的上升，灾害链由此全面挑动。风暴潮极端情况下如果碰上天气大潮会导致最强烈的破坏性，这极可能会摧毁大量的财产并导致人畜的大量死亡。如果在某些地方由于台风产生强烈的风暴那么严重的洪涝可能就是不可避免的，更进一步如果由此引起海水倒灌那后果就更加严重，不仅污染淡水和河流，对于工农业生产的影响更是不可估量，特别是在今天温室效应越来越严重，各种灾害因素叠加风暴潮发生会在频率以及强度方面产生猛烈的变化，这个灾害链更会带来前所未有的损失，给城市带来一场场灾难。

台风灾害是一个天然的系统，按照一般的理解其组成并不复杂，第一个是台风致灾因子在台风的损害中是直接的原因，其中携带诸如大风还有暴雨，极端情况下则是风暴潮，第二个是孕灾环境直接影响致灾因子，是其背景条件，在一般情况下就是受到影响时各地区的发展水平以及在全球当中的定位情况的变化，第三个就是承灾体在台风发生时可能受到影响的致害对象，人类社会经济系统如人口、基础设施、建筑、农业等遭受台风灾害时，造成一定的损失。孕灾环境作为致灾因子和承灾体存在的背景条件，经常情况下承灾体是我们考虑最多的一个因素也是最终我们要控制的因素，以减少人员和财产的损失才是我们研究的最后归宿。通常情况下多个致灾因子与某种情况下的多个承灾体组成一个灾害系统，相互之间存在的影响关系，相互之间不断作用于对方，台风灾害系统中我们所知道的一般的致灾因子、对于我们所不知道的孕灾环境和一般不能承受的承灾体属性随着不确定性的变化通过我们所不能企及而且不能改变的致灾因子和承灾体的变化特点，我们就可以在整体的情况下体现出孕灾环境在某种情况下的变化特点。

5.1.2 台风灾害系统风险评估理论

根据上述台风灾害系统理论和自然灾害风险形成理论（黄崇福，2005），台风灾害风险的形成与其致灾因子危险性，孕灾环境稳定性和承灾体脆弱性有着密不可分的关系。理论上，孕灾环境经常情况下从属承灾体和致灾因子，一个背景相互作用的激烈碰撞是台风灾害风险的主要决定因素。

根据本书的台风系统风险理论，提出了一个适合于沿海台风灾害系统

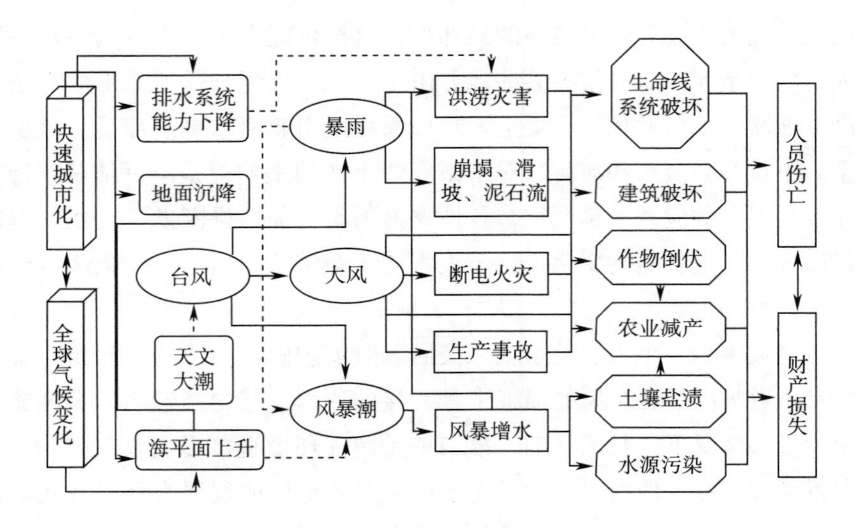

图 5－1　台风灾害链系统

评估风险所需要的理论框架（见图 5－2），主要有：

（1）台风灾害系统风险判断。风险判断和识别是台风灾害系统风险评估的基础起点，对于所研究的地区所具备的自然社会中的经济特征，通过孕灾环境识别台风及风暴潮的过程，这需要在研究前做资料的搜集和整理工作。其次，对于台风灾害的时空分布规律要有正确的研究和认识。

（2）台风灾害系统风险分析。风险分析是任何时候任何情况下所做的灾害系统评估的核心工作，特别是在特定的情况下危险性分析所要做的就是对致灾因子进行一系列的预测和计算，以确定其强度和占用率，研究探讨致灾因子强度的变异是如何引起自然灾害的程度性变化。自然因素在某种情况下的变异程度或承灾体在台风灾害中所能承受的各种情况下的自然灾变程度都可能决定致灾因子的强度。致灾因子的强度—频率关系主要是由致灾因子发生概率确定的。确定其大小的因素主要有通过建立致灾因子强度 h 和破坏损失（率）D 之间的关系模型 $D=f(h)$ 或人类社会经济系统的人口密度、人均 GDP 和地均 GDP 等属性指标等。对于一定时空条件下我们所需要研究的承灾体损失可以确定为台风灾害系统在相对于人类社会在进行各种经济活动时经济系统所表现出来的一定的损失程度。其确定因素有受灾区域的人类社会经济系统的灾损率和成本价值，也有可能是人类社会所进行的经济活动中经济系统所体现出来的伤亡人数，受台风暴雨所淹没的面积和台风灾害所造成的直接经济损失等各种灾情指标。

（3）台风灾害系统风险评价。在评估评价当中需要综合和定量表征某一项损失的结果，各种致灾因子存在的不可预测的危险性，承灾体在自然灾害面前所表现出来的脆弱性以及最终的承灾体所需要的损失最终可能结果分析可以用建立的风险评价模型进行分类整理，并对台风灾害系统风险进行我们所必须进行的定量化表征主要采用方式就是我们经常可以使用的所有的风险指数、风险值等。

除此之外，根据自然分类法运用最优割法，对风险进行不同级别的划分；将风险按接受程度划分为可接受风险和不可接受风险的出发点是考虑研究区域的承灾能力。到目前为止，还没有一个明确一致的标准关于如何划分可接受风险与不可接受风险临界值的规定。

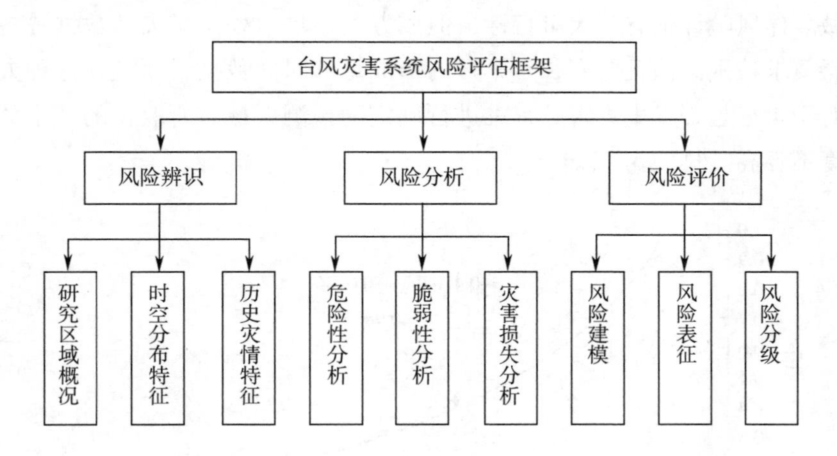

图 5－2　台风灾害系统风险评估框架图

5.1.3　台风灾害系统风险评估方法

在进行台风的研究当中，灾害风险可以进行纵向和横向的深入评估，主要有以下四方面：

（1）指标体系法在半定量的研究中具有举足轻重的作用，特别是在其机制尚未弄清楚的情况下。构建核心的指标体系，需要在研究当中落实各个指标的不同权重，在全面评估风险的前提下建立风险评估模型，最后根据市场的发展程度形成区域灾害风险指数。

台风损失和各种数据资料在一定程度上容易获取，采用的计算方法并不复杂甚至可以说是简单，那么所研究的区域的风险状况是可以体现出其不可或缺的优点所在，大尺度的研究空间以及巨大的试用空间使风险评估显得游刃有余。进行风险的预测性越发不可知，那么未来的灾害风险情况则在一定的数值条件下对区域风险的刻画只能通过相对不明显的情况加以载明。

（2）对于预测未来可能发生的灾害可以利用历史灾情按照数理统计的方法，研究过去灾害的可能演变的某种规律，利用它们的相互关系进行曲线描述来得出某种可能的结论。通常情况下在没有完整的某些历史灾情资料的被动局面下，寻求其他更加实用而且更加准确的计算方法就显得至关重要了，这就是立足于历史灾情数理统计法的优点，该方法在大中尺度的区域总体风险评估有很大可行性，但该方法不足之处是对灾情数据等各种资料要求特别高而且要有长年累月的形成足够时间数据，而且在这种方法中对于未来是否发生灾害是很难进行确定的预测，最后所取得的结果的准确度不算高。见图 5 - 3。

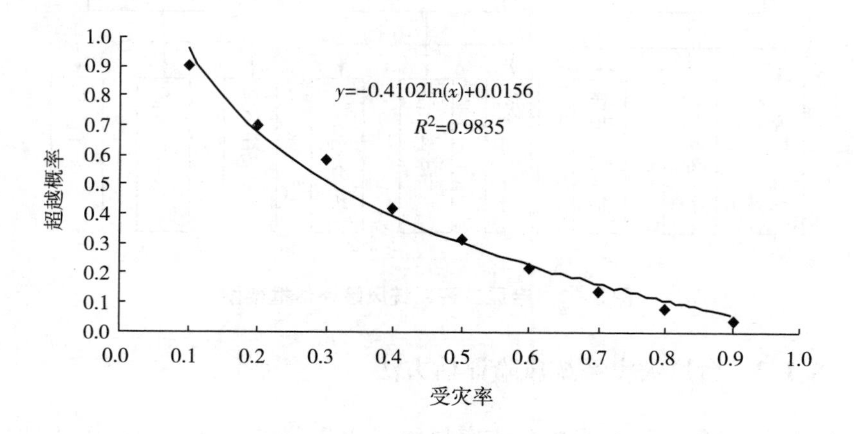

图 5 - 3　水灾超越概率——受灾率曲线

（3）分为三大步骤的情景模拟法是目前流行的灾害风险研究的一种最新的研究方法，其基本原理是基于定量的手段，运用动态的风险进行评估。第一步是确定灾害情况，其原理和过程并不复杂只是模拟各种灾害情况。第二步是损失程度。第三步是构建灾害风险。实现灾害风险的动态评估是通过各种先进的模拟手段，模拟不同情景下的灾害状况取得的。

（4）直观性很强，我们要在这样的情况下首先选取发生多次灾害的图像，然后提取信息，紧接着做出判断风险的高低情况。

直观是其最大的优点，但不足之处是要有较高分辨率的空间遥感信息。现阶段，人类活动在城市化进程中受灾大大超过单一灾害的范围，经常受到整个社会和地区的影响，当前灾害学领域研究得最多的就是两种：

（1）操作简单，思路清晰在数理统计下修正的单灾种引起的不可回避的灾害风险评估方法，在原来灾情资料指标体系的现实修改上，计算出风险指数，这个风险指数实际修正结果经常会有偏差，其操作也不简单，这种修正方法是目前使用较多的修正方法，不尽合理性是这种修正方法的最大缺陷，灾害学研究要在此基础上不断进行完善和优化。这种修正方法也可以对台风风暴潮灾害的损失后果进行风险评价下所做的台风风暴潮预测。

（2）修正结果可以快速直接取得，而且修正过程省时快速。其原理是直接对风险函数式进行修正，同样是基于多灾种（多致灾因子/多承灾体）和灾害链的特征信息。风险曲线的修正包括致灾因子强度—频率曲线、承灾体灾损曲线和风险损失—超越概率曲线的修正共3个运算过程。

设单灾种的强度—频率曲线方程为：

$$y_1 = f(x) \tag{5-1}$$

对强度进行a的改变，则：

$$y_2 = f(x + a) \tag{5-2}$$

再设单灾种的灾损曲线假设如下：

$$y_3 = g(x) \tag{5-3}$$

则：

$$y_3 = g(x + a) \tag{5-4}$$

综合为：

$$g(x + a) = k\{f(x + a)\} \tag{5-5}$$

台风灾害系统风险评估也同样可以运用上述总结归纳的灾害风险评估方法。综合考虑研究区域空间维度、台风灾害系统特征和实际可操作性，进行研究和刻画。

5.1.4 台风灾害系统风险评估评价程序

指标体系的核心环节是评估结果的准确度和可信度，其关键是评估指标的选取，以下是几个基本原则：全面性和系统性原则、合理性和科学性原则、可信性和代表性原则、定性和定量结合的原则。

中国沿海地区人口稠密，工业发达，经济旺盛，重大的损失往往是由一个微小的决策失误所造成的，每个指标必须赋予明确符合实际情况的科学意义，认真选取具备高度的合理性。

台风灾害风险评估应综合考虑各个可能影响的因素，结合台风灾害和沿海地区特点，涉及自然、社会和经济等众多领域。每个指标都应该是与统计部门的指标保持一致，在合理、完整的基础上，尽量突出数据的实用性，为了便于测量计算和整理，数据应该保持统一性，同时为了提高台风灾害风险评估结果的可信度，各项指标的代表性要认真去思考和慎重的选择。

（1）在中国沿海地区进行大尺度的灾害综合风险评估，无论在数据的收集和模型的建立过程中都尽可能采取定量化研究的方法，在上述基础上利用定性的研究来描述事件的综合性和关联性，以得出更加全面的结果和更加有说服力的理由，确保客观全面地评估台风灾害的综合风险以及损失的准确结果。

（2）在建模型过程中权重如何确定是诸多环节中关键的一环，选择层次分析法来确定权重有利于避免主观误差造成的对于评估结果的影响，这也是基于各个指标对于台风灾害风险的贡献和重要程度不同而做出的一个重要的选择，层次分析法用数学方法把人的主观判断表达出来，将定性因素定量化，利用各种检验方法对结果进行合理的检验和验证。

确定权重的过程在层次分析法中是一个关键的步骤，其中：

第一步是确立目标和研究范畴，并建立层次结构模型再将方案层的形式排列起来。第二步是构建判断矩阵，判断矩阵用来确定所有元素的相对重要性情况，其形式如下：

表 5－1 判断矩阵的形式

A_k	B_1	B_2	…	B_n
B_1	b_{11}	b_{12}	…	b_{1n}
B_2	b_{21}	b_{22}	…	b_{2n}
↓	↓	↓	↓	↓
B_n	b_{n1}	b_{n2}	…	b_{nn}

表中 b_{ij} 表示对于 A_k 而言，但是我们要在这样的一个不清楚的情况下确定元素 B_i 对 B_j 的相对重要性判断值。这样参数的选择就不会容易出现偏差，其中的值 b_{ij} 是根据 T L. Saaty 的 1 ~9 标度方法进行打分并赋值的（见表5 –2）。所以我们要对所有的参数进行全面的评估，这样显然对于任何判断矩阵都应满足：

$$b_{ii} = 1 \text{ 和 } b_{ij} = \frac{1}{b_{ji}} \qquad (i,j = 1,2,3,\cdots,n) \qquad (5-6)$$

表 5－2 判断矩阵元素 b_{ij} 的 1 ~9 标度方法

标度	B_i 对 B_j 的相对重要性
1	B_i 与 B_j 同等重要
3	B_i 较 B_j 重要一点
5	B_i 较 B_j 重要得多
7	B_i 较 B_j 更重要
9	B_i 较 B_j 极端重要
2，4，6，8	以上两个相邻判断值的中间值

第三步各项指标权重的计算，用层次单排序权重的方法来计算，其步骤如下：

a）计算元素的乘积

$$M_i = \prod_{j=1}^{n} b_{ij} \qquad (i = 1,2,\cdots,n) \qquad (5-7)$$

b）计算 M_i 的 n 次方根

$$W_i = \sqrt[n]{M_i} \qquad (i = 1,2,\cdots,n) \qquad (5-8)$$

c）将向量 W = ［W_1，W_2，…，W_n］归一化

$$W_i = \frac{\overline{W_i}}{\sum_{i=1}^{n} \overline{W_i}} \qquad (i = 1,2,\cdots,n) \qquad (5-9)$$

则 W_i 即为所求各个指标的权重。

第四步是如何判断一致性，怎么进行检验。在这里首先要明确判断矩阵 A 无论如何都应该在条件上满足 $AM = \lambda_{max} W$ 的特征向量和特征根。λ_{max} 为矩阵 A 的最大特征根，W 为对应于 λ_{max} 的正规化向量。

$$\lambda_{max} = \sum_{i=1}^{n} \frac{(AW)_i}{nW_i} \qquad (5-10)$$

我们知道当判断矩阵 A 在某些情况下具有完全一致性时，$\lambda_{max} = n$，一般是不相等的。在实际计算当中需要计算一致性指标 CI 来检验判断矩阵的一致性。

$$CI = \frac{\lambda_{max} - n}{n - 1} \qquad (5-11)$$

当 $CI = 0$ 时，完全的一致性；相对而言，CI 越大，一致性就越差。

将 CI 与 RI（见表4－3）进行比较，判断矩阵是否具有一致性。通常情况下一阶或者二阶矩阵的一致性是非常良好的。对于二阶以上的矩阵我们用随机一致性比例来判断其一致性，记为 CR，实际就是一致性指标 CI 与同阶的平均随机一致性指标 RI 之比，即：

$$CR = CI/RI \qquad (5-12)$$

当 $CR < 0.1$ 时，判断矩阵的一致性；当 $CR < 0.1$ 时，没有一致性需要进行调整，直到取得合理的良好结果为止。

表5－3　　　　平均随机一致性指标 *RI*

阶数	1	2	3	4	5	6	7	8	9	10
RI	0	0	0.58	0.90	1.12	1.24	1.32	1.41	1.45	1.49

（3）指标的标准化

在实际计算的过程中，要特别注意量纲，避免得出错误的结论。所以

在获得数据指标后要对指标进行标准化的处理，以达到统一的评价标准。

（4）模型的构建

我们构建以下的台风灾害综合风险评价模型：

$$R = \sum_{i=1}^{n} F_i \times W_i \tag{5-13}$$

式中，R 表示台风灾害综合风险；我们可以选择 F_i 表示台风灾害致灾因子指数，这样得出的不会有太大的偏差历史灾情指数、暴露—易损性指数和防灾抗灾指数的标准值；经常情况下我们选取 W_i 表示权重值。其中，致灾因子指数（不容易观测但是很重要）、暴露—易损性指数（同样不一定能计算，但一般没问题）、历史灾情指数和防灾抗灾指数值等都是我们所能计算出来的参数是依据各自属性构建模型计算的。

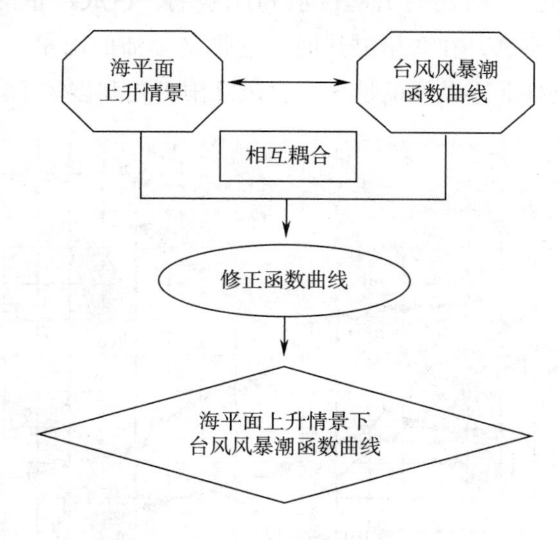

图 5-4　思路流程

5.2　广西台风风险的评估

影响广西地区的主要灾害性天气之一就是台风引起的暴雨，对广西北部湾地区的北海、钦州、防城港等地区的生产、生活、生命和财产安全造成了极大的威胁。随着技术的不断进步对台风路径的 24 小时预报的准确度已经不到 100 公里，研究影响台风的年、季、月变化，分析总结台风暴雨的统计特征，探索台风路径移动轨迹将对提高台风的预测准确度，更早防范台风的侵袭，降低台风暴雨造成的损失都具有重要意义。

台风从三条路径移动影响广西，第一条是从广东湛江、海南到越南民主共和国 19°N 以北沿海登陆后影响广西，占影响广西台风总数的 62.3%；第二条是从珠江口到湛江沿海登陆后，向西北移影响广西，占 27.1%；第三条是从珠江口以东到福建沿海登陆后，向偏西移影响广西，占 10.6%（见图 5 -5）。台风中心从以上三条路径进入广西内陆的有 130 个，占全部影响广西台风的 42%。在台风中心经过的桂南一带，往往会产生狂风、暴雨天气、沿海地区有时还会引起巨浪和风暴潮，造成严重的风涝潮灾害。台风影响有弊也有利，在久旱酷热时，它带来丰沛的雨水，能使旱情缓和或解除，特别是桂北多秋旱的地区，台风降雨更是利多弊少。

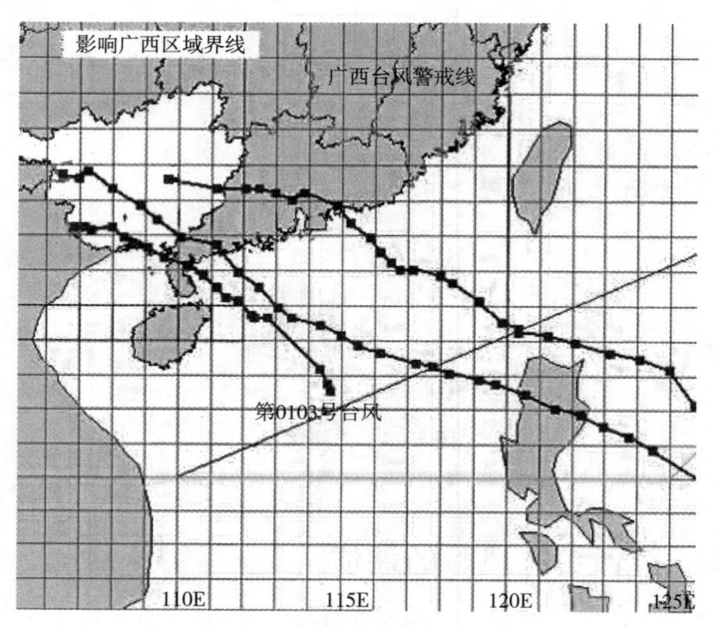

图 5 -5　影响广西台风三类路径典型个例

（从左至右为：第一条路径、第二条路径、

第三条路径。斜线为台风登陆我国的 24 小时警戒线）

5.2.1 数据来源

本书的数据和资料来源于中央气象台编制的《台风年鉴》和广西北部湾各站日雨量实况，时间为1970—2004年。本书所指的暴雨指在广西北部湾沿海区域内日降水量大于等于50毫米以上的称为有暴雨影响台风，至少有三站观测；而大暴雨影响台风指的日降雨量大于等于100毫米且有三站成片下同样的雨，或者一站的雨量大于等于300毫米。

按登陆地段把热带气旋分为三类：

Ⅰ类：在19°N以北至湛江以西地段登陆；

Ⅱ类：在湛江以东至珠江口地段登陆；

Ⅲ类：在珠江口以东至福州以南地段登陆。

5.2.2 广西台风暴雨的气候特征

1970—2004年，基本资料来源于《台风年鉴》，分析广西北部湾沿海地区受西太平洋台风、南海台风影响台风暴雨气候概况。

5.2.2.1 西太平洋台风的气候变化特征对广西的影响

数据显示，分年代统计1970年至2004年数据的35年间，每年平均影响次数为2.3个，可以发现其年代际变化的特点较为突出。有个别年份没有台风，5个台风的1973年为最多，年代际变化规律由于数据太少而无法得出结论。7月西太平洋台风对广西北部湾地区影响最大，紧接着是8月，6月和9月的影响基本相当。西太平洋台风造成暴雨以上数量极值是14个同样是7月，紧接着发生9个是在8月。

5.2.2.2 不同类型的台风暴雨对广西的影响

在统计期间，影响广西北部湾的西太平洋台风有85例，1970—2004年6~10月，第Ⅰ类台风有35个基本上是向西偏北方向移动，其过程降水量、降水强度相差非常大，对以钦州为中心的地域造成较大的影响，日雨量大于100毫米的大暴雨几乎全部出现该地区，极值在东兴出现6次，最大日雨量为433毫米，最大过程降水量807毫米，除了极少数为两天，大多数持续时间为1天。7月和8月是第Ⅰ类该地段登陆的西太平洋台风产生暴雨的主要月份，概率为55.6%，9月份概率为11.1%，6月、10月份概率均为16.7%。

5.2.2.3　第Ⅱ类台风暴雨分布

第Ⅱ类台风造成的过程雨量大，大雨、暴雨过程多。在统计的35年间，在Ⅱ类地段登陆的西太平洋台风共有27个，造成大暴雨的比例远高于Ⅰ类台风，其中21个造成了暴雨以上过程，其中大暴雨过程18个。北海是日雨量大于100毫米的大暴雨出现频数的中心地带，维持过程通常在一天至两天，达到三天的不多。

第Ⅱ类西太平洋台风登陆时强度大，消失慢，降水量与台风登陆时强度关系表现得非常密切，由此产生的暴雨范围较大，这种暴雨通常情况下维持时间也比较长。

5.2.2.4　第Ⅲ类西太平洋台风的暴雨分布特点

在1970年至2004年的35年统计期间，第Ⅲ类地段登陆的西太平洋台风共有22个，其降雨量的差别非常大，造成暴雨以上10例，其中大暴雨7例。

通过西太平洋台风对广西地区产生暴雨影响的分析，可见：

①北部湾地区的西太平洋台风平均每年2.3个，主要出现在7~8月。

②Ⅰ类台风在湛江到钦州一带登陆时都会出现北部湾地区暴雨天气，Ⅱ类西太平洋台风出现暴雨、大暴雨的概率最高，Ⅲ类台风只有台风中心进入到桂中或以南，才会引发此地区的暴雨甚至于大到特大暴雨天气。

③在20°N以南，或登陆后在广东东北的台风，很少造成北部湾地区区域性暴雨。

5.3　广西台风损失关联性评价——基于投入产出模型

由于社会经济系统内部存在着相互关联关系，投入产出模型便于分析产品部门之间的影响，采用投入产出原理评估灾害损失的关联性具有较好的理论基础和现实意义。

本书采用投入产出模型分析台风对广西农业产生影响后，由于部门之间的关联性，引致其他部门发生的关联经济损失，这些损失属于间接损失的范围，在此基础上进而评估台风灾害对劳动者报酬、国民收入、就业等方面影响。

5.3.1 概念

自然灾害造成的经济损失分为直接经济损失和间接经济损失。一般认为，直接经济损失是指灾害直接造成的物质形态的破坏，如粮食产量的下降，房屋建筑、公共设施及设备的破坏等①。对于间接经济损失，黄谕祥等认为应包括3个部分②：间接停减产损失、中间投入积压增加的经济损失和投资溢价损失。Brookshire将超出直接财产损失之外的延伸损失定义为间接经济损失③。徐嵩龄等将间接经济损失定义为灾害带来的关联型损失④。联合国和世界银行将灾害间接损失定义为：间接损失（Losses）是在灾害发生至恢复之前的社会生产下降、收入减少、支出增加等⑤。吴吉东等认为间接经济损失指灾害直接破坏时对经济系统的波及效应，引起经济系统生产能力和服务功能下降导致的产出减少量或费用支出的增加量⑥。

2011年，国家发布的《地震灾害间接经济损失评估方法》⑦ 给出了地震灾害间接经济损失的定义："由于地震灾害间接导致正常的社会经济活动受到影响而产生的经济损失，包括企业停减产损失、产业关联损失、地价损失等"。借鉴该定义，本书所指的间接经济损失主要指台风灾害带来的产业关联损失，另外还测算台风灾害直接损失带来的劳动者报酬乘数效应、国民收入乘数效应及就业乘数效应。

---

① 于庆东，沈荣芳．灾害经济损失评估理论与方法探讨［J］．灾害学，1996，11（2）：10－14.

② 黄谕祥，杨宗跃，邵颖红．灾害间接经济损失的计量［J］．灾害学，1994，9（3）：7－11.

③ Brookshire D S，Chang S E，Coehrane H，et al. Direct and indirect economic losses from eathquake damage［J］. Earthquake Spectra，1997，13（4）：683－701.

④ 徐嵩龄．灾害经济损失概念及产业关联型间接经济损失计量［J］．自然灾害学报，1998，7（4）：7－15.

⑤ ECLAC. Handbook for estimating the mental effects of disasterl Rj Mexico：ECLAC，2003.

⑥ 吴吉东，李宁．浅析灾害间接经济损失评估的重要性［J］．自然灾害学报，2012，21（3）：15－21.

⑦ 中华人民共和国国家质量监督检验检疫总局，中国国家标准化管理委员会．GB/T 27932—2011：地震灾害间接经济损失评估方法［S］．北京：中国标准出版社，2012.

5.3.2 投入产出与乘数分析模型

（1）投入产出模型

投入产出模型将整个经济系统通过一个联立的线性方程组组合在一起，以投入产出表作为数据基础，进行模拟或求解，用于产业关联度分析或目标产量制定、政策分析等。投入产出表由三个部分构成：中间使用矩阵 Q、最终使用矩阵 Y 和增加值矩阵 Z。各产业部门间的关系通过以下平衡关系体现。

行平衡关系：中间使用 + 最终使用 = 总产出，即

$$\sum_j Q_{ij} + Y_i = Q_i \tag{5-14}$$

列平衡关系：中间投入 + 增加值 = 总投入，即

$$\sum_i Q_{ij} + Z_i = Q_j \tag{5-15}$$

总产出 = 总投入，即

$$Q_i = Q_j \qquad \sum_j Q_{ij} + Y_i = \sum_i Q_{ij} + Z_{ji} \tag{5-16}$$

最终使用合计 = 增加值合计，即

$$\sum_i Y_i = \sum_j Z_j \tag{5-17}$$

中间投入合计 = 中间使用合计，即

$$\sum_i Q_{ij} = \sum_j Q_{ij} \tag{5-18}$$

投入产出模型中行平衡与列平衡具有对偶性，本书基于行平衡，即式（5-14）计算农林牧渔业产出变化对其他关联产业造成的经济损失，投入产出表中的行平衡关系为：

$$Q = AQ + Y \tag{5-19}$$

即

$$Q_{ij} = \sum_j a_{ij} Q_{ij} + Y_i \qquad i,j = 1,2,\cdots,n \tag{5-20}$$

式中：Q_{ij}代表产业部门的总产出；矩阵 A 的元素 a_{ij}是直接消耗系数；$a_{ij} = \frac{Q_{ij}}{Q_j}$，表示某一部门产品在生产经营过程中单位总产出 Q_j 直接消耗的各

产品部门的产品数量 Q_{ij}，Y_i 表示产业 i 的最终使用量。式（5－19）可以变换为：

$$Q(I-A)=Y，即\ Q=(I-A)^{-1}Y \tag{5-21}$$

则：

$$\Delta Q=(I-A)^{-1}\Delta Y \tag{5-22}$$

式中：$(I-A)^{-1}$ 为列昂惕夫逆矩阵，表示当某产业部门的生产发生变化 1 个单位，导致各产业部门产出水平变化的总和。ΔY 表示受台风影响产业最终产出直接变化量，ΔQ 为产业关联间接产出变化量。

（2）乘数分析模型

①劳动者报酬乘数

劳动者报酬乘数衡量产业部门最终产品变化对社会劳动者报酬的影响，本研究评估台风灾害对农林牧渔业的直接影响造成的劳动者报酬变化。计算方法为：

劳动者报酬乘数＝劳动者报酬系数矩阵×列昂惕夫逆矩阵　（5－23）

即

$$L=F(I-A)^{-1}$$

劳动者报酬系数矩阵

$$F=(f_1,f_2,\cdots,f_n)=\frac{Z}{Q} \tag{5-24}$$

式中：Z 为增值部分劳动者报酬矩阵；Q 为总产出矩阵。则台风灾害导致的劳动者报酬变化 ΔL 计算公式为：

$$\Delta L=F(I-A)^{-1}\Delta Y \tag{5-25}$$

式中：ΔY 表示受台风灾害影响，各产业部门的产业关联间接经济损失。

②社会纯收入乘数

社会纯收入乘数的计算过程与劳动者报酬乘数相似。

社会纯收入乘数＝社会纯收入系数矩阵×列昂惕夫逆矩阵　（5－26）

即社会纯收入乘数即 $N=R(I-A)^{-1}$

社会纯收入系数矩阵

$$R=(r_1,r_2,\cdots,r_n)=\frac{Z'}{Q} \tag{5-27}$$

式中：Z' 为增值部分社会纯收入行矩阵；Q 为总产出矩阵：$(I-A)^{-1}$ 为列昂惕夫逆矩阵。则台风灾害导致的国民收入变化 ΔN 计算公式为：

$$\Delta N = R(I - A)^{-1}\Delta Y \qquad (5-28)$$

式中：ΔY 表示受台风灾害影响，各产业部门的产业关联间接经济损失。

③就业乘数

台风就业乘数效应反映受台风灾害影响农林牧渔业最终产品减少对劳动力需求的影响。要评估台风灾害的就业乘数效应，首先要计算就业乘数。

就业乘数 = 就业系数矩阵 × 列昂惕夫逆矩阵

即就业乘数 $M = E\ (I - A)^{-1}$ (5-29)

就业系数 = 在岗职工人数/劳动者报酬（人/万元）

则台风灾害影响各产业就业人数需求量变化为：

$$\Delta M = E(I - A)^{-1}\Delta Y \qquad (5-30)$$

式中：ΔY 表示受台风灾害影响，各产业部门的产业关联间接经济损失。

5.3.3 数据来源及说明

（1）投入产出数据。本书采用的是 2007 年广西区 42 个部门投入产出表。增值部分劳动者报酬矩阵 Z 的数据来自于“增加值”栏目的“劳动者报酬”行矩阵。增值部分社会纯收入行矩阵 Z 的数据来自于“增加值”栏目的劳动者报酬行矩阵、生产税净额行矩阵以及营业盈余行矩阵加总构成的行矩阵。各行业的在岗职工人数 E 的数据来自于《广西统计年鉴》。

（2）灾害数据。来源于《中国经济与社会发展统计数据库》，经该数据库数据整理，为了得到更加具有代表性的数据分析结果，我们采用 2005—2011 年的年平均数值，避免台风极值年份带来的极端影响，因为 2004 年没有台风影响到广西，这是一个极端的年份，所以我们从 2005 年开始统计。计算 2005—2011 年广西台风造成的受灾面积的均值为 281.85 千公顷，成灾面积的均值为 67 千公顷，绝收面积为 0，相应期间的播种面积均值为 5845.541 千公顷。“受灾面积”指农作物因受灾产量较正常年份减产 10% 以上的播种面积；“成灾面积”指灾后农作物产量减产 30% 以上的播种面积；“绝收面积”指灾后减产 70% 以上的播种面积。据此，广西农作物产量损失比计算方法如下：

$$农作物产量损失比 = \frac{受灾面积 \times 10\% + 成灾面积 \times 30\% + 绝收面积 \times 70\%}{农作物总播种面积} \tag{5-31}$$

根据式（5－31），台风灾害对广西农业造成的产量损失比的均值为0.655%，2005—2011年广西农业总产值的均值为1097亿元，本研究将农作物产量损失比近似看做农林牧渔产量损失比，据此可以估算出广西因台风灾害在2005—2011年形成的损失均值为7.18亿元。

5.3.4　台风损失产业关联性评估

由于产业之间的内在关联性，农业减产造成42个产业部门不同的最终产出减少4.06亿元。对各产业的最终产出损失率进行排序，影响最大的10个产业及其影响产值见表5－4。

表5－4　农业减产导致损失前十大的行业

行业	产值损失（亿元）
化学工业	1.254843
食品制造及烟草加工业	0.817911
批发和零售业	0.260826
电力、热力的生产和供应业	0.246943
石油加工、炼焦及核燃料加工业	0.238915
交通运输及仓储业	0.207744
金融业	0.109142
造纸印刷及文教体育用品制造业	0.087424
煤炭开采和洗选业	0.077224
石油和天然气开采业	0.073434

5.3.5　台风灾害的乘数效应评估

根据式（5－25）～式（5－28），可以计算出广西台风灾害的劳动力报酬乘数效应、社会纯收入乘数效应。计算结果如表5－5所示。

表 5 -5　台风灾害的劳动力报酬乘数效应、社会纯收入乘数效应

序号	产业部门	对劳动报酬的影响（亿元）	对社会纯收入的影响（亿元）
01	农、林、牧、渔业	5.3199	0.0996
02	煤炭开采和洗选业	0.0280	0.0180
03	石油和天然气开采业	0.0000	0.0000
04	金属矿采选业	0.0024	0.0152
05	非金属矿及其他矿采选业	0.0064	0.0076
06	食品制造及烟草加工业	0.0373	0.2765
07	纺织业	0.0029	0.0065
08	纺织服装鞋帽皮革羽绒及其制品业	0.0021	0.0045
09	木材加工及家具制造业	0.0013	0.0063
10	造纸印刷及文教体育用品制造业	0.0050	0.0258
11	石油加工、炼焦及核燃料加工业	0.0061	0.1119
12	化学工业	0.0922	0.3390
13	非金属矿物制品业	0.0021	0.0057
14	金属冶炼及压延加工业	0.0024	0.0157
15	金属制品业	0.0047	0.0125
16	通用、专用设备制造业	0.0040	0.0121
17	交通运输设备制造业	0.0031	0.0067
18	电气机械及器材制造业	0.0009	0.0055
19	通信设备、计算机及其他电子设备制造业	0.0012	0.0040
20	仪器仪表及文化办公用机械制造业	0.0010	0.0020
21	工艺品及其他制造业	0.0005	0.0014
22	废品废料	0.0004	0.0082
23	电力、热力的生产和供应业	0.0114	0.0727
24	燃气生产和供应业	0.0003	0.0008
25	水的生产和供应业	0.0006	0.0016
26	建筑业	0.0008	0.0007
27	交通运输及仓储业	0.0293	0.0834
28	邮政业	0.0023	0.0001

续表

序号	产业部门	对劳动报酬的影响（亿元）	对社会纯收入的影响（亿元）
29	信息传输、计算机服务和软件业	0.0254	0.0024
30	批发和零售业	0.0279	0.1797
31	住宿和餐饮业	0.0047	0.0188
32	金融业	0.0245	0.0367
33	房地产业	0.0007	0.0081
34	租赁和商务服务业	0.0070	0.0122
35	研究与试验发展业	0.0030	0.0003
36	综合技术服务业	0.0032	0.0012
37	水利、环境和公共设施管理业	0.0022	0.0007
38	居民服务和其他服务业	0.0065	0.0143
39	教育	0.0062	0.0006
40	卫生、社会保障和社会福利业	0.0031	0.0007
41	文化、体育和娱乐业	0.0019	0.0017
42	公共管理和社会组织	0.0002	0.0000
合计		5.6852	1.4214

在计算就业乘数时，由于统计口径的原因，从《广西统计年鉴》只能得到19个行业部门，而不是42个行业部门的就业情况。为了反映台风灾害对就业的影响，将列昂惕夫逆矩阵调整为对应的19个部门后，计算出台风灾害对19个部门的就业影响见表5－6。

表5－6　台风灾害的就业乘数效应

序号	产业部门	对就业的影响（人）
01	农、林、牧、渔业	575
02	采矿业	46
03	制造业	285
04	电力、燃气及水的生产和供应业	27
05	建筑业	1
06	交通运输、仓储和邮政业	67
07	信息传输、计算机服务和软件业	5
08	批发和零售业	49
09	住宿和餐饮业	6

续表

序号	产业部门	对就业的影响（人）
10	金融业	35
11	房地产业	1
12	租赁和商务服务业	24
13	科学研究、技术服务和地质勘察业	8
14	水利、环境和公共设施管理业	7
15	居民服务和其他服务业	2
16	教育	19
17	卫生、社会保障和社会福利业	6
18	文化、体育和娱乐业	3
19	公共管理和社会组织	0
合计		1168

2005—2011 年广西台风对农业减产，导致劳动者报酬平均每年减少 5.682 亿元，社会纯收入平均每年减少 1.4214 亿元，平均每年对社会就业人员的总需求减少 1168 人。

将台风灾害的乘数效应计算结果排序，有 6 个产业重复出现在影响最严重的前 10 位中，认为这 6 个是对台风灾害高敏感的产业，分别是：（1）农林牧渔业；（2）化学工业；（3）食品制造及烟草加工业；（4）交通运输及仓储业；（5）批发和零售业；（6）金融业。

5.3.6 结论与讨论

（1）主要结论

①台风灾害带来的间接经济损失值较大。计算发现，台风灾害给农业造成的直接经济损失值为 7.18 亿元，给产业经济系统带来的间接经济损失值为 4.06 亿元，超过了直接经济损失的 50%。

②台风灾害产生的乘数效应明显。2005—2011 年广西台风对农业减产，导致劳动者报酬平均每年减少 5.682 亿元，社会纯收入平均每年减少 1.4214 亿元，平均每年对社会就业人员的总需求减少 1168 人。

③计算得到对台风灾害高敏感的行业。有 6 个产业重复出现在影响最

严重的前 10 位中，认为这 6 个是对台风灾害高敏感的产业，分别是：1）农林牧渔业；2）化学工业；3）食品制造及烟草加工业；4）交通运输及仓储业；5）批发和零售业；6）金融业。

（2）不足及展望

本书基于投入产出原理及乘数原理评估台风灾害造成的综合经济损失，还存在以下问题。

①数据的简化。台风灾害的直接经济损失是多方面的，包括农作物减产失收、公共基础设施破坏、房屋倒塌等，《气象灾害年鉴》中对灾害的直接经济损失值作了统计。本研究为便于分析产业关联间接经济损失，将台风灾害造成的直接经济损失定义为某产业最终产出的减少，即对直接经济损失数据做了简化处理，不一定完全符合实际。

②假设理想化。本模型假设 2005—2011 年经济系统的结构稳定不变，评估台风灾害对广西经济的年度综合经济影响。经济系统遭遇冲击后，产业结构或产出功能等受到破坏，需要一个恢复的过程，但本研究假设产业系统受冲击后瞬间恢复，没有考虑到产业经济系统受到灾害冲击后的波动过程，也没有考虑到恢复期的问题，将模型简单静态化。

③台风灾害综合经济损失的内容尚不全面。本书构建的台风灾害综合经济损失评估体系包括灾害的产业关联间接经济损失及灾害对劳动者报酬、收入及就业方面的影响两大部分，实际上灾害所造成的间接经济影响范围要大得多，如企业停产损失、区域间间接经济影响以及公众感知到的灾害间接经济损失等。

针对上述问题，对未来的台风灾害间接经济损失评估作如下展望：

（1）构建动态情形的台风灾害损失评估模型。为使台风灾害损失评估模型尽可能地符合现实，应采用合适的函数描述经济系统受灾害冲击后的恢复过程，并测算灾害在不同恢复期、给不同产业带来的综合经济损失，有针对性地提出相应的应急管理政策。

（2）完善气象灾害综合经济损失评估体系。气象灾害综合经济损失的内涵和外延如何确定？目前尚没有定论。应结合成熟的微观经济学、宏观经济学、产业经济学、区域经济学、灾害学等学科知识，研究气象等自然灾害经济损失的评估框架、内容和指标体系，促进灾害评估理论和方法的发展。

5.3.7 针对台风灾害损失评价的建议

结合以上研究，对于台风灾害损失的评价，特提出以下建议：

（1）在灾害损失评估方面，应重视灾害的间接经济损失评估。以往的研究大多关注灾害的直接经济损失，但对灾害带来的综合经济损失关注不够，影响了灾害评估的准确性，也影响了灾害应急管理政策设计的科学性。

（2）在灾害应急管理的联动政策设计方面，应以受灾害影响最大的行业、企业为参与应急联动的主体，提高应急联动的针对性和工作效率。在台风灾害高敏感产业分析中发现，不同的产业受灾害影响的产业关联损失不一致。在减灾过程中，重点服务这些高敏感产业以减少间接损失，同时让其成为应急联动主体，以提高应急联动工作的效率。

（3）最后，还应进一步加强灾害立法，使救灾工作有章可循；建立健全防灾减灾机构，加强对防灾减灾工作的管理；完善台风灾害防灾减灾的基础设施，尽可能减少台风灾害带来的直接损失；在台风的减灾防灾方面，要提高公众防灾减灾意识，普及防灾减灾知识；同时，政府和社会应大力发展台风灾害保险，做好灾后损失补偿，避免因灾停产、减产进一步带来的综合损失。

6. 巨灾损失补偿的国际经验比较与借鉴

6.1 巨灾损失补偿机制的国际经验

6.1.1 美国巨灾损失补偿机制①

美国和中国一样，是一个洪水灾害多发的国家。但美国在1956年通过的《联邦灾害保险法》就确立了洪水保险制度。并在此后经过40多年的相关的法律法规不断修改和补充，这一由国家作为最后的承担人（国家承担最终的赔款责任者）参与其中的洪水保险制度到现在已经是相当完善了。

美国洪水保险制度的运作模式是不以盈利为目的的，以政府为主导的一种机制。这种制度通过商业保险公司给投保人提供销售和理赔服务，用国库拨款来保障洪水保险基金的正常运转。联邦保险管理局是政府成立的洪水保险管理机构，洪水保险计划就是由它来实施和管理，并通过减免税收和保费补贴等一系列的优惠政策来推动洪水保险制度的发展，保障了美国洪水保险制度的有效运行。

洪水等灾害损失的巨大性和不可知性决定了洪水灾害风险保险私人不可保的特点。美国的洪水保险在早期实施中，曾经只由私营保险公司提供。但由于商业保险公司在经历几次洪水灾害后，纷纷遇到了偿付危机倒闭破产，被迫退出了洪水保险市场。洪水保险市场的空缺，使得政府必须

---

① 胡辉君. 国外有关洪水保险的实践及对我国的启示［J］. 中国水利，2005（19）.

参与，并必须作为承担主体通过组织全社会资源来填补。

美国联邦政府在经历了一系列实践后决定建立国家洪水保险基金，美国国会在1968年先后通过《全国洪水保险法》以及《国家洪水保险计划》（简称NFIP）的实施。标志着美国政府正式成为洪水保险制度的参与者。当时这部法律规定参保是自愿性质。因为处于受灾区的居民投保积极性高，而不是灾区的民众投保性又极其不足，这种投保的严重的逆向性，导致政府无法公平地统一组织社会资源，来满足洪水保险制度实行的财力支持。为克服这种不平衡性，美国在1973年又通过了《洪水灾害防御法》，1977年通过《洪水保险计划修正案》，规定获得政府补偿者必须要其社区参与洪水保险计划，受资助者要购买洪水保险才能受益，并通过制定相关的法规条例和税收优惠政策来促进民众对洪水保险购买，通过立法将洪水保险作为强制保险来推行，从而保证洪水保险的投保率。

此后美国洪水保险法又经过1994年、2004年、2011年三次大型的《洪水保险改革法》修订补充，已日趋完善，制度的完善使居民的投保热度大大增高，到1985年，参保率的提高已使保费收入与赔款支出基本持平。

美国洪水保险计划是由联邦税收、地方财政、特别紧急贷款、政府支持的再保险等共同构成多层次的风险分担机制。洪水保险中的再保险制度是一种较弱的风险分散机制。近年来，美国不断创新灾害风险控制模式，推出了巨灾风险证券化后，又推出了很多具有创新价值的保险衍生产品，如巨灾期权等，以希望通过资本市场来分散风险。

美国洪水保险计划出台实施的《洪水保险计划》（NFIP）对实施防灾防损措施的投保人实行费率优惠，对实施特定减灾措施的社区提供财政援助，这种计划直接激励个人及其社区共同施行减灾活动和减灾措施，通过完善的灾害风险预警体系来达到减少洪水造成损失的目的。有关事实表明，通过有效管理，美国每年的洪水灾害损失可以降低10亿美元；而且洪水保险的赔付使救灾支出减少了三分之一。

美国政府这种独立国家最终承担者的洪水保险模式也有着明显的缺点。一是洪水灾害的不可知性增加财政预算压力，导致国家作为风险承担主体的风险过大；二是洪水保险体系中商业保险公司缺少实质性的约束，不承担任何风险责任，只负责灾害的保险业务承保与理赔，从而导致其不可能自觉地维护政府的利益，在承保与理赔中尽职尽责。在2004年和2005年多个飓风灾害理赔中，费率厘定、风险评估风险分担等方面，洪水保险计划项目都受到不小的冲击，反映出美国的洪水保险制度仍存在不足，有待进一步完善。

6.1.2 英国巨灾损失补偿机制

与美国不同的是，英国采用市场化的商业保险模式，承保公司自主经营，自负盈亏。但政府要与商业保险公司通过协议来规定各自的风险与责任。根据协定，政府建立有效的防洪系统，打造一系列洪水防御设施工程，并把气象研究、洪水灾害预警、风险评估等资料公布于众，政府通过完善的工程预防灾害减损体系，来达成商业保险公司可以参与责任保险的程度。而英国商业保险公司则要政府保证投保人所在地防灾减损措施和防御洪水的工程必须达标，否则拒保。在此基础上商业保险公司就可以根据标准保险保单中承担洪水实际的保险风险来确定费率，在其可以承受的范围内承保洪水灾害造成的家庭及企业的财产损失，并提供销售和经营管理有关服务。

这种市场化的商业保险模式前提是英国政府建立完善的工程性防灾减损体系，用这种除外不保的承保制度加上完善的保险市场机制，将保险成本降低到保险公司可接受的水平上，其商业化的费率又使洪水保险价格可以维持在投保人能够接受的范围内，居民及企业就可以在保险市场上自愿选择投保的商业保险公司及保单，这种只对洪水风险基本财产保险捆绑的做法，使洪水风险在较大范围内得以进行分散。因此，商业保险公司愿意提供洪水保险，由于其资金只来自于所收取的保费和投资收益，所以其风险必须通过再保险将风险分散出去，而再保险不得退出。根据英国《洪水保险供给准则》，有权对退出再保险的公司进行洪水保险供给调整。这种完备成熟的保险体系为其运作提供了完全可操作性，也就是说保险公司完全可以通过保险体系来分散灾害风险。英国政府对洪水灾害保险完全不用提供任何支持。但政府会为贫困或特大洪水灾害的社会成员提供必需的灾后救济。

英国政府这种致力于建立健全有效的防洪减灾体系，鼓励个人及企业事先进行风险规划和防灾减损的措施，保证保险人与投保人之间双方都有自由选择权防灾保险市场化的机制，灾后提供受灾对象必需的灾后救济的做法，为现代灾害风险补偿机制提供了值得借鉴的经验，当然其缺陷也是存在的：如在2000年英国遭受特大洪水灾害后，高达10亿英镑保险赔款让承保的商业保险公司苦不堪言；2007年中西部特大洪水灾害中则更是面临高达30亿英镑的巨额赔款，其商业模式的局限性可见一斑。

6.1.3 西班牙巨灾损失补偿机制

西班牙灾害风险保障体系始建于1940年，其保障体系以法律形式为开端，由保险赔偿联合会（以下简称CCS）具体负责管理，以商业保险企业来运作。具有强制性和公益性。

西班牙灾害风险是强制性的，灾害保障范围分自然灾害风险和行政风险两部分。强制性保证了保费的统一和稳定，让公民及CCS都没有必要去选择解决风险高低的动机，公益性使CCR在为公众提供风暴、洪水、恐怖袭击、地震等广泛的灾害保险的同时大大节约支出成本，其私人保险公司需要支付约40%的保费收入来弥补行政与佣金成本，而CCS只需要支付5%给私人保险公司佣金和5%的行政理赔费用，行政与佣金费用仅占保费收入的10% ，CCR的公益性质使其所有的收益都可以归到灾害风险储备金中，不设股东、不分配盈利，因而西班牙的储备增长高于保费和赔偿之间的差额，如1991—1999年西班牙CCS总的保费收入减赔偿，盈余1410亿比塞塔，并带来了3160亿比塞塔的收益，让总的储备达到了4570亿比塞塔，储备的收益支付行政成本绰绰有余。西班牙CCS的例子说明了政府保险的优点，即以较低成本和较低保费促进了普遍的保险覆盖率。

6.1.4 法国巨灾损失补偿机制

法国对灾害风险的保险做法起源较晚，在1981年发生了严重洪灾之后的1982年，法国国会才通过“自然灾害保险补偿制度”，规定凡是投保火险或火险以外全险的动产或不动产均可承保，并在财产火灾保险基础上，强制收取灾害附加保险，开设了法国的自然灾害风险赔偿体系。法国的这种巨灾风险保险体系具有双重性质：第一重是私有商业保险公司有法律义务为公众提供灾害保险，第二重是私有商业保险公司可以选择再向国有的中央保险公司（以下简称 CCR）承保。换个说法，就是法国的保险体系由法国政府决定灾害保额，并由私人商业保险公司在三个月内发给受灾对象。

法国这种灾害保险制度的优势和弊端共存。优势是：①私人商业保险覆盖广，经营网络庞大；②私人商业保险公司保险技术灵活多变，易于增加新的险种；③为追求利益最大化，私人商业保险公司的专业损失评估技能是精湛可信的；④保障体系稳定。再保险自由，私人商业保险公司可以根据其承保的赔偿能力和风险向 CCR 再保险，法国政府对 CCR 提供无限的财力保障，确保 CCR 对私人商业保险公司的诚信度。弊端是：私人商业保险公司利用 CCR 再保险支付 25 % 的手续费大做文章。因向 CCR 再保险有权利而无义务，对灾害风险保险收取低风险保费，高风险保险全部在 CCR 上再保险，并取得 25% 的手续费以弥补其成本，这个成本毫无疑问是夸大的。其结果对 CCR 大大地不利，如其在 1982 年至 1999 年 17 年间才积累了 330 亿法郎的储备，而在 1995 年仅一年的时间里就支付了 3 场大灾害引起的 615 亿法郎的赔偿，以致法国政府不得不在 1999 年注入 10 亿法郎资金挽救处于破产边缘的 CCR。对此，近年法国政府计划对灾害风险保险机制进行改革，建议引入自由化机制，并大大增强私人商业保险公司的自由度。如建议保险费率由保险公司自行制定，自然灾害定义的解释权归保险公司等。

6.1.5 瑞典巨灾损失补偿机制

瑞典的灾害风险保险体系是双层式的，分政府经营的保险垄断机构（以下简称 CIM）和私人保险公司，CIM 不仅从事保险业务，同时也参与防灾减灾工作。由于 CIM 属于政府经营，没有佣金成本，拥有较低的行政成本与佣金优势。保费率大约为私人保险公司的一半。相比之下，CIM 的保费率是总保额的 0.062% ，私人保险公司的保费率占总保额的 0.109% ，CIM 支付行政成本占总保额的 0.006% 。私人保险公司支付成本占总保额的 0.03% 。在用于防灾害风险活动的投资中，CIM 的防灾活动投资占到投资总保额的0.015%，而私人商业保险公司仅仅支付了0.006%。由于可用于预防未知风险，因此，CIM的赔偿相对来说也较低。

在灾害风险保险销售运作上，强制性和自主性并存，强制性是指26个行政区中必须有19个行政区居民购买CIM的火险和自然灾害险，其余7个行政区的居民则可以自主从私人保险公司购买相应财产保险。因而在瑞典的巨灾风险体系中，政府垄断成本节约的显著性突出。

时至今日，现代的大多数发达的国家也在灾害风险保险机制上建立了风险损失补偿制度。如挪威在1980年就立法规定所有购买火灾保险的投保人必须也购买灾害风险保险。日本也在1966年颁布了《地震保险法》，对住宅必须投保火山爆发、地震、海啸等自然灾害风险的保险，并逐步建立起政府公益性保险与商业保险相结合的灾害保险体系。

6.1.6 日本巨灾损失补偿机制①

日本的巨灾形式以地震为主，作为地震频发国家，且人多地少，故日本的巨灾保险重点关注地震和农业的巨灾损失分担，并且形成了独特的巨灾保险发展模式。

日本的地震保险机制强调政府和市场的共同力量。日本地震保险体制源自1966年的《地震保险法》，要求住宅必须对地震、火山爆发、海啸等自然风险投保。根据该法律，地震保险体系由商业保险公司和政府共同建立。同时明确政府和市场各自的责任，将企业财产与家庭财产分开，对企业财产因地震而发生的损失，在承保限额内由商业保险公司单独承担赔偿责任；对家庭财产因地震而发生的损失，在规定限额内由商业保险公司和政府共同承担赔偿责任。针对家庭财产，日本在具体实施过程中采用超额再保险方式承保，根据受灾损失程度实行三级再保险制度：初级巨灾损失（750亿日元以下）100%由参与该保险机制的保险人与再保险人承担；中级巨灾损失（750亿～10774亿日元）由参与该机制的保险人与再保险人承担50%，政府承担50%；高级巨灾损失（10774亿～41000亿日元）由政

① 米建华，龙艳. 发达国家巨灾保险研究——基于英美日三国的经验［J］. 安徽农业科学，2007（35）.

府承担95%，被保险人承担5%。如果单个地震巨灾造成的损失超过了规定的总限额，巨灾保险可以按照总限额与实际应付赔款总额之比进行比例赔付。

在巨灾保险的风险控制方面，日本创造了一种由政府和民间再保险公司共同分担的二级再保险模式①，即保险公司在收取保险费后，向日本地震再保险公司全额投保（“A 特别签约”），日本再保险公司再将部分再保险分出，向各保险公司购买的再保险叫“B 特别签约”，向政府购买的再再保险叫“C 特别签约”。

日本农业分散、规模小，农业保险是日本政府为了应付自然灾害给农业带来的后果，以保障农业再生产的经营稳定，日本现行的农业保险始于1948 年《农业灾害补偿法》，日本农业保险的组织架构很有特色，强调共济自助、分层组织：基层一级为村一级农业共济组合，往上是府、县一级农业共济组织联合会以及设在农林水产省的农业共济再保险特别会计处。除此之外，还建立了农业共济基金会，作为联合会贷款的机构。日本依托这种农业共济组织选择了以政策性保险为主的农业保险制度：农户参加保险，仅承担很小部分保费，大部分由政府承担，政府用于农业保险的财政支出占农林水产省总支出的4% ~6%，保费补贴比例依费率不同而高低有别，通常将保费补贴与农业信贷、价格保护、农业灾害救济、生产调整等捆绑起来实施，以增强农民投保的积极性。日本这种民间非营利团体经营、政府补贴和再保险相扶持的模式在世界农业保险模式中可谓独树一帜，别具一格。

6.2 巨灾损失补偿机制的国际比较

上述国外巨灾保险的几种发展模式都是建立在各自国情之上，在承保主体和承保范围、巨灾保险的风险控制以及巨灾保险中的制度保障等方面既有不同点又有相同点。

---

① 赵苑达. 日本地震保险：制度设计、评析与借鉴［J］. 东北财经大学学报，2003（2）：18 -21.

6.2.1　承保责任主体和承保范围比较分析

各国的保险政策不尽相同，面对巨灾风险主要建立了强制性和非强制性两种巨灾保险体系。以美国、新西兰和欧盟法国、挪威、西班牙、瑞典和土耳其为代表的国家实行强制性巨灾保险体系①。在以政府为主导推出的各种巨灾保险计划中，承保主体基本都是政府，由政府机构建立巨灾保险基金，承担保险法定责任，凡是国家认定的巨灾风险区域的社区一般都在其承保范围内。不过以英国为代表的其他大部分国家实行非强制巨灾保险体系②，承保主体是商业保险公司，政府并不参与其中，但需要建立有效防洪体系和提供与巨灾风险相关的公共品，只有某地区有达到特定标准的防御工程措施或积极推进防御工程改进计划，各商业保险公司才会在该地区的家庭财产保险和小企业保单中包含洪水保障。日本在承保方面则采用的是商业保险公司与政府合作、民间经营与政府补贴相扶持的方式。

6.2.2　巨灾保险的风险分散与控制手段比较分析

巨灾保险的风险分散与控制对于巨灾保险的顺利实施具有非常重要的作用。传统风险控制的手段主要有两种：一是投资建立防灾防损工程体系；二是利用再保险市场分散风险。美国的巨灾保险一般由政府提供，而没有设立专门的再保险公司，所以巨灾保险的风险基本上全部由政府承担。根据美国相关法案，当国家洪水保险基金不足的时候，可以要求国家财政拨款。然而，随着巨灾频率的增加、损失的增大，巨灾保险的风险也在加剧，为了更好地控制风险，美国开始利用强大的资本市场来分散风险，在资本市场上推出了一系列诸如巨灾期权、巨灾债券、巨灾期货、巨灾互换等的保险衍生商品，形成了新的巨灾保险风险控制方式——巨灾风险证券化。而日本、新西兰、欧盟的一些主要成员国更多的是依靠其发达的再保险市场来分散巨灾风险。不过，根据 Sigma 的研究报告，2007 年欧洲的财产保险损失最为严重。因此，欧洲保险业发起了建立欧洲灾害损失

---

① 王祺．欧盟巨灾保险体系建设及对我们的启示［J］．上海保险，2005（2）：36－38.

② 张雪梅．国外巨灾保险发展模式的比较及其借鉴［J］．财经科学，2008（7）：40－47.

风险指数的倡议，旨在美国境外研发具有透明度的指数，实现将巨灾风险转移到资本市场的目标。

6.2.3 巨灾保险中的制度保障比较分析

美国、日本、新西兰和欧盟内实行强制性巨灾保险体系的国家为了推动本国巨灾保险的发展，均适时制定了相关法律法规加以明确其强制性和规范其经营管理。英国则依靠其发达的保险市场，在建立非强制性巨灾保险体系过程中，更强调发挥保险行业协会的作用。保险行业协会作为民间机构，与政府签订洪水保险方面的合作协议，以此明确双方的职责与义务，为本国巨灾保险的成功运行提供保证。值得一提的是，新西兰的巨灾保险体系虽然是强制性的，但仍十分注重发挥保险行业协会的应急辅助职能。

6.3 巨灾损失补偿机制国际经验借鉴

6.3.1 构建完善的巨灾保险体系

在应对巨灾风险方面，西方发达国家有相对成熟的经验和体系，其巨灾风险补偿机制的特点是以法律的形式建立适宜本国的多渠道的巨灾风险分散体系，其核心是分散风险，其风险补偿机制的框架，主要为法律制度保障、保险与再保险、巨灾风险基金、巨灾风险证券化、良好的救灾机制、政府托底承担无限责任等。

1. 法律保障

从国外的发展模式来看，相关法律法规是发展巨灾保险的重要制度保障，多数发达国家也在巨灾保险方面出台了强制性制度。美国作为一个频繁发生洪灾的国家，也是世界上保险制度最健全的国家之一，1968 年美国国会通过了《全国洪水保险法》，此后又通过了《洪水灾害防御法》，规定与洪水有关的地震、海啸、塌方、地陷、地表移动等都属保险范围。法国1982 年国会通过了《自然灾害保险补偿制度》，规定凡是投保火险或火险以外全险的动产或不动产均在承保范围之内。日本于1966年颁布《地震保险法》，要求住宅必须对地震、火山爆发、海啸等自然风险投保，并逐步建立政府和商业保险公司共同合作的地震保险制度。挪威1980年立法规定所有购买火灾保险的投保人必须同时购买巨灾保险。

2. 巨灾再保险制度

从国际上来看，巨灾风险分散与控制成熟的手段是再保险制度，在巨灾风险保障体系中发挥了重要作用。其中，最具优势的是单项事件巨灾超额损失再保险：再保险公司承担介于下限和限额之间的损失，直保公司承担低于自留额和高于限额的损失。目前，世界最大的巨灾再保险市场是美国、英国和日本，它们的市场份额约为60%。日本地震保险体制是巨灾再保险制度的典型案例。具体做法是：初级巨灾损失100%由参与该机制的保险人与再保险人承担；中级巨灾损失由参与该机制的保险人与再保险人承担50%，政府承担50%；高级巨灾损失由政府承担95%，被保险人承担5%。如果单个地震、洪灾等巨灾所造成的损失超过了规定的总限额，巨灾保险可以按照总限额与实际应付赔款总额之比进行比例赔付。

3. 巨灾风险补偿（救济）基金

在救灾运行机制方面，早在1950年美国就通过巨灾救济法，并据此设立了永久性的救济基金。近年来，由于巨灾发生越发频繁，处于高巨灾风险的各州，都积极地规划针对飓风和地震的融资措施。以加州为例，1996年由加州政府和私人公司共同发起成立半官方性质的加州地震局，将市政收益债券收入与保险公司和再保险公司的注资相结合，共同成立了地震基金。该机构能够提供高达105亿美元的地震保险，其中保险公司的责任限额为60亿美元，再保险公司的责任限额为20亿美元，收益债券为10亿美元，巨灾债券15亿美元①。此前提到的法国、新西兰巨灾保险体系中，也都设立了类似的风险基金。

6.3.2　合理定位政府角色，重视市场力量

借鉴国外经验，合理定位政府角色至关重要。政府必须慎重控制其承

① Guy Carpenter (2008). "2008 Reinsurance Market Review".

担巨灾风险的程度，避免在重灾年份由于大量救济而严重削弱国民经济。政府的支持作用更多地应该体现在以下几个方面：做好工程性防灾防损措施等公共品的提供工作；对遭受特大灾害的社会成员以无偿援助形式提供必要的、适当的、部分的救济；对部分巨灾风险如洪水、地震等实行强制性保险，或由政府充当再保险人，商业保险公司具体承保；建立并公布自然灾害风险景气指数，指导保险公司科学承保；利用国家财税优惠政策鼓励投保、奖励防灾，提高公众的保险意识等。在积极发挥政府作用的同时，更要重视市场的力量，尤其是资本市场与保险市场在巨灾风险管理中的作用。商业保险公司是市场的主体，为了提高其承保巨灾风险的积极性，政府可以和保险公司合作建立巨灾保险基金，并指定专门机构进行保值、增值运作，以应对巨灾风险带来的巨额赔付，增强保险公司和国家共同分担巨灾风险损失的能力。

这方面最具代表性的是法国和新西兰的巨灾保险体系。在法国巨灾保险制度中，值得借鉴的是法国中央再保险公司（CCR）在自然巨灾保险制度中的作用。CCR 的主要任务为：一是设计自然灾害再保险方案；二是针对不确定的财务风险研究如何改善；三是研究自然灾害事故的频率、损害等；四是一些自然灾害业务的政府沟通工作。新西兰地震委员会（EQC）实际上是一家办理政策性业务的商业保险公司，注册资本全部由政府出资。EQC 自行负责灾害基金管理，但需每年向政府提交财务报告。以 EQC 为例，应对巨灾所造成的巨大损失，采取了下列措施：一是巨灾准备金，二是再保险，三是政府托底。EQC 的核心是一套完整的风险分摊规划制度，有了这套制度，当巨灾来临时，可避免政府陷入财政、救灾危机之中。正是由于这套分摊机制，EQC 保险制度被誉为全球现行运作最成功的灾害保险制度。

6.3.3 巨灾风险证券化趋势[①]

巨灾保险比普通保险的风险大得多，一般可以通过再保险把巨灾保险

① 丛剑锋，宾莉．巨灾风险证券化的国外实践与借鉴 [J]．金融发展评论，2010 (5)：90－94.

风险分散出去。这方面，具有发达资本市场的美国走在了前面，当美国巨灾再保险面临供给不足，而市场需求高企，导致价格急剧上升的情况下，保险公司开始借助美国强大的资本市场分散巨灾风险。一种新的巨灾风险分散机制即巨灾风险证券化形成了，1992年芝加哥期权交易所首次发行了巨灾期权。随后，市场上出现了许多保险衍生商品，如巨灾债券、巨灾期货、巨灾互换、侧挂车[①]等[②]。巨灾风险证券化的基本做法是以再保险公司为主导，成立一个特殊目的公司，协同保险公司开发相应的保险产品，再将产品证券化并在资本市场上销售。其实质是借助证券方式和工具从资本市场上获取大量资金，并通过将风险转移至资本市场的方式扩大承保能力。主要有两类工具：或有资本工具（Contingent Capital Instrument）和保险相关工具（Insurance Linked Instrument）。或有资本工具主要有或有盈余证券和巨灾股票期货，前者允许发行者在特定情况下发行证券，后者允许发行者在特定情况下以约定价格卖出特定数量股票。保险相关工具的目的是将巨灾风险的最终承受者由保险公司、再保险公司转移到资本市场的巨灾债券投资者，其主要工具有债券、互换、期货和期权等。巨灾债券运作主体由四部分组成：投保人、保险公司、专门再保信托机构（Special Purpo Sevehicle，SPS）和投资者触发条件作为巨灾债券的一个重要指标，决定赔付时间和金额。衡量指标可以是特定保险公司的具体巨灾保险赔偿额度，也可以是特定的巨灾指标或巨灾事件中的某项参数。一般而言，巨灾债券都具有严格的触发标准，这不仅可以促使保险公司谨慎地进行经营，还有利于保险公司利用已有成熟的再保险经验进行市场操作。该机制将保险市场的巨灾风险打包转化为能在资本市场上流通的金融工具，在资本市场上筹集保险资本，解决巨灾发生时保险市场上资金不足的难题。在美国，这种巨灾风险与资本市场的结合，不仅将保险市场上的风险向资本市场转移，同时也融通了资金，推动了资本市场的发展，值得我们借鉴。

---

① Ceniceros，R.（2007）“Sidecar Participation is Receding”，Business Insurance，12March.

② 熊海帆．巨灾风险管理工具创新之“边挂车”业务述评［J］．浙江金融，2012（2）：46－50.

7. 广西现行巨灾损失补偿机制存在的问题与方案设计

7.1 广西现行巨灾损失补偿机制的现状

由于目前广西实行以自主承担为主，政府财政救济为主要手段，其他手段相辅助的巨灾风险损失补偿机制，主要的风险由受灾户承担，大大加重了人民群众的负担，不利于和谐社会的建设。由于长期依赖政府的救济，人们对于其他的经济补偿形式参与意识不强，对政府救济产生依赖情绪，造成的直接影响是人们对于一些巨灾保险没有购买欲望。老百姓对于低概率发生的，一旦发生却造成十分严重损失的巨灾往往抱有侥幸心理，总认为厄运不会发生在自己头上，这也是源于巨灾风险的不确定性，人们难以对风险进行观察和把握。

7.1.1 损失以受灾户自行承担为主

多年以来，广西对洪水和台风灾害的救助方式十分落后，主要是受灾户自行承担主要损失，国家救助和社会捐助很小一部分，大部分灾害损失由灾民自己承担，这一分担比例超过90%以上，这些灾害对于低收入的农民来说都是致命的负担。特别是在洪水暴发的年份造成的巨额损失使灾民不堪重负。

7.1.2 政府救济是损失补偿的主要来源

在广西现行的自然灾害中，受灾户能得到的最大补偿就是政府的救济。在政府当中形成了自上而下的纵向垂直管理体制，从自治区级到市级到县区级再到乡镇，逐级负责。这种模式不但使得政府的负担过重，也不能解决洪水和台风给社会造成的损失。由于缺乏其他的经济损失补偿渠道，受灾害户越来越依赖政府救灾，对政府的期望也越来越高，在每次洪水和台风过后，有一部分受灾户甚至被动、消极地等待政府来救济，没有开展积极的自助自救行动。由于种种原因政府的救灾一旦不够及时，或者暂时不能满足巨灾损失的要求，受灾户对政府意见很大。所以这单一的经济补偿模式使广西的巨灾救灾非常被动，远远不能满足广西洪水和台风风险造成经济损失所需要的经济补偿的需要。

7.1.3 社会捐赠成为重要的损失补偿渠道

随着政府加快推进职能转换、政社分开，慈善组织拥有更大的自主发展空间，社会捐赠成为了重要的自然灾害损失补偿渠道。社会捐赠具有一定的自身优势，主要包括慈善基金会、红十字会等，是保险和财政求助的又一重要渠道。首先补充了原有渠道的不足，建立了独立组织网络分担巨灾的经济损失，把分散在社会各界的资源集中进行统一使用。其次具有很大的灵活性，社会捐助能够调动社会各方力量，通过募集财物对受灾户进行多种形式的求助，恢复被巨灾破坏严重的社会秩序。以前的灾害救援机制中，官方力量一直占据绝对控制地位，目前，这种情况得到了改变。一方面，民间灾害救援力量中具有代表性的社会公益性组织以及志愿者积极地参与到灾害救援中来，另一方面为缓解自身压力政府也在积极地向民间救援组织给予信息和物资等方面的协助。同时，主管社会灾害救助的主管部门对相关捐赠制度进行了改革，目前捐赠机制中，募捐活动完全由社会组织进行，方便了相关制度的自由运作，但还没有成为损失补偿的主要力量。

7.1.4 保险参与巨灾损失补偿机制当中

由于洪水和台风属于巨灾风险，保险业务风险较高，通常情况下洪水和台风风险都是保险条款中的除外责任，巨灾风险保险没有完全开展起来，在以往的统计资料中也难以找到巨灾保险损失材料，巨灾保险资料不到保险资料的5%。由于居高不下的赔付率，完全商业化运作的巨灾保险业务难以为继，保险公司难以长期承受巨额的赔偿和大量的亏损，在国内恢复保险业务初期的20世纪80年代，中国人民保险公司曾经把地震作为保险责任，20世纪90年代后由于赔偿额不断上升，中国人民保险公司和后来加入的保险公司纷纷退出地震保险，以规避风险减少损失。这种市场失灵造成的保险缺失的状态需要政府做出正确选择，避免保险公司“理性”选择造成市场供应严重不足。

从发展趋势看，对于灾害频发的广西来说，巨灾发生的频率还呈不断上升的趋势。据有关统计资料显示，我国过去十年最严重的洪水自然灾害中，发生在广西的就有3次之多，洪水、台风带来的损失最为惨重。如何更好地应对洪水和台风等巨灾风险，已经成为关系到广西稳定与发展、人民群众安居乐业的重大风险问题，建立巨灾保险制度已经刻不容缓。但近年来，随着保险业的蓬勃发展，越来越多的保险公司把巨灾条款加入到保险产品当中，有的地方政府也开始对巨灾保险进行了部分或全部的保费补贴。如广西区政府就对广西区内的所有农村房屋保险进行了全额的保险补贴。

7.1.5 军队救灾发挥了应急救灾作用

军队参加抢险救灾是一种国家层面的安排。在我国，当险情发生时，中央政府会指派中国人民解放军以及其他相关部队奔赴灾区通过一系列的努力保障受灾人民的生命财产安全，同时军队还会帮助受灾地区的群众重建家园。中国的军队救灾是中国的一大特色，也从客观上起到了减少人员伤亡、降低损失、恢复社会秩序的巨大作用。从世界上来说，我国军队救灾是最具效率的，以汶川地震救灾为例，当地震发生后，中央政府指派将近10万人的部队奔赴灾区，在短短的数个小时内到达指定现场进行相关灾害救助工作，这在世界救灾史上是一个奇迹。世界上其他国家军队救灾的效率远远不能和中国相比。以美国为例，当年卡特里娜风灾时，政府指派的部队在灾害事故发生三天后才集结完毕。世界闻名媒体奥地利新闻报报道指出，“世界上没有哪个国家的军队应对灾难的能力像中国军队这样出色”，我国军队救灾能力由此可见一斑。在广西的历次重大洪水和台风的灾害中都有军队的身影。

《军队参加抢险救灾条例》是一部具有里程碑意义的军队救灾法律法规，该条例于2005年7月1日实施，最重要的意义在于使军队抢险救灾法制化，军队在抢险救灾中的社会功能得以体现，表现在保护国家财产和人民群众生命安全，凝聚各方力量，维护社会稳定，促进构建社会主义和谐社会。

首先，参加抢险救灾是我军义不容辞的责任，是我军发挥服务功能的主要形式之一。2003年，中共中央颁布《中国人民解放军政治工作条例》对军队参与抢险救灾进行了说明，明确指出“动员部队支援国家经济建设，参加抢险救灾和社会公益事业”。上文提到的2005年版《军队参加抢险救灾条例》指出军队的重要使命之一就是抢险救灾，充当突击队员，解救人员；保护重要目标；抢救重要物资；参加各种专业抢险；第一时间抢救危重险情灾情，对灾后重建展开必要协助。其次，发挥军队的柱石功能，具有维护抢险救灾中社会稳定的作用。2006年3月由中央军委主席胡锦涛签署的《中国人民解放军司令部条例》对军队抢险救灾工作也做出了相关规定。

军队参加的抢险救灾一般都具有爆发时间紧、人员伤亡和财产损失严重、抢险救灾任务重等的特点，与之相伴随的社会状态表现为一种非常态的社会秩序，这种非常态的社会秩序会破坏常态的国家或社会管理，造成社会秩序失控和社会动乱的局面也就难以完全避免。加之，一些图谋不轨的人可能会趁机作案，散布谣言，造成社会的局部震荡，人心恐慌、社会失控的局面，使社会的稳定系数急剧下降。在发生重大自然灾害后，犯罪率明显上升，会发生砸抢和风俗犯罪的情况，并且伴随有哄抢国家财产的现象，使得整个社会秩序出现混乱。当军队进驻后，通过采取一定的行动，有力地配合地方政府维护社会稳定，使社会很快从失控的状态转变到紧张、有序的灾后重建轨道上来。当老百姓看到解放军来了后，灾区群众的心理稳定了，灾区社会也安定了。

参加抢险救灾的军队一边帮助群众恢复生产，一边向群众宣传党和国家对灾区人民的关怀，通过军队奋战和广泛的宣传，使灾区人民振奋了精神，很快出现了发展生产，重建家园的热潮。使精神力量转化为物质力量，增加人民群众战胜困难的信心。

7.1.6 其他主体的角色仍然缺失

其他的救灾救济主体，如非政府组织（NGO）在国际社会上对于巨灾等自然灾害的救助和补充是非常普遍的，但由于我国的政策和体制原因，除了政府之外，在广西的洪水和台风的灾害中，愿意提供而且能提供经济补偿的还比较少，有待进一步挖掘潜力，完善各种救灾渠道。

7.2 广西现行巨灾损失补偿机制存在的问题

7.2.1 居民的风险和保险意识差

广西居民的风险和保险意识差，尤其是对巨灾风险所造成损失的严重程度认识不足，很多财产的风险根本没有投保，所以在每次洪水和台风的灾害的保险赔款都很少。如 2014 年的台风“海鸥”使广西 130.46 万人受灾，损失 3.36 亿元，与自然灾害风险密切相关的农作物赔款数额却很少，许多企业由于没有投保营业中断保险，虽然生产受到了很大的影响，但也没有得到理赔，严重影响了企业恢复生产的能力和持续发展的动力。第一，广西相当一部分居民由于对风险的认识不足再加上心中的侥幸心理，导致对保险的认识明显不足，这严重阻碍了广西建立巨灾风险保险补偿机制的进程。长期以来依靠政府的财政救济反过来又导致了居民的惯性思维，等、靠、拿，等着政府救济，靠着政府生活，拿着政府补贴都认为是理所当然的事情，买保险自然也不是他们个人的事情了。第二，居民无法识别各种有害风险，更不清楚如何进行最有效的风险管理程序。第三，普遍存在的保险业缺乏诚信问题，比如购买保险容易理赔难等，一部分居民在购买保险后由于得不到应有的理赔而对保险产生了抗拒心理。

7.2.2 政府职能缺位

在防灾、减灾和救灾体系建设上，我国历届政府都比较重视，但相对于巨灾的经济补偿等制度建立这一块政府却出现了严重缺位，市场失灵严重导致商业巨灾保险几乎消失殆尽。在相对完善的工程措施面前，软环境的建设几乎没有任何建树，法律法规建设停滞不前，如在政府各部门中分工相当明确，大气层及陆地灾害的监测和预报工作由气象局负责；海洋灾害的监测预报和救护则由海洋局负责；水利部门负责防护工程建设；农业部门负责农业气象灾害防治；国土部门、地震局都各自负责不同的职责，民政部门则负责物资的组织、调配和运输等，但缺乏一个统一管理巨灾风险的行政运作模式，对于各种减灾工程措施的投入毫不吝惜，但对于法律法规、全面整体的经济补偿方案的设计等软件建立和投入却非常有限，由于政府在巨灾风险损失管理中的严重缺位，无法建立稳定、有效、持续的融资机制、融资渠道和融资方式，社会抵御巨灾风险的能力久久不能提高，非常影响和谐社会的建立和全面小康生活的建设。

在现场救援中，慈善机构和当地政府的沟通存在一定的问题，资源浪费、效率低下和信息不畅的情况时有发生，这种情况急需改善。由于历史遗留问题以及政府工作惯性，使得政府和民间救助组织的信息共享存在很多困难，这一情况往往会导致一些不应该出现的问题。事实上，政府的时间和精力有限，包括政府相关部门的工作人员都远远无法应付事件发生时的问题，在这种情况下，就需要政府放开灾害救援市场，鼓励社会组织主动参与进来，通过资源互补和信息共享的方式让社会组织承担一定的责任。这样一来不但可以减轻政府的负担，还能加强慈善机构的自身建设，对整个灾害救援市场来说具有积极的意义。

7.2.3 灾害救助难以满足发展所需

面对巨灾，各级政府都会大力推进灾害救援工作，最大限度地保障人民群众的生命财产安全。这种做法在一定程度上保障了受灾群众的生产生活，但由于政府财力有限等原因，灾害救助过程中所能给人民群众提供的帮助并不能使得他们恢复原来的生活水平，只能保证基本温饱，从基本生活层面上给予力所能及的帮助，而这些帮助是不够的。另一方面，政府灾害救助工作都是在灾后进行，甚至是在审核灾害所导致的具体损失情况之后进行，这种滞后性不但不能及时救助需要帮助的群众，而且也不利于受灾地区的融资需求。另外，从领取政府灾害救助物资的角度来说，灾民很容易对政府这种无偿救助产生依赖心理，不利于灾民自救，也不利于他们快速地寻找新的生存之道，政府灾害救助工作要深切顾及这一问题。

7.2.4 损失补偿机制在商业运营模式下失灵

在纯商业运营的模式下，目前还没有哪一个国家和地区能够取得成功的先例，究其原因主要是巨灾风险的损失分布是厚尾分布，损失的方差接近无限大，在高额损失的情况下仍然可能发生损失事件。因此，巨灾风险的赔付率一直居高不下，由于我国政府职能的缺位，巨灾保险完全采取商业化动作，商业保险公司不堪重负，面对巨额的赔付，连年的亏损，承保巨灾保险的保险公司难以承受偿付能力危机，纷纷退出巨灾保险市场，造成我国巨灾风险保险业务难以继续，包括曾经出现的地震保险，还有农业保险也从20世纪90年代不断萎缩，直到2009年国家实行农业保险补贴以后农业保险才得到了较快的发展。

从国际保险市场来看，巨灾损失也难以得到全部补偿，从传统巨灾再保险业务得到支持也越来越难，从我国目前的保险市场发展情况来看，还没有保险公司有足够的能力承担承保重任。我国保险法规定财产保险公司当年的自留保险费不得超过其实有资本金公积金总和的四倍，对每一危险单位不得超过保险公司实有资本金公积金总和的百分之十。面对巨灾风险的不断频发，国际保险市场承保能力也受到了很大的挑战，有些保险公司减少再保险投保甚至直接退出再保险市场。在我国国内保险公司必须接受较高的保险价格才能从国际保险市场获得巨灾保险的再保险业务。无论国内还是国际，如果缺乏政府的介入，那么失灵的巨灾保险市场就难以进行商业的运作。

7.2.5 差异化的市场带来个性化需求

我国疆土辽阔，自然灾害频繁，各行政区域所面临的风险各不相同，由于风险的差异化，对巨灾风险的需求也出现了个性化。不同地区有不同的经济发展水平，不同经济发展水平对风险的认知不一样，对风险的承受能力也大相径庭，由于我国巨灾保险产品开发落后，缺乏政府的支持和财政的补贴，开发出来的巨灾保险产品难以满足市场的需要，直接影响广西洪水和台风巨灾保险补偿机制有效运行，所以在巨灾保险产品的开发上对保险精算技术也提出了更高的技术要求，必须考虑各种因素来满足不同地区不同的风险暴露下在不同的经济发展水平过程中的个性化保险的要求。

一款好的巨灾保险产品的开发，必须需要积累完整的损失历史资料，没有资料的积累，再好的精算人员也难以对巨灾风险做出准确的测量，无法准确计算一个相对公平的费率，特别是针对不同的地区有不同的风险暴露状况，如果实行全国一盘棋的保险费率和相同的保险条款，更会导致逆向选择的出现，巨灾保险市场将会进一步走向萎缩，因此巨灾保险产品的开发要满足个性化的需求以规避逆向选择和道德风险的爆发。

7.2.6 救灾基金不足

建立巨灾风险救灾基金是应对巨灾风险造成的巨额损失的一个重要手段，我国的巨灾保险市场还处于初级阶段，融资手段非常单一，融资渠道非常狭窄。巨灾风险基金主要来源于四个方面：财政拨款、慈善基金、福利彩票、巨灾保险保费收入，但是每一个渠道的资金来源都十分有限，主要原因是我国没有建立巨灾风险的补偿机制，巨灾保险没有像发达国家一样得到长足发展来支撑巨灾基金的建立和健康运行。

另外，缺乏通过资本市场筹资的渠道也是我国巨灾保险发展的一大短板，在保险发达国家再保险市场与资本市场巨灾风险基金的主要来源，特别是为了从资本市场筹集更多的资金通过巨灾风险证券化把保险业的巨灾风险向资本市场转移，以标准化的风险实现保险连接证券。巨灾期货与期权、巨灾债券与互换、证券化寿险和年金等保险证券化产品已经在芝加哥、百慕大等多个交易所上市交易。随着我国保险市场的不断发展，资本市场的不断成熟，巨灾保险基金也必将会获得一个收获的时期。

7.3 广西巨灾损失补偿机制的方案设计

比较完善的巨灾风险损失补偿机制，不应该由受灾户独自承受，而应是多个主体分散承担，具体来说，就是将由灾民、保险与再保险、资本市场、政府、社会等多个主体承担巨灾损失。目前广西的巨灾损失补偿存在一个机制不完整，职能不到位，角色缺失等问题。建立一个运转顺畅，保障有力，社会、保险、资本市场与政府相互协调，相互补充的完善的多层次、多元化的损失补偿机制需要各方去努力。建立政府以协调和紧急救助为主导，重视保险与再保险的财务性安排，发挥资本市场的融资功能，协调社会捐赠救济，形成各司其职，各尽所能，全方位多层次的完善的巨灾损失补偿机制，同时积极引导和鼓励居民进行灾害预防和自我补偿，提升全社会的灾害风险管理意识（具体方案见图 7－1）。

对现阶段的广西来说，最后的巨灾损失应该从下面七个方面得到补偿：灾民、保险、基金、资本市场、社会捐赠、地方政府、中央政府。灾民承担一部分是不可避免的，政府应该作为最后的屏障为巨灾损失提供补偿，也就是最后的埋单者。

政府承担抢险与协调责任。政府在巨灾损失补偿的机制中起到一个核心的作用，不仅仅是在灾后组织抢险救灾，进行各种救济，更重要的是制定相关的政策制度，监督各方的执行，协调各方的力量进行全面的损失救济。

保险与再保险做好财务安排。充分利用保险的风险分散机制，可以达到低成本、高效率的目的，在再保险的支持下，可以发挥其在巨灾风险损失补偿机制中的风险转移功能。这个在美国的洪水保险计划、新西兰和日本的地震保险中都充分证明了保险在损失补偿机制中的重要作用。巨灾保险制度框架，主要包含四个层次：一是设立巨灾保险，由政府出资购买商业巨灾保险服务，保险灾种覆盖了地震、台风、海啸、暴雨、泥石流、滑坡等 15 种灾害，实现了“广泛覆盖、基本保障”。二是设立巨灾基金，由政府拨付一定额度的资金，发起设立巨灾基金，作为巨灾保险救助的有效补充，当巨灾实际损失超过巨灾救助保险的赔付限额时，巨灾基金就可以发挥作用，提供超额保障。三是商业性个人巨灾保险，由市民自主购买，可以满足市民更加个性化的巨灾保障需求。四是再保险，把巨灾风险在全国乃至在全世界进行分散，降低保险公司的不确定性风险。以上四者有机结合、四位一体，共同构成巨灾保险制度的总体框架。

巨灾基金。根据国外这方面的实践经验和目前的实际情况，巨灾基金可以由政府部门和商业保险公司合作建立，两者在基金中应该以不同的方式参与，作出各自的贡献并承担相应的责任。既可以利用政府的政权优势，又可以利用商业保险公司现有的销售渠道和工作效率。国外大多数成功的案例中，操作机构本质上都不是普通的公司，而是公共机构或政府代理机构，这些机构在法律上都具有合法化的公共性质，但在管理结构上却与商业性质的公司一致。因此，广西的巨灾基金在组织管理上也可借鉴这一点，由政府拨付一定额度的资金，发起设立巨灾基金，作为巨灾保险救助的有效补充，当巨灾实际损失超过巨灾救助保险的赔付限额时，巨灾基金就可以发挥作用，提供超额保障。同时，还可以利用巨灾基金的开放性，充分调动各方力量，广泛吸收企业、个人等社会捐赠资金，打造全社会共同参与应对巨灾风险的公共平台。

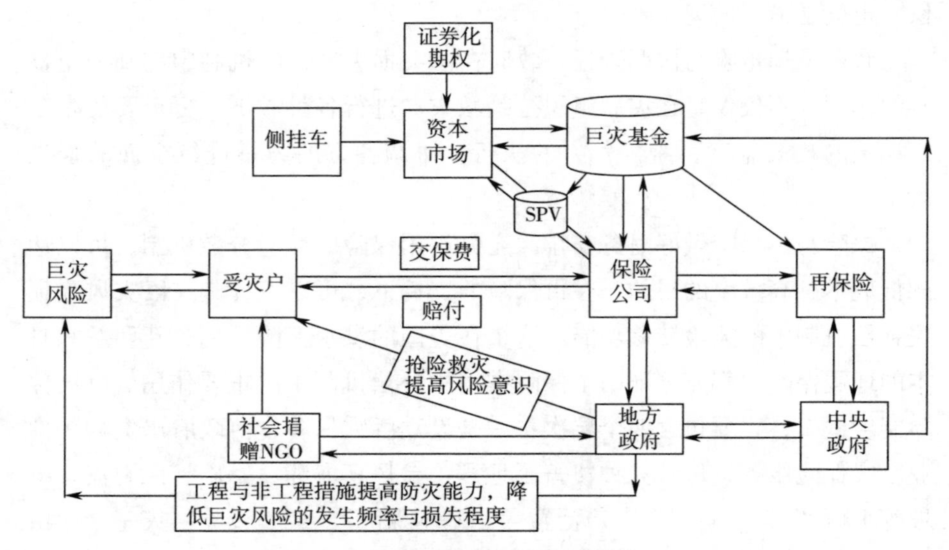

图7-1 广西巨灾损失补偿方案设计

资本市场发挥融资功能。随着我国资本市场的发展，我们应该在进一步发展完善资本市场和建立健全信用评级制度的基础上，适时推出巨灾风险证券化的制度安排，通过发行债券和证券，利用广西作为国家沿边金融改革综合试验区的有利条件，不断开拓创新，利用各种融资方式，把广西的巨灾风险尽可能分散到资本市场，资本市场也成为广西巨灾损失补偿机制的重要组成部分。

社会捐赠、非政府组织。国际上像联合国救灾署、国际红十字会等非政府组织的身影总会出现在世界各地的巨灾现场。“9·11”事件的损失补偿中，社会捐赠和慈善机构发挥了较大作用，事件发生的当天下午纽约最大的两家慈善机构“纽约社区信托基金”和“纽约联合道路”就宣布成立了合资性质的基金，此后各种慈善机构如雨后春笋般迅速诞生，据美国税务局的统计，为“9·11”捐款新成立的免税慈善机构数量就多达262个，个人捐款非常踊跃，到2001年10月中旬，已有58%的美国人对“9·11”遇难者进行了不同数量的自愿捐助。

8. 广西巨灾损失补偿机制之——保险

通过对巨灾的分析可以看出，巨灾风险一旦发生，必然会对生命和财产造成巨额的损失，这种损失往往是一个国家和地区所无法承担的，面对这种情况，世界各国纷纷开始寻找分散和转嫁巨灾风险的手段。目前，国际上较为成熟的商业性巨灾风险转嫁手段是应用巨灾保险和再保险，保险产品以转移风险为服务核心，如一般风险中的车辆损失、火灾、货物运输损失、意外事故等的风险转嫁，起到了非常大的作用，保险产品通过积聚大量同质且彼此独立的风险，来达到分散风险的目的。那么同样是风险的巨灾是否可以通过商业保险的手段来分散和转嫁呢?

8.1 巨灾风险的可保性分析

8.1.1 理论上巨灾风险的可保性分析

从巨灾风险的特性而言，自然巨灾有两方面的特征，首先，巨灾风险的损失分布一般具有“肥尾”的特点，如地震和飓风等（Schoenberg et al.，2003；Newman，2005）①②。所谓“肥尾”即巨灾风险的发生概率并不是随着巨灾损失的扩大而减小，在描述风险损失分布时，一般用泊松分布，正常的泊松分布随着损失额的增加相应的损失概率会急速降低，而巨

① Schoenberg F. P.，Peng，R.，Woods J. On the distribution of wildfire sizes［J］. Environmetrics，2003，14（6）：583－592.

② Newman M. E. J. Power laws，Pareto distributions，and Ziff's law［J］. Contemporary Physics，2005，46（5）：323－351.

灾风险则不然，随着损失额的扩大，其损失概率降低的速度并不大，呈现出“拖尾”或“肥尾”的特征。其次，巨灾风险具有空间上的关联性（Tristan Nguyen，2013）①，即巨灾风险的发生具有地域性，如地震、飓风、海啸等，这些风险的发生并不具有空间上的蔓延性，所造成的是某个地方的人员伤亡或财产损失，风险并不是分散的。巨灾风险的“肥尾”以及空间局限性的特性并不符合传统商业保险的承保条件，从这个角度来说，巨灾风险是不可保的。

鉴于巨灾风险的特性，保险精算领域的大数定律和中心极限定理不适用，也就不容易测算巨灾风险的损失分布情况。因此，保险公司开发巨灾保险时，考虑到盈利的目的以及自身偿付能力的需要，所收保费一般会非常高，甚至会远远高于巨灾预期损失。这样一来，即便是保险公司开发出了巨灾保险产品，被保险人也会因为无力承担高昂的保险费而无法达成保险承保协议（Kousky 和 Cooke，2012）②。如图 8 - 1 所示，在一般风险水平下，g_1 表示保险线，A 点表示保险人和保单持有人达成协议的初始点，A 点在 g_1 上，那么在图中的阴影部分存在帕累托改进的可能，保险人和保单持有人的无差异曲线相切于点 B，在一般保险市场上，B 点为保险市场均衡点。然而，当保险标的风险水平达到巨灾风险水平时，由于保险人在预估风险发生概率以及预计损失时需要支付更多的成本，保险线就由原来的 g_1 变成了 g_2，保险线越平缓说明保费水平越高，那么在巨灾风险水平下，保单持有人就支付不起高额的保费，在图中就表现为 A 点无法持续，并且在保险市场中无法达到均衡，除非有额外的保费补贴。也即巨灾风险水平下，即便保险人能够提供保单，保单持有人也没有能力支付保费，在这种情况下巨灾风险就是不可保的。

事实上，图 8 - 1 展示的只是巨灾风险可保与否的一种情况，还有另外一种比较极端的情况，即由于巨灾风险过于巨大并且巨灾风险的发生概率较高，就会造成即便被保险人愿意支付高昂的保费，保险人也不会开发保

---

① Tristan Nguyen. Insurability of Catastrophe Risks and Government Participation in Insurance Solutions. Working Paper, 2013.

② Kousky, C., Cooke, R. Explaining the failure to insure catastrophic risks [J]. Geneva Papers of Risk and Insurance - Issues and Practice, 2012 (37): 206 - 227.

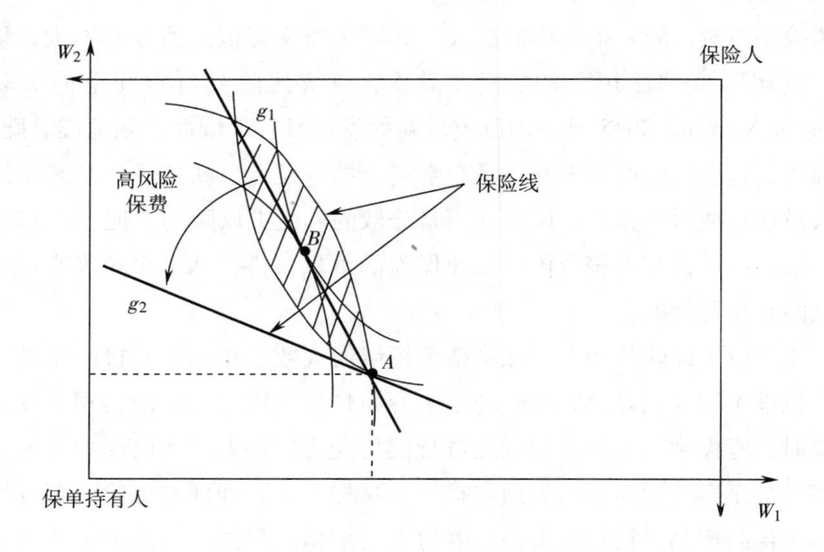

图8-1　保险市场的一般均衡

单产品。总之，巨灾风险在纯商业保险市场上是不可保的。

一般地，我们把风险分为三个类别：（1）保险人认为可保并且保单持有人支付得起；（2）保险人认为可保但是被保险人支付不起；（3）保险人认为不可保①。巨灾风险一般会落在后面两种类别里，如果希望巨灾风险得到转嫁和分散，就必须要有第三方资源的介入，以使得降低第二第三种类别风险，或使得第二第三种风险变为第一种风险。本书所谓的第三方资源，可以是政府的保费补贴，也可以是其他风险管理工具如巨灾证券化等。

8.1.2　国际实践中巨灾风险可保性分析

在理论上巨灾风险是不可保的，那么在现实中巨灾风险是否可以通过保险的形式得以转移呢？目前巨灾风险管理已经成为评价企业风险管理（EMR）水平的重要一环，对巨灾进行合理规避和转嫁催生了对应的巨灾风险管理工具，即巨灾风险模型的建立。前文提到，自从20世纪60年代

① Qihao He, Ruohong Chen. Securitization of Catastrophe Insurance Risk and Catastrophe Bonds: Experiences and Lessons to Learn [J]. Frontiers of Law in China, 2013, 8 (2): 521-559.

开始，至今已经有三家全球性的巨灾模型公司成立，为世界各国提供针对性的巨灾风险模型，以方便保险公司在承保巨灾风险时进行决策。截至目前，这三家公司已经为中国提供了中国台风模型以及中国地震模型，保险公司将这些模型广泛应用到了承保定价、转分保安排、信用评级及重大风险测试等多个关键业务领域。

随着巨灾模型的推广，保险和再保险公司开始利用巨灾模型测算结果进行定价，在这过程中带动了中国巨灾保险的发展，中国巨灾风险管理开始逐渐走向成熟。然而，在使用这些巨灾模型的时候发现，不同巨灾模型对同样的风险暴露的测算会产生不同结果，有时甚至差异很大，甚至同一公司不同版本的模型在测算时也会产生迥异的结果。这就不得不考虑到底使用何种模型以及怎样使用模型的问题，同时还要考虑模型是否正确的问题。巨灾风险模型首先需要采集之前的巨灾发生等情况的信息，作为历史数据，在这些历史数据的基础上经过技术处理来合理预测未来相应巨灾发生的情况，这种方法本身就存在一定的问题，即巨灾风险是不可预测的，用历史数据不一定能够预测将来的情况。Dustin Fabbian（2011）通过对巨灾风险模型在中国应用的研究发现，EQECAT 于 1998 年发布的中国地震模型和 2010 年 RMS 发布的中国台风模型在使用中的表现并不好，还存在很多问题。单一巨灾模型慢慢地受到质疑，开始逐渐出现巨灾模型混合技术，而巨灾模型混合技术的三个阶段[①]到目前还只停留在第一阶段的讨论上。总之，在技术层面，巨灾模型目前还不成熟，不足以从全面支持开展巨灾保险。

在现实中，保险和再保险公司也没有承受巨灾损失的实力。如表 8 - 1 所示，保险业在应对全球巨灾风险损失时，所起到的作用并不大，尤其是当年有大型巨灾时，保险业的赔付在整个巨灾损失中所占的比例更小。如 2011 年日本、新西兰发生严重地震，泰国发生严重水灾，经济损失高达 4266. 3 亿美元，而同年保险赔付只有 1340. 1 亿美元，只占总巨灾损失的

---

① 这三个阶段分别是：第一，模型混合（Blending），将不同巨灾模型同一灾因的输出结果进行二次加工，以反映不同模型观点的融合；第二，模型嵌套（Morphing），将不同巨灾模型不同灾因进行加工，以实现跨平台多灾因测算；第三，模型拼接（Fusion），是将不同巨灾模型不同模块结合到一起，以实现巨灾模型的优化。

31%；同样，2008年飓风艾克和古斯塔夫肆虐，中国汶川地震等，造成高达3031.7亿美元的经济损失，保险赔付只有568.2亿美元，只占总损失的18.74%。从1999年到2013年，保险承担的巨灾损失只占到总经济损失的29%。可以发现，就目前国际上的保险和再保险实力而言，还不足以承担巨灾风险所带来的损失。

表8-1　　1999—2013年全球巨灾损失分布情况　　单位：十亿美元

年份	保险损失	未保险损失	总经济损失	保险巨灾损失占比（%）
1999	50.10	99.64	149.73	33.46
2000	17.84	62.35	80.19	22.24
2001	49.92	135.08	184.99	26.98
2002	21.00	56.80	77.80	26.99
2003	27.76	82.58	110.35	25.16
2004	61.73	116.30	178.03	34.68
2005	132.44	162.52	294.96	44.90
2006	21.06	43.18	64.24	32.78
2007	33.85	51.50	85.35	39.66
2008	56.82	246.35	303.17	18.74
2009	29.65	46.76	76.41	38.80
2010	52.02	191.84	243.86	21.33
2011	134.01	292.61	426.63	31.41
2012	81.42	114.26	195.68	41.61
2013	44.92	95.55	140.47	31.98
总计	814.54	1 797.33	2 611.87	29.30

数据来源：Swiss Re 2014.

总之，从理论上来说，由于巨灾风险具有损失分布上的“肥尾”性以及空间上的关联性，运用商业化的手段来转嫁巨灾风险是不现实的。从现实中来说，首先巨灾模型技术不完善，不足以从技术层面支持巨灾保险的开展，其次，保险业对巨灾风险所导致的损失赔偿额度并不高，就其能力而言还不足以承担巨灾风险的损失。因此，就目前而言巨灾风险是不可保的，保险业需要在理论、技术以及实力方面提升自己，以争取运用保险的手段转嫁巨灾风险。

8.2 广西洪水与台风风险的可保性分析

如前文所述，从保险学的基本理论出发，可保风险难以满足大数法则的随机不确定性纯粹风险，拥有大量同质风险单位存在，且其遭受损失的概率是彼此独立的，损失的金额则是可确定的。但如果在保险人可以理解的范围，那么就可以控制保险中出现的道德风险以及逆向选择，此时彼此信息是相对称的，从国际上的实践来看在相应的政策和制度安排下是可以实现巨灾保险的。

8.2.1 广西洪水与风险可保性限制分析

对于广西的洪水与台风风险的可保性问题，如表 8 - 2 所示，瑞士再保险公司出台的一个保险可投标准对于广西具有很好的参考意义。

表 8 - 2　风险可保性限制①

序号	类型	标准	特征
1	保险统计精算	风险/不确定性	可测量
2		损失事件	独立
3		最大损失	可负担
4		平均损失	适中
5		损失概率	高
6		道德风险、逆向选择	不过分
7	市场决定	保费	充足、可负担
8		保险范围限制	可接受
9		行业承保能力	充分
10		投保意愿	充分
11		公共政策	与保险一致
12		法律政策	许可保险

① 资料来源：Baruch，Berliner，风险的可保性限制，Prentice - hall，1982，瑞士再保险公司经济研究与咨询部。

在表8－2所示的12条标准以及目前广西经济、社会、保险行业承保能力基础上可以分析出广西的洪水与台风风险是否具有可保性。

如果严格按照保险精算的要求来执行，广西的洪水和台风风险似乎都不太符合前面5个可保性因素，但实际情况如何呢，我们一一来分析。广西的洪水风险相对较低，而台风风险的概率则相对较高，两者的概率在统计上虽然有历史数据做支撑，但准确的统计分析却不能轻易做出，存在一定的模糊性，即受限于现有的科学知识和认识工具，受限于人类活动及自然条件变迁，难以准确得知洪水风险和台风风险的发生概率。而当风险存在模糊性时，保险精算师为确保赔付的有效性，其保费有可能高于精算公平时的保费。进而使得投保人需要支付更高的保费，恐迫使一些自认为风险较低的投保人退出洪水保险和台风保险，进而存在“劣币驱逐良币”现象，危及保险制度本身。同时由于洪水和台风一旦来袭，会使得广西同一城市甚至几个城市同时遭受损失，保险人的赔付责任瞬时大幅增加，其经营稳定性受到重创。而在政府补贴和再保险不完备的情况下，广西区内保险公司恐无力承担赔付责任。

从保费的可接受程度来看，保险人必须能够集合足够多的风险单位，才能更好地满足大数法则，使保险价格更能为被保险人所接受，从而实现保险作为风险补偿的基本职能。目前随着现代农业的发展、现代海洋渔业技术的推广和城镇化的发展，广西农业和海洋渔业单位价值更高，人口聚集度也提升，一旦发生台风或者洪水，单次损失金额也越来越大。而如果一年发生多次洪水或者台风，风险暴露数量、价值和损失分布的精算测量恐怕难以得出稳定可靠的数据和结论，进而保险人只能从较高损失金额和较高损失概率上去定价，因此造成的高价格难以为被保险人接受。

从地域可保性上看，按照大数法则，通过扩大保险标的地域范围，以利用不同地域发生损失在金额、概率和时间上的差异，实现风险的可承保要求。广西地域广阔，东西南北在洪水风险和台风风险上存在很大差异，但相邻地域和珠江流域上下游风险上却存在很大的相关性。由于制度安排上的不足，广西北部地区在台风风险的参保上恐积极性不够，而西部地区在洪水风险上的参保积极性也不会很高。

从时间可保性来看，保险赔付基金正是利用了不同保险标的遭受损失的时间差，以及承保与赔付之间的时间差来进行积累，进而在发生灾害的时间点上对遭受损失的被保险人进行赔付。而对于广西而言，台风损失频率较高，洪水损失频率较低，利用保费收入和保险盈余在未受灾年份的积累弥补损失发生年份的赔付，相互进行平滑，在理论上具有一定的可行性，但要有足够的时间长度。

实践中巨灾保险的这种波动平滑有两个方面的局限。第一是保险公司必须准备一笔巨额准备金随时应对可能出现的巨额赔付，这对保险公司的投资收益会产生较大的影响，除了资本市场上众多虎视眈眈的并购者随时对上市保险公司发出“接管威胁”外，同时还会受到国家会计体系的约束。第二对于并不成熟的平滑资本波动的技术来说可操作性的难度实在不小，比如每一年变化很大的海洋渔业灾害风险的损失比率在波动较大当期保费流入很难与当期流出相匹配，保险机构可能会因为连续发生海洋灾害事故由于其发生的时间上不具有独立性而直接导致其破产清算。

从多样可保性来看，保险公司承保要满足大数定律，单个风险事故的风险具有很大的不确定性，但是大量的单个风险事故的集合可以避免单个风险事故不确定，大量风险可以在更大的范围内实现大数法则的应用。

在实际操作当中多样可保性会表现出一定的局限性，主要是巨灾灾害风险险种不多，实现多样性的风险选择是有困难的，一般情况下难以将普通业务与巨灾风险保险业务进行组合，主要原因是两者之间的风险状况差别较大，风险损失分布存在差异，强行放在一起不但将较大风险的巨灾风险由低风险的投保人承担，而且还会导致严重的逆向选择和道德风险。

就选择性风险转移可保性来看。一般来说，保险公司可以将风险进行分类汇合，然后再进行组合包装，将自留风险以外的全部风险利用选择性风险转移工具进行证券化，或者直接设计成证券衍生品的形式将其放到资本市场出售中，将巨灾风险放在更大范围的市场以实现大数法则对承保可保风险的要求。这种方式巧妙地将风险转移到资本市场可以显著提高保险公司的承保能力，同时打通了一条更直接更有效的市场融资渠道，使得资本波动得到了有效的控制。但是选择性风险转移可保性的应用存在偏倚性、信息不对称、高额交易成本和有效性不足的局限。

与普通的保险一样，对于大保额巨灾保险，或某一个高风险的高额风险单位，可以利用分保的可保性将一部分风险进行保险或分保给其他保险机构，以降低承保的集中性风险符合监管的要求。再保险、互换保险都是分保的形式可实现风险的分保转移和分散。

共保可保性的分析。共保可定义为两个或两个以上保险公司对同一标的同一风险在同一时期内进行承保，公司可以根据协议按比例共摊费用，共担责任。可以实行协议形式和一单一议方式，主要根据保险人和承担分保的保险公司之间的风险管理计划安排。互助可保性是共保可保性的一种重要的衍生形式，双方通过共同协商、出资成立共保体，对同一风险的被保险人，共保体统收统赔，有点像相互保险。通过共保体内的分配和优化组合可以消化内部非系统风险，通过大数定律可以进一步消除存在系统风险，只要拥有足够的成员，共保体的绝对风险厌恶度无限接近于零。

由于分出人与分入保险公司的信息不对称问题，分保可保性的局限性表露无遗。信息不对称会导致极高的机会成本而出现“超调”现象，保险公司的资本边际收益率也可能会降低。保险公司可以通过增加风险自留扩大积累责任来避免跨地分保发生“超调”，从而及时补充资本提高保险公司的偿付风险能力。其次，由于系统性和伴生性，巨灾保险必须引入再保险来消除单次事件逐年增加的最大可能损失。但即使如此，也很难完全分散所有的风险。随着市场条件和市场环境的变化，保险公司必须加强风险管理，巨灾保险的保险责任缩小，再保险会越来越严格，再保险困局的出现也是在所难免的。

因此，在讨论了洪水和台风的可保性的一般性问题，但对于进一步的可保性问题还有待我们去挖掘和发现，比如逆向选择问题的如何解决，重大损失如何进行准确合理的评估，经济是否可行，风险是否可以顺利进行全面的分散。在实际的洪水经营实践中如何确保其经营的有效持续性。

8.2.2 逆向选择

对于保险公司来说逆向选择是一个永远无法回避的问题，洪水保险也不例外，对于生活在泛洪区的人来说，无论是定期还是不定期的洪水，除了极个别的极端天气事件，其实都是在可观测的范围之内。居住在这些区域之外的居民无疑是对洪水保险毫无兴趣的，区域外的居民认为自身并无多大风险，并不愿意购买此类保险；只有居住在这个区域内的居民才是非常愿意购买此类保险的，问题是在于保险公司仅仅将保险卖给区域内居民会导致非常高的保费，以至于一般投保人都没法接受，这就是我们要讨论的高保费和逆向选择问题。

（1）增加风险累积

增加承保的风险单位来扩大风险积累无疑是有效解决高保费和逆向选择的手段之一，如果有多种自然灾害，洪水只是其中之一，可采取一揽子保单保。由于洪水发生地区与风险袭击的区域往往不一样，由于风暴高发区和洪水高发区所发生的地区不同，捆绑洪水和风暴风险是个理性的选择，这样可降低逆向选择现象的出现。在实践中探索出来的洪水火灾捆绑在一起也是个不错的选择。

另一个减少逆向选择的办法就是实行强制性洪水保险。洪水保险的可接受程度会随着合理的保费与洪水风险高度统一而提升。

有效的风险宣传可以提高人们的风险感知，这样可以更好地接受洪水保险，有人开始购买保险可以让更多人意识到他们所遇到的风险可能给自己带来巨大的财产损失，这样人们会慢慢多购买保险。

（2）降低损失程度和损失频率

通过免赔额的设置我们可以把小额的损失转移给被保险人，对于损失频率较高的风险不予承保，减少保险公司的赔付责任，降低损失频率从而降低保险费率。

（3）合理足额的缴费

根据风险等级的划分，在不同的风险等级下收取不同的保费，高风险要求高保费，低风险收取低保费，公平合理的费率可以极大地提高人们对于保险的认可程度。

8.2.3 特大损失的估算

对洪水损失进行准确估计是开展洪水保险最重要的前提，在收集整理分析历年历史数据的基础上，利用各种模型对洪水损失进行估计，特别是近年基于 GIS 系统和蒙特卡罗模拟的洪水损失评估模型，大大提高了洪水损失评估准确性和适用性。

8.2.4 经济适用性

不确定性和高管理成本造成洪水保险的高额费率，投保人的经济负担能力问题成为一个重要的考核指标。无论保险费率过高还是过低，费率过高投保人数不足，费率过低收取保险不足以覆盖风险，这样都会导致保险公司收取不到足够的保费，不能在保险期限内积累足够的风险赔付金，那么洪水保险从经济理性上看是不可持续和不适用的。

（1）确定赔偿金额的最高赔偿额度，明确所承保的保险责任，有选择地承担风险，排除风险较高的因素。对于个体的投保人来说即使我们不能通过向他们设置最高限额以达到限制向保单持有人支付的最大赔偿金额的目的，但对他们规定赔偿金的最高限额是不容易被保险人理解的，保险公司应根据可保性的原则设立保单赔偿限额，并使得在被保险人遭受损失的时候得到合理而较为充足的保障。另外，所有类型的保单要达到控制赔付责任的目的都一定要设定清晰的可保范围。

（2）保险公司合建共保集团以及再保险。洪水风险具有高度的不确定特点，其风险也不易分散，当市场上的保险公司陆续推出洪水保险的时候，这些公司有必要为自己的高风险保险组建一个共保集团，共保集团成员共同缴纳一部分我们必须支出的保费，相当于把自己公司的损失在这样的条件下平稳地转移到集团。当公司经营不善面临巨灾而出现了我们所不愿意看到的极端情况下面临财务困境的时候，这个共保集团的再保险的转移分摊风险的优势可以凸显。

（3）风险替代转移措施（ART）。通过发行巨灾证券，资本市场为重大损失事件提供保障，这是另一种风险融资方式 ART。在过去几年中，美国超过 10 亿美元的地震和风暴风险的承保能力都是通过发行巨灾证券产生的。此种风险融资方式在洪水风险上是相通并且适用的，洪水风险在市场中已经被分散了，这也是洪水风险能够承保的原因之一。

（4）对投保人和保险经营机构实施政策优惠。洪水保险本身高费率、低可保性的特点导致洪水保险无法得到保险公司以及投保人的认同，如果政府在一定程度上给予保险公司一定的补贴用于支持保费及经营费用上，这样就可以大大降低保费，政府的补贴可以一定程度上弥补市场缺陷。

8.2.5 风险的分散性

把洪水保险的经营区域分散和扩大，减少保险区域的密集分布。要保证有尽可能多的独立风险单位可以在全省以至于全国推广，从而使洪水风险符合可保性的第一个和第六个可保条件，大大增强其可保性，小区域不利于风险的分散，扩大保险区域可以更加有效地分散洪水保险。

8.3 提高洪水和台风保险可行性的手段分析

从全世界来看，许多国家都成功地推行了洪水台风等巨灾保险。许多建筑物之所以没有保险保障是因为洪水保险的保险费用很高。洪水风险保险不能仅仅与最容易面临洪水风险的人签发，这样会限制保单持有人的数量和区域范围，那么同样情况还是发生。可以利用以下措施增加风险累积单位以有效承保洪水风险，增加保险的可行性。

洪水保险可以立法强制参保。国家可以通过立法强制规定所有容易受到洪水威胁的地区中的单位和个人参加洪水保险，对于不参加保险的单位和个人减少救济或者不予救济；非洪水威胁区的单位和个人也需要交纳一定的费用。强制规定参加保险可以更好地分散风险并且减少道德风险，同时减少“搭便车”对投保者所造成的外部效应。

政策性补贴投保人或扶持保险公司。这项措施可以较好地解决投保人的经济负担，增加了保险经营机构的积极性，这使得洪水保险能够更好地运行下去。政府可以先通过财政资金扶持使得这些保险能够逐步建立并成熟，待到保险市场较为成熟的时候政府财政支持逐渐退出。

大面积、强广度推行洪水保险。根据大数法则，保险覆盖的范围越广，购买的主体越多，越有利于风险的分散，增加保险基金的积累和规模。

创建洪水风险保单产品，使得风险具有可控性。大体来说，洪水可以分为三个类型——河流泛滥、洪水骤发、风暴潮。对于河流泛滥来说，保单设计比较复杂的原因在于其存在“逆向选择”和高保费的问题。相对完美的方法是把洪水风险区域合理划分不同的河流泛滥类型，编制洪水风险图，针对各种类型的风险具体制定保单的条款细则。此外，在我国洪水所造成的损害更多的是农作物的损失，这与国外情况稍有不同。洪水保单采用定值保险的方式，对影响灾后生产和生活的各项财产的损失在发生后进行损失统计，按限额保险标准进行赔付。“逆向选择”在风暴潮危险下表现得更明显。另外，这类单个事件的计算极为困难。所以风暴潮一般是不可保的。然而相对确定的洪水骤发的区域和时间以及有规律的风险标的分布，再加上覆盖的人群比较庞大，保险费率比较低，市场需求较大这样又增加了骤发洪灾的可保性。

建立多层次的风险损失补偿体系。风险分五个分担层次：第一，直接保险，第二，共同保险，第三，再保险，第四，资本市场，第五，政府的再保险。直接保险可通过保单细则的设置实现被保险人和保险人的共同分担。共同保险是由保险公司共同组成的共保集团，中等损失由其承担。重大损失由再保险体系承担。对于损失补偿机制的建立，努力探讨替代性风险融资方式，发行巨灾债券来分散特大洪水损失风险。最后，政府充当最终再保险人来承担对于前四个层次不能分摊的损失。风险分五层并且由各个不同的主体参加，能够使得风险在体系中有效分摊，降低市场失灵，并且提高洪水保险的可保性，也利于其推广和得到人们认可。

8.4 广西洪水与台风保险的基本原则

8.4.1 设立免赔额与最高赔付额

最高限额在国外如日本、新西兰的地震保险中都有设立。地震发生后，商业保险公司有能力提供地震保险是因为最高限额可以有效降低大批索赔对保险公司运营产生的冲击。美国加州地震局将地震后的损失降到最低则利用设立免赔额方法，鼓励公众防灾防损，同时也可降低地震保险的保费率，增加其需求。对于我国来说遭受地震的损害城市小于农村，因此可将城市免赔额部分资金用于对农村地震损害的被保险人赔付。此外，因为我国是地震多发国，因此很有必要设立最高限额。所以在我国比较可行的方法是同时设立免赔额与最高限额。

8.4.2 实行差别费率

差别费率可以根据地区不同的风险程度和上一年的免赔权的选择而有所不同。比较公平的方法就是用风险的高低来划分保险费率，可以降低逆向选择。差别费率对于拥有广阔国土面积的中国来说显然很必要。另外，洪水频发地区可以学习汽车保险中的无赔款优待模型 NCD（No－Claim Discount）。

8.4.3 集团共保以及再保险

洪水保险风险具有单位巨大并且不易分散的特点，有国家洪水风险基金的参与可增加保险的普遍性和风险分散性。共保集团的建立在国外很常见，共保集团可以使洪水带来的损失大大降低，降低洪水给地方带来的特大损失。

8.4.4 金融工具应用创新

一些新的金融工具的出现可以提高保险应对和处理巨灾风险的能力，例如风险替代转移工具 ART（Alternative Risk Transfer）。其实资本市场风险的转移，可以解决许多传统保险市场无法解决的难题。在我国市场发展不完善阶段，只有巨灾债券是比较可行的方案。

8.4.5 政策性支持

各国洪水保险均由政府主导的原因是地震保险费率较高。政府对商业保险公司实施政策性支持比较可行的办法主要有减少企业税费，补贴投保人、补贴保险公司经营费用等。另外，因此洪水风险有“公共品”的特点是因为洪水风险存在明显的外部性：非竞争性和非排他性，巨灾风险的供需平衡需要政府和市场相互补充。

8.5 广西洪水与台风保险的模式设计

现阶段巨灾保险具体专项工作已经在保监会和发改委等多部委成立建设巨灾保险研究领导小组。小组已达成建立巨灾保险制度的蓝图计划。在中国保险学会举办的“新国十条”研究交流会上，周延礼认为应分三步建立巨灾保险制度：首先，2014 年完成有关于巨灾保险的具体专题研究；其次，2017 年推动巨灾保险条例的出台，最后，截至 2020 年，建成巨灾保险制度。

就地方而言，广西或许可以借鉴深圳的发展经验。2013 年 12 月 30 日，作为全国第一个也是我国首位“吃螃蟹”的是深圳市颁布《深圳市巨灾保险方案》，这标志着我国第一个针对巨灾的专业的法律深圳市巨灾保险制度的正式建立和实施，其走在了国家的前面。但我国巨灾保险体系还不成型，需要集结中央，地方和各行各业的推进，需要保险行业的创新和发展，尽快确立多层次的巨灾救助机制。

目前主要有以下几点阻碍因素巨灾保险制度建设：

一是在上层设计方面，一些重要决定尚未落实。巨灾保险业务的开展离不开国家政策扶持是因为巨灾保险具有准公共产品、准政策性的特性，需要机制和制度的协调进行，商业保险公司现阶段在产品单独设计开发和承保能力方面都没达标。政府的参与度，资金的来源管理和风险分担都还没有有效落实，从而限制了巨灾制度的形成和运作。

二是立法缺失，巨灾保险目前暂无法律支持。纵观国际上巨灾保险实施得比较好的国家中，在立法方面做得比较完善。如美国、日本等颁布了一整套法律法规。

美国自 1968 年以来先后通过《全国洪水保险法》《国家洪水保险计划》《洪水灾害防御法》，由此可见，美国国家巨灾保险体系的建设是在不断完善法律的基础上形成的。

三是巨灾本身的特性不利于商业保险的准入。巨灾拥有突发性破坏性的显著特点是一种小概率大损失的灾害。但是由于巨灾发展历史短，相关数据整理收集较少，由于风险的概率和造成的损失极难估算，都不愿意染指巨灾领域。如若提供的话，则提供的保险产品的缴费率会非常高，人们会无法接受，价格过低商业保险公司无法提供赔付保障。巨灾风险一般被称为不可保风险。保险公司经营不稳定的原因实际上往往是巨灾风险造成的巨额损失导致的。

四是人们缺乏风险意识，巨灾保险需求少。我国居民向来把存钱存银行来规避风险，很少去买商业保险。巨灾发生后基本上都是政府来兜底，中国人依赖政府来规避风险的思想由来已久，再加上巨灾风险的小概率性，大家存在侥幸心理，从而一般不会购买保险来规避风险。

本书建议，第一做好顶层设计。巨灾保险制度建设是一项涉及经济、法律领域系统工程，其内容丰富；既涉及保险市场，又涉足资本市场。需要商业保险参与，财政资金的支持；还依靠有政府的推动和税收政策的鼓励。这些子系统之间既相互独立又相辅相成。所以，国家应规划设计巨灾制度的体系框架，各个部分之间的关系以及如何推进落实，政府具体的财政投入规划，税收优惠政策的配套政策的制定等。

第二要加快巨灾立法步伐。建议广西区人大在新的《立法法》赋予地方更多依据地方特色制定本地区法律的权利背景下加快推进巨灾保险立法工作。我国也应学习美国、日本等国，根据风险的具体类别制定一整套法律法规体系，明确参保人与保险机构的权利和义务，鼓励居民购买。要综合考虑如何界定专门巨灾风险，是否强制，规定参保要求，确定承保风险范围；规定巨灾保险的监督管理，根据潜在被保险人的经济能力设计不同的保费水平。

另外，要利用专业优势积极服务巨灾保险制度建设。保险机构既要承担企业的社会责任，也要发挥自身的优势，使得巨灾保险产品的设计与服务更加科学，增加巨灾保险的承保能力提高人们的认知度。创新金融产品，推进风险证券化，由保险市场转到资本市场，促进巨灾保险不断发展。加强民众的风险管理意识宣传，正确看待风险防范风险，客观正确认识保险作用。

8.5.1　广西洪水与台风保险的保险体系

深圳有可借鉴的成功经验：（1）上层领导明确了解保险的作用，并会运用保险解决实际问题；（2）明确保险对象范围，即只保人身伤亡，不包括财产损失，保证了风险可控，减少成本；（3）政府完全兜底，从投保、全额缴保费，程序简单，个人不缴费；（4）政府用小部分基金缴纳保费可以出现明显放大效应；（5）涵盖所有自然灾害；（6）政府巨灾管人身伤亡，商业保险管财产损失，再保险转移风险；（7）政府财政兜底。以上几个要素需要同时具备才可。

因此，一种较具可行性的广西巨灾保险可以分为四个阶段逐步推进：（1）由自然灾害导致的居民人身伤亡赔偿及医疗费用，实现全面覆盖，解决政府和居民的后顾之忧；（2）涵盖自然灾害发生后发生的应急救助费用及应急生活补贴，解决部分灾后所需的救助及灾民安置成本，化解社会矛盾；（3）覆盖农村农民住宅的灾后重建成本，农民作为弱势群体的一部分，住宅倒塌损失可能导致因灾返贫，保险覆盖是一个可行策略。但这部分的成本已经相当高，需要个人、保险公司、再保险公司、政府合作分担解决；（4）城市居民住宅的灾后修缮重建成本作为其中最高的一部分，该巨灾保险也覆盖其中。这必须主要依靠商业保险和居民自身保险意识的提高，而不能完全依赖政府大包大揽。高层巨额损失的补贴或者兜底可以由政府通过基金的方式提供，解决商业保险行业的后顾之忧。

按照以上路径，先易后难，从人身伤亡救助到房屋重建，从农村到城市，从政府主导到商业保险与政府主导相结合直至以商业保险为主。这一路径有其一定的合理性，但如果贪大求全，一下子覆盖范围太广、损失金额太高，可能会适得其反，必须要逐步推进，不可操之过急。另外，纯粹的巨灾（例如地震、核泄漏），发生的概率很低，保费资金闲置严重，很难激发地方财政支持的热情，应当也将一般的自然灾害纳入进来，从而丰富巨灾保险的服务内容，提高巨灾保险参与救助的频度，更有利于发挥保险的社会管理辅助功能。

各国巨灾保险制度的建设都面临承包能力有限的困境。从国外来看，当发生巨大损失并且国家无法承受的时候，根据法定程序可以按总损失和总偿付的比例进行赔偿。巨灾保险责任必须落实两个问题：第一，保险责任条款，第二，保险赔偿限额。

8.5.2 广西洪水与台风保险的保费来源

保费的来源从国内外来看主要有财政拨款和居民缴费。我国的巨灾保险方式，采用政府加市场的形式，在合理进行费率厘定的基础上，制定完善的巨灾保险条款，政府对洪水和台风等巨灾进行保费补贴，无论结果如何，政府都要进行必要的财政兜底，以消除商业保险公司的疑虑，鼓励保险公司大胆去开展业务，对于广西这样贫穷落后和少数民族地区，向国家申请援助也不失为一个好办法。

8.5.3 广西洪水与台风保险的风险分散机制设计

巨灾保险的巨额损失需要多层次的风险分散机制来分散。

再保险是必不可少的，市场上每一个保险公司承担风险的能力都是有限的，所以有必要建立再保险机制来转移公司所面临的风险，以避免在经营过程中赔付能力和风险出现失衡。在我国目前市场发展还不完善需要吸引更多的保险集团来华建立直保公司以及再保险公司。

发挥金融创新作用利用证券化来抵消巨灾灾害风险。这样可以使得风险分散转移到资本市场，从而提高了保险公司的抗风险能力和承保能力。而现阶段我国需要做的就是进一步完善资本市场，规范化资本市场运作，从而促进灾害保险证券化快速发展。

8.6 广西洪水与台风再保险

中国目前的再保险市场发展速度远落后于保险市场的发展速度，这带来一些问题。第一是再保险公司的供需出现失衡。中国保险费用的飞速增长加大了对再保险的需求。从再保险的供给来看中国再保险市场还没有发展成熟。中国商业再保险市场在全球再保险市场的份额仅为0.1%，可谓是世界上最小的市场之一。从中国保监会估计数据就可以看出一些端倪，

2008 年的冰雪灾害造成的经济损失近 1111 亿元，其中保险公司的理赔部分仅约 10.4 亿元，不足百分之一，而一般的发达国家这一比例平均约为 36%。保险市场如此，那么再保险的比例则更低。由此可知，中国需要大量的巨灾保险和巨灾再保险。第二是保险公司自身经营风险过大。一些保险公司自留风险过高甚至超过其偿付能力，这也进一步说明了我国需要再保险市场的快速发展。

8.6.1 建立政府主导，市场补充的再保险市场

巨灾风险与一般风险不同，巨灾的突然性和毁灭性使得其危险存在方式不同于普通的灾害保险。具体来说保险公司承保巨灾风险的保单越多，其带来的风险也就越大。这就使得保险公司产业与降低风险之间存在着“鱼与熊掌”的尴尬局面。所以，要巨灾保险的运营能良性发展下去，采用多元化的风险分散方式未必不是解决这一困境的“良药”。而再保险可以多元化分散巨灾风险，减轻政府压力。使其从直面巨灾风险变为再保险市场中的一部分，只需面对一部分的超额风险，将剩余风险转移分散到再保险市场。

在我国，中国再保险（集团）公司专业再保险，其业务范围也仅为我国《保险法》所规定的，其经营受到很大的限制，巨灾保险的再保险也很少。

我国保险、再保险市场发展相对缓慢，保险公司的承保能力低，参保人参保意识不强，参保率低。同时，在我国现阶段任务相当艰巨，所以，我国应立足国情加快建立完善再保险市场体系，可以考虑政府主导、市场补充的再保险市场，构建灾害风险防范体系使其更多元化、多层次、多主体。另外还需要构建起国内和国际两个风险再保险市场来降低灾害保险存在高风险、高损失、高赔偿的常见问题。

8.6.2 借鉴发达国家经验

第一，立足分散保险人的风险。再保险是以往的主要做法，和其他一般风险相比，洪水保险的风险在更广的范围进行合理的分散，以避免风险的高度聚集而对保险人产生不确定性影响，因而对再保险人的要求更高，

更需要国家和政府协调和政策支持。

第二，当再保险不足以分散风险时，国际再保险人的能力也可能无法单独承保洪水风险等巨灾风险，必须寻找新的方法去应付。对于这方面有两点可以考虑：一是由政府兜底作为最终的再保险责任人，法国不可保风险计划（1982 年）就曾经这样尝试成功，它为一些不可保风险提供保险，资金依靠非寿险公司税收收入；二是保险公司可以在资本市场上进行直接融资例如发行债券等方法。

英国和法国就是政府参与和扶持保险开展洪水保险的国家。法国保险公司不对包括由洪水、地震等自然灾害（风暴、冰雹除外）造成的损失进行保障。但是法国保险公司至今也没能找到好的办法解决洪水保险。投保人人群也很少，只有居住在水道附近的财产所有人才会投保洪水险，而保费又相当于个人综合险五倍的费用，使投保人难以承受。

1982 年法国出台了新的自然灾害保险制度：中央再保险公司以政府作为再保险人进行保险担保，在购买财产险的同时可以购买附加自然巨灾保险，使自然灾害的经济损失得以赔偿，灾害种类由政府认定。这种制度较好地解决了保险公司在传统保险中出现的逆向选择和不可保的问题。但是受益于该制度的是少数人面临高风险人群，而大多数人面临的风险较小普通人并没有受益，会引发严重的威胁该计划的不平衡问题。

英国 1961 年政府和保险业间签署了一个提供洪水保险的协议，使其成为为数不多的提供私人洪水保险的国家之一。根据协议，洪水保险费率不得超过 0.5%，政府提供足够的防洪措施确保洪水工程设计的安全有效，保险业则按既定的费率提供洪水保险，使所有国民都可以避免洪水所带来的财产损失。洪水保险实际上在全世界大多数情况下是强制性的，导致保险费率与我们所知道的实际的洪水风险无关，如何解决道德风险成为其所关心的关键问题，在协议签订前，国家要承担所有的救济灾害责任，1961 协议签订后，洪水保险的风险责任转嫁给各个保险公司，因此我们所看到的情况就发生了很大的改变。

8.6.3 国际化

再保险对于传统保险公司风险转移扩大保险公司的承保能力起到重要

作用，保险风险转移的传统途径，在巨灾风险处理当中更具有举足轻重的作用。由于国内保险市场受承保能力限制，巨灾风险能够转移的数量非常有限，因此如何将巨灾风险进行国际间的转移，引进国际保险市场尽可能发挥再保险市场在分散巨灾风险的作用，促进我国再保险走向国际化。

（1）巨灾保险衍生品市场的产品组合设计

如何在发行了巨灾债券、进行了行业担保损失、取得了巨灾期权等产品后进一步改善保险产品的组合设计及产品定价，扩大资金来源渠道，解决再保险面临的迫切问题。巨灾保险产品存在自身的一些不足，如定价需要考虑的因素多，导致定价困难，触发点、免赔额和保险金额的确定也存在诸多的影响因素，虽然目前大量的研究集中在产品上，但仍然难以准确预测巨灾风险的大小，由于保险费率的不确定性导致巨灾保险产品的流动性不足等，投保者的购买能力不足使得保险和再保险市场萎缩，风险分散能力随之减弱。未来，巨灾金融衍生品会越来越多。第一，巨灾金融衍生品市场需要更多的资本市场内的投资者，将几种不同的风险设计组合到一起然后再按照平等份额进行重组、拆分，不同投资者可以根据自己的投资意愿购买不同预期回报率的份额。第二，基于指数的巨灾保险衍生品将会迎来一个黄金的发展时期。第三，各个保险公司会不断开发新产品及衍生品组合，满足不同层次的投资者的需求。第四，基于股市波动分散风险的衍生品将会得到良好的发展，特别是受重大保险事件所影响，巨灾保险衍生品工具将会变得高度有效性，尤其是一些能影响整个亚洲的事件如SARS 等风险。

（2）最优再保险合同

由于信息的不对称性，逆向选择使得再保险的产品设计越来越复杂化。最优再保险合同在信息传输不通畅时，损失的大小这时候不是特别在意，而是应当采取标准的超额准则，原保险人只承担小部分的风险而再保险方则承担大部分的保险；最优再保险政策只承担小部分风险。如果信息不对称，最在意的是损失的大小，留给保险方更大的风险。

（3）政府参与比例

如果完全由政府担保或政府承担再保险的最后责任人，那么一个迫切的问题是我们必须找到一个政府参与保险再保险的合适比例，否则将导致商业保险市场缺乏发展的动力；特别是商业保险市场承担的风险过大则表明政府参与比例过少，政府应该从税收到政策做出更大的让步。当巨灾风险发生时，没有哪家公司的资本可以足以赔付，即使该公司得到了资本市场的融资，那也是远远不够的。政府没有必要直接为飓风及地震巨灾风险等提供直接的保险，但是不等于政府就可以甩手不管，相反必须疏通保险衍生品市场发展的管道，提高对巨灾保险市场的监管力度。仁者见仁，智者见智，各国政府应该视本国的实情决定参与保险、再保险市场的程度和力度。

8.7 广西巨灾保险费率模型及实证研究——以台风为例

由于风险暴露单位之间呈高度的正相关性，个体损失风险的概率分布不符合“大数法则”，巨灾保险与可保性风险的“经典定义”及特征不吻合，现行的保险精算原理不适合于巨灾保险费率精算，巨灾保险在理论和实践上都存在较大的困难。2010 年，石兴提出的风险可保性“现代定义”解决了巨灾风险可保性的理论问题[①]。2011 年，石兴进一步在对巨灾事件离散模型、经济损失模型和保险损失模型研究的基础上建立了巨灾保险费率精算模型[②]，本书参考了其模型，提出的保险费率精算模型通用性强，易操作，结果较为可靠。本书运用巨灾风险离散模型，对广西台风巨灾保险费率进行测算。

8.7.1 参数设计与精算模型的构造

巨灾保险的费率精算无法按照传统的精算原理来计算，必须根据巨灾保险的概念和相关定义，建立恰当的精算模型，才能厘定为被保险人和保险人所共同接受的科学合理的巨灾保险费率。建立巨灾保险费率精算模

---

① 石兴. 自然灾害风险可保性理论及其应用研究［D］. 北京师范大学，2010：96－101.

② 石兴. 巨灾保险费率精算模型及其应用研究［J］. 南京审计学院学报，2011，8（2）：17－25.

型，需要分步进行，我们先从研究单个保险标的面临单一巨灾风险所引致的保险期望损失简单模型开始，然后再推广建立巨灾保险费率精算的一般通用模型。

（1）巨灾保险期望损失简单模型

①发生巨灾事件

某一地区（比如1平方公里）一定时间（比如1年）内是否发生某种巨灾事件主要取决于自然灾害规律的作用和周边地区自然环境，其次损失程度的大小主要取决于自然灾害类型及其风险强度和发生该自然灾害事件所在地区域的建筑物分布和社会经济状况。在一定时间内，一个地域内的自然环境及其建筑物分布具有一定的稳定性，因此，我们可用一个地区的位置来代表它们，设为 L 。在实践中，可以用邮编来表示地区的划分，也可以用经纬度来划分地区，具有详细电子地图的城市甚至可以做到按照建筑物名称来划区分地域。为了直观起见，我们不妨假设这里使用的 L 就是建筑物名称。我们已经假设在一个地域内的自然环境及其建筑物分布具有一定的稳定性，所以在一定时间内，影响位置 L 的建筑物由自然灾害所致总损失的因素主要有两个，即巨灾事件每次损失的大小和巨灾事件发生的次数。为了方便起见，我们不妨假设二者都是相互独立的。地点 L 发生某一程度的巨灾事件具有一定的随机性，为了研究巨灾事件对该地点造成的社会损失，我们选取与该巨灾事件导致的经济损失程度具有良好相关性的物理特性的组合，即描述巨灾事件强度的变量组合，记作 X_L ，则 X_L 是一个随机变量族，设 X_L 的取值空间为 Ω_L 。如果把一次巨灾风险所带来的衍生灾害（比如说地震的余震）也算在同一次的话，我们可以近似假设每次灾害的 X_L 是独立分布的。根据自然灾害发生的机制，结合地点 L 及周围的自然环境特性，参考历史数据和经验，我们可以设定 X_L 的概率密度函数为 $F_L(X_L)$ 。同样，地点 L 在时间 t（以年为单位）内发生该巨灾事件的次数也是随机过程，为简单起见，不妨假设为泊松过程 $N_L(t)$ ，设该泊松过程的强度为 λ_L ，则

$$E(N_L(t)) = \lambda_L \times t \qquad (8-1)$$

$$E(N_L(1)) = \lambda_L \qquad (8-2)$$

公式（8－2）的含义是指在保险期间通常为一年时间的情况下，在地

点 L 所面临某一巨灾风险可能发生的期望次数为 λ_L。

②经济损失

巨灾事件发生时，影响经济损失程度的因素较多，归纳起来有四大类：该巨灾事件的物理性质，主要是其强度信息 X_L，风险暴露单位数量价值及其分布 M_L，建筑物的抗灾能力，即建筑物抗灾级别和结构特性 R_L，社会减灾能力 Q_L。显然前两者与经济损失是正向关系，后两者与经济损失呈反向关系。根据历史数据和经验，我们可以采用模型来预测某一灾害发生时的损失。对于地点 L，我们假设单次巨灾事件所造成的经济损失（不妨用 y_L 表示）为：

$$y_L = G(X_L, R_L, M_L, Q_L) \tag{8-3}$$

③保险损失

当地点 L 的经济损失确定后，保险人的损失主要受以下因素的影响：保险责任范围、保险金额中被保险人自保比例、免赔额等保险条件（赔偿责任限制一般不与共保比例合用）。为了简单起见，我们用 I_L 来表示地点 L 的保险相关情况。设 z_L 表示地点 L 发生一次巨灾事件所造成保险人的损失，根据 y_L 和 I_L，我们可以做如下假设：

$$z_L = H(y_L, I_L) = H(G(X_L, R_L, M_L, Q_L), I_L) \tag{8-4}$$

则地点 L 面临单次巨灾事件时，保险人的期望损失为：

$$E(z_L) = \int_{Q_L} H(G(X_L, R_L, M_L, Q_L), I_L) \times F_L(X_L) dX_L \tag{8-5}$$

设 $v_L(t)$ 表示地点 L 在时间 t 内由单一巨灾事件所造成保险人的总损失，则：

$$v_L(t) = \sum_{k=1}^{N_L(t)} z_L \tag{8-6}$$

这里的 k 是指巨灾事件发生的次数，$k = 1, 2, \cdots, N_L(t)$。

同理，地点 L 在时间 t 内由单一巨灾事件造成保险人的总期望损失为：

$$E(v_L(t)) = E(N_L(t)) \times E(z_L) =$$

$$\lambda L \times t \times \int_{Q_L} H(G(X_L, R_L, M_L, Q_L), I_L) \times F_L(X_L) dX_L \tag{8-7}$$

由此可得地点 L 在一年内由该巨灾风险造成保险人的总期望损失为

$$AA_L = E(v_L(1)) = \lambda_L \times \int_{Q_L} H(G(X_L, R_L, M_L, Q_L), I_L) \times F_L(X_L) dX_L \tag{8-8}$$

（2）巨灾保险期望损失一般模型

笔者根据巨灾保险期望损失简单模型推广建立巨灾保险期望损失的一般模型，其实质就是将单个地点的保险标的在一定时间内面临的单一巨灾风险所造成的保险期望损失，推广到在一个确定的整个保险区划内，符合条件的所有保险标的，在确定的时间内（通常是1年）所面临可能的多次巨灾风险而引致保险期望损失。所以一般模型主要是简单模型在空间上的拓展，由单一地点扩大到整个保险区划内很多地点，从而推导很多同类保险标的在确定的时间内面临单一巨灾风险可能的多次冲击（也有可能零次）所造成的保险期望总损失模型。

设 i 表示第 i 个地点，$i = 1, 2, 3, \cdots$；设 L_i 表示第 i 个地点。同理，我们用随机变量族 X_i 表示在地点 L_i 发生一次巨灾事件而导致经济损失程度具有良好相关性的物理特性组合，即描述巨灾事件强度的变量组合。X_i 的取值空间为 Ω_i，概率密度函数为 $F_i(X_i)$。

设地点 L_i 在时间 t（以年为单位）内发生巨灾的次数为随机过程，不妨假设为泊松过程 $N_i(t)$，设该泊松过程的强度为 λ_i，则同理可以得出

$$E(N_i(t)) = \lambda_i \times t \tag{8-9}$$

$$E(N_i(1)) = \lambda \tag{8-10}$$

公式（8-9）表示的是在一年内在地点 L_i 发生巨灾的期望次数为 λ_i。根据巨灾保险期望损失简单模型，我们同理假设 R_i、M_i、Q_i、I_i 分别表示地点 L_i 的建筑物抗灾能力、经济价值分布、社会减灾能力和保险条件等相关信息。

设 Z_i 表示地点 L_i 发生一次灾害强度为 X_i 的自然巨灾事件时保险人的损失（政策性巨灾保险通常只有唯一保险人，即巨灾风险共保体），我们可设：

$$Z_i = H(G(X_i, R_i, M_i, Q_i), I_i) \tag{8-11}$$

设 $Z(t)$ 表示保险人在时间 t 内，巨灾保险区划内很多地点的同类保险

标的，在整个保险区划内面临巨灾风险（0 至 n 次）所造成的保险损失，则

$$Z(t) = \sum_{i}\sum_{k=1}^{N_i(t)} Z_i = \sum_{i}\sum_{k=1}^{N_i(t)} H(G(X_i, R_i, M_i, Q_i), I_i) \quad (8-12)$$

这里的 k 是指巨灾事件发生的次数，$k = 1, 2, \cdots, N_i(t)$。

可以推理，保险人在一年时间内，在确定的保险区划内，很多保险标的所面临的单类多次巨灾风险所造成的保险期望损失，记为 AAL，根据公式（8-10）和公式（8-12）可得：

$$\begin{aligned} AAL &= E(Z(1)) = \sum_{i}(E(N_i(1)) \times E(z_i) \\ &= \sum_{i}(\lambda_i \times \int_{\Omega_i} H(G(X_i, R_i, M_i, Q_i), I_i)) \times F_i(X_i)dX_i \end{aligned} \quad (8-13)$$

（3）巨灾保险费率精算模型

巨灾保险的费率精算除了需要考虑一般保险产品定价的因素外，还要考虑结合巨灾保险的概念、特点和费率体系等特殊因素。巨灾保险是按照单一巨灾风险分开定价的。巨灾保险费率精算一般通用模型建立过程如下。

①确定费率调整因子

建立巨灾保险费率精算模型需要设置如下调整因子：首先是运营成本附加因子，设巨灾保险保险人的运营管理成本（包括管理费用、佣金、税费等）比率为 θ_1；其次是安全性附加因子，设为 θ_2，该因子是为巨灾风险所造成的损失波动性与增长趋势而考虑的安全性附加；最后是折扣因子，根据前述巨灾保险费率折扣系数所考虑的因子，设为 θ_3。

②确定保险金额

在给定的巨灾保险区划内，我们根据民政部（厅或局）、公安局（派出所）、邮政编码、投保单等相关数据资料，可以轻而易举地统计得到在整个保险区划内各个保险标的保险金额的合计，假设为 S_i。

③构建巨灾保险费率精算模型

根据巨灾保险期望损失的一般模型和上述调整因子，结合公式（8-13），可得巨灾保险费率的一般通用精算模型：

$$P = \frac{AAL}{(\sum_i S_i \times t_i) \times (1 + \theta_3) \times (1 - \theta_1 - \theta_2)}$$
$$= \frac{\sum_i (\lambda_i \times \int_\Omega H(G(X_i, R_i, M_i, Q_i), I_i \times F(X_i) dX_i)}{(\sum_i S_i \times t_i) \times (1 + \theta_3)(1 - \theta_1 - \theta_2)} \quad (8-14)$$

这一公式的计算结果就是巨灾保险基准费率。

其中，AAL 表示保险人在一年时间内，在确定的保险区划内，很多保险标的所面临的单类多次巨灾风险所造成的保险期望损失；

λ_i 指在保险期间通常为一年时间的情况下，在地点 i 所面临某一巨灾风险可能发生的期望次数；

X_i 表示巨灾事件的物理性质，主要指其强度信息；

R_i 表示风险暴露单位数量价值及其分布；

M_i 表示建筑物的抗灾能力，即建筑物抗灾级别和结构特性；

Q_i 表示社会减灾能力；

I_i 表示 i 地的保险情况，如保险责任范围、保险金额中被保险人自保比例、免赔额等保险条件（赔偿责任限制一般不与共保比例合用）；

$H(G(X_i, R_i, M_i, Q_i), I_i)$ 表示地点 L 发生一次巨灾事件所造成保险人的损失；

$F(X_i)$ 表示参考历史数据和经验，设定 X_j（巨灾事件）的概率密度函数①；

S_i 表示在给定的巨灾保险区划内，各个保险标的保险金额的合计；

t_i 表示 i 地区的保险梯度系数；

θ_1、θ_2、θ_3 分别表示运营成本附加因子（包括管理费用、佣金、税费等）、安全性附加因子（为巨灾风险所造成的损失波动性与增长趋势而考虑的安全性附加）、折扣因子（根据巨灾保险费率折扣系数所考虑的因子）。

---

① 石兴，黄崇福．自然灾害风险可保性研究［J］．应用基础与工程科学学报，2008（3）：17－19.

（4）巨灾保险梯度费率计算

在巨灾保险基本费率的基础上，设巨灾保险在地点 L_i 内的梯度费率为 P_i，巨灾保险在地点 L_i 的梯度费率系数为 t_i，则

$$P_i = P \cdot t_i \tag{8-15}$$

根据巨灾保险准公共产品的属性，为了均衡巨灾保险区划内不同地域梯度费率之间的差异，有可能需要对巨灾保险梯度费率进行必要的调整，形成实际执行的巨灾保险梯度标准费率。

8.7.2　数据说明与风险等级

收集了广西 2001—2007 年 7 年台风住宅损失的相关数据资料，利用上述离散模型进行台风巨灾保险费率的测算。

住宅抗灾能力主要体现在建筑物的结构性能方面，以抗灾能力的强度排列依次分为钢结构、钢混、砖混、砖木和木结构。在广西，地级城市市区住宅主要是砖混结构和钢混结构，城镇和农村地区 95% 以上住宅是砖混结构，两种结构有类似之处，为简化说明，本书以砖混结构代替所有住宅（广西民政厅所提供的资料也没有细分住宅结构），以下将单体砖混结构住宅简称“住宅”。基于广西绝大部分住宅在地级市和农村地区，经验估计每套住房的平均价格 25 万元。假设被保险人分担巨灾风险的自保比例为 20%，即保险人承担每套单体住宅 80% 的经济损失。每栋住宅都是足额办理承保手续的。

（1）巨灾风险等级标准定义域

根据 17 级风力等级表（参见国家标准 GB/T 19201—2006），假设 9 级（建筑物有小损，烟囱顶部及平屋摇动，风速为 20.8 米至 24.4 米）及其以上热带气旋为台风，台风设为 5 个等级。

基于触发机制的巨灾保险的概念，对容易造成巨灾事件的巨灾风险设定相应的标准设为五个级别，建立定义域如下：

$$W = \{W_1, W_2, W_3, W_4, W_5\} = \{1 级, 2 级, 3 级, 4 级, 5 级\}$$

（2）毁坏程度等级标准定义域

假设保险对象遭受巨灾风险所致的损失程度设为五个等级，定义域建立如下：

d = {d1, d2, d3, d4, d5} = {基本完好，轻微破坏，中等破坏，严重破坏，完全破坏}

这个定义域所设定的破坏程度如加以对应的描述和赔偿标准，可以简化理赔工作难度，提高理赔工作的透明度、客观性、质量和效率，减少保险纠纷。

8.7.3 广西台风的损害程度及保险期望损失率

（1）住宅灾害破坏程度矩阵表

表8－3　　台风保险区划内住宅破坏程度矩阵表　　单位：%

破坏程度 / 台风等级	代码	基本完好	轻微破坏	中等破坏	严重破坏	完全破坏	合计
9级	1	99.8	0.12	0.08	0	0	100
10级	2	99.617	0.342	0.0355	0.053	0	100
11级	3	99.5331	0.3964	0.0468	0.0218	0.0019	100
12级	4	99.3975	0.5277	0.0559	0.0134	0.0055	100
12级以上	5	97.1069	1.8442	0.8475	0.1522	0.0492	100

资料来源：引用自石兴《巨灾保险费率精算模型及应用研究》对福建的住宅破坏程度的统计，笔者认为二者情况相近。

（2）经济损失程度矩阵表

根据历史经验数据估测，对损失程度作如下对应假设，见表8－4。

表8－4　　台风保险区划内住宅经济损失程度表　　单位：%

破坏程度	基本完好	轻微破坏	中等破坏	严重破坏	完全破坏
经济损失程度	0	20	50	80	90

注：残值按照总价值的10%计算扣除。

（3）保险损失程度矩阵表

设被保险人参与自保比例 σ 为20%，即对任何一个保险事故，保险人最高赔偿为80%。

被保险人可得保险损失程度见表8－5（表8－4数据分别与 σ 之积）。

表 8－5 台风保险区划内住宅保险损失程度表 单位：%

破坏程度	基本完好	轻微破坏	中等破坏	严重破坏	完全破坏
经济损失程度	0	16	40	64	72

（4）保险期望损失程度矩阵表

将表 8－3 与表 8－4 对应乘积，可以得到广西多次 9 级及以上不同台风级别对住宅的保险期望损失程度见表 8－6。

表 8－6 台风保险区划内住宅保险期望损失程度矩阵表 单位：%

台风等级＼破坏程度	代码	基本完好	轻微破坏	中等破坏	严重破坏	完全破坏	合计
9 级	1	0.0000	0.0192	0.0320	0.0000	0.0000	0.0512
10 级	2	0.0000	0.0547	0.0142	0.0339	0.0000	0.1028
11 级	3	0.0000	0.0634	0.0187	0.0140	0.0014	0.0975
12 级	4	0.0000	0.0844	0.0224	0.0086	0.0040	0.1193
12 级以上	5	0.0000	0.2951	0.3390	0.0974	0.0354	0.7669

（5）广西台风强度

根据 2002 年至 2008 年的《热带气旋年鉴》，对 2001—2007 年影响广西的 9 级及其以上台风进行统计分析，得到广西台风巨灾保险区划内 9 级以上台风的出现强度和频率分布情况，见表 8－7 和表 8－8。

表 8－7 广西 9 级以上台风不同等级发生概率的分布情况 单位：%

台风等级 W_i	9	10	11	12	12 +	合计
发生概率 E_i	47.37	10.53	21.05	15.79	5.26	100

资料来源：根据《热带气旋年鉴》2002—2008 年数据整理。

表 8－8 广西一年内出现 9 级以上台风次数的概率分布情况 单位：%

年度次数（n）	0	1	2	3	4	合计
发生概率 E_i（%）	12.50	12.50	25.00	12.50	37.50	100
期望损失次数 G_n	0	0.125	0.5	0.375	1.5	2.5

资料来源：根据《热带气旋年鉴》2002—2008 年数据整理和计算。

（6）单次台风影响范围假设

根据台风的结构、能量和热带气旋风场的"三圈"结构，每个台风基本呈椭圆形形状。一般来说，从台风中心（风眼）至云墙（眼壁）的半径有60公里至100公里不等，假设取中间值为80公里。虽然台风影响的范围方圆直径约为1000公里，但根据历史数据，在这个椭圆形半径为80公里的环带内，暴风和暴雨强度最大，对地面财产和人员造成大面积、大范围、大量保险标的重大损失和伤亡可能性最高，其他地方是影响较小的。假设台风在广西南部登陆，由南向北移动，纵向穿整过广西，且以台风中心所作的四个象限内都遭遇大风暴雨，那么我们可以将其近似看做一个宽160公里，长约400公里（广西南北的距离），破坏性台风灾害所致的最大遭灾面积为6.4万平方公里，约占广西陆地面积23.67万平方公里的27.04%（由于考虑的是台风对住宅的影响，故只考虑陆地面积）。

一个台风也不可能对广西整个保险区划都有破坏性影响，其影响范围和程度主要由生成时间（是否与大潮汛、月盈月亏碰头）、登陆地点、台风强度、发展过程、行进路线、移动速度、影响时间等因素来决定。每一个台风都有其特性，差异可能很大，但只要一个完整的台风，其影响区域一般不受台风等级的影响。基于以上分析，我们凭经验假设每次9级及以上台风对广西住宅台风巨灾保险区划的平均影响范围取为20%，即$\rho=20\%$。

（7）广西台风保险区划内9级以上台风年度住宅保险期望损失率

根据表8-6、表8-7、表8-8提供的数据资料，也根据国家对台风的分级，可以确定9级以上的台风会对住宅造成一定程度的破坏，所以我们统计的是9级以上的台风，对广西台风保险区划内住宅年度保险期望损失率进行测算，如表8-9所示。

表8-9 广西台风保险区划内住宅年度保险期望损失率

序号	台风等级	9	10	11	12	12+	合计
1	发生概率 E_i（%）	47.37	10.53	21.05	15.79	5.26	100
2	保险期望损失度 D_i（%）	0.0512	0.1028	0.0975	0.1193	0.7669	
3	影响区域 ρ（%）	20	20	20	20	20	
4	期望次数 G（次）	2.5	2.5	2.5	2.5	2.5	
5	保险期望损失率 U_i（%）	0.0121	0.0054	0.0103	0.0094	0.0202	0.0574

8.7.4 广西台风住宅保险费率计算

要确定广西台风住宅保险费率，我们需要明确各地住宅的保额、费率调整因子和实际风险梯度系数，并需要对梯度纯风险费率进行调整。

（1）保额统计

根据《2014 年广西统计年鉴》广西各地户数，住宅保额统计见表 8－10。

表 8－10　　各地区住宅保额统计表

地区	户数（万户）	单价（万元）	总保额（亿元）
南宁	219.8494	25	5496.24
柳州	111.0577	25	2776.44
桂林	161.3757	25	4034.39
梧州	98.9605	25	2474.01
玉林	203.1856	25	5079.64
北海	44.1212	25	1103.03
钦州	97.1	25	2427.50
防城港	24.599	25	614.98
贵港	157.29	25	3932.25
百色	110.94	25	2773.50
河池	123.0809	25	3077.02
崇左	70.9304	25	1773.26
来宾	77.35	25	1933.75

数据来源：《2014 年广西统计年鉴》。

（2）费率调整因子的假定

根据前面的广西保险行业的运营情况及台风险的特征，设定具体费率调整因子如表 8－11 所示。

表 8－11　　广西台风单体住宅保险费率调整因子表　　单位：%

调整因子名称	运营成本附加因子	安全性附加因子	费率折扣因子
调整比值	25	10	－10

（3）风险梯度系数估计

根据所收集的广西台风住宅损失相关数据资料，借鉴石兴（2011）对福建住宅易损度的计算方法，将广西分为五个区，以南宁住宅易损度为基准，得到广西各市的风险梯度费率系数。

表 8－12　　　　广西台风保险住宅风险梯度系数

风险划分	地区	梯度系数 t_i	保额小计 S_i（亿元）
1	南宁	1	5496.24
2	北海、钦州、防城港、崇左	1.5	5818.77
3	玉林、梧州、贵港、贺州	2	13096.02
4	柳州、桂林、来宾	2.5	8744.59
5	百色、河池	3	5850.52
合计			39006.14

资料来源：《2014 年广西统计年鉴》资料整理。

（4）广西台风住宅保险费率的测算

①基准费率的计算

根据石兴（2011）构建的巨灾保险费率精算模型、表 8－9、表 8－11 和表 8－12，可以得到巨灾台风住宅保险的基准费率（即风险梯度参照系数为 1 的地区住宅台风巨灾保险费率），具体计算过程与结果如下：

$$P = \frac{AAL}{(\sum_i S_i \times t_i) \times (1+\theta_3) \times (1-\theta_1-\theta_2)}$$

$$= \frac{(5496.24+5818.77+13096.02+8744.59+5850.52)\times 0.0574\%}{(5496.24\times 1+5818.77\times 1.5+13096.02\times 2+8744.59\times 2.5+5850.52\times 3)\times(1+10\%)(1-25\%-10\%)}$$

$$= 0.0392\%$$

广西台风保险区划内住宅保险的基本费率为 0.0392%。

②梯度标准费率的计算

根据广西各地区风险系数，台风保险区划内住宅保险纯风险梯度费率测算见表 8－13。

表 8－13 广西台风保险区划内住宅保险梯度费率测算

风险梯度	地区	梯度系数 t_i	梯度费率（%）
1	南宁	1	0.0392
2	北海、钦州、防城港、崇左	1.5	0.0588
3	玉林、梧州、贵港、贺州	2	0.0784
4	柳州、桂林、来宾	2.5	0.0980
5	百色、河池	3	0.1177

③台风保费测算

根据以上计算，百色和河池地区一套价值为25万元保额的单体住宅将缴纳294.14元保费（250000×0.1177%），而南宁地区一套25万元住宅的保费为98.05元，广西各地台风保险费测算见表8－14。

表 8－14 广西台风住宅保险保费测算

风险梯度	地区	保险金额（元）	梯度费率（%）	保费（元）
1	南宁	250000	0.0392	98.05
2	北海、钦州、防城港、崇左	250000	0.0588	147.07
3	玉林、梧州、贵港、贺州	250000	0.0784	196.09
4	柳州、桂林、来宾	250000	0.0980	245.12
5	百色、河池	250000	0.1177	294.14

通过基于离散关系和矩阵化的巨灾费率精算模型的应用，在广西台风的统计资料上计算出了广西住宅台风保险的基准费率，这个方法具有一定的创新性，可操作性和实践性强，不必如其他方法那样需要大量的数据积累，所需要的时间序列也不长，通用性也比较强。如果结合地方经济发展水平、居民消费水平，通过相应的财政补贴和税收优惠，配合巨灾保险的法律法规的政策支持，必定会取得不错的效果。

9. 广西巨灾损失补偿机制之——资本市场

9.1 国家对广西资本市场的有利政策

9.1.1 沿边金融综合改革试验区的有利政策

2013 年 11 月 20 日，在国务院的支持下，由中国人民银行、中国银监会、中国证监会、中国保监会、国家外汇管理局、发改委、财政部、商务部、海关总署、国务院港澳事务办公室、国务院台湾事务办公室联合印发了《云南省、广西壮族自治区建设沿边金融综合改革试验区总体方案》。该方案涵盖了广西壮族自治区的南宁市、钦州市、北海市、防城港市、百色市和崇左市。

该方案的基本要求是坚持金融服务实体经济的原则，深化金融体制机制改革，整合广西北部湾经济区的金融资源，加强北部湾经济区与东盟的金融交流与合作，围绕跨境金融业务创新这条主线，通过与同盟各国的跨境金融合作交流实现人民币资本项目可兑换的多种途径，从而提高中国—东盟贸易投资便利，促进中国—东盟建立更紧密的经贸金融合作，为推进我国金融改革开放提供实践经验。

该方案要实现如下目标：经过 5 年左右，初步建立与广西北部湾经济区经济社会发展水平相适应的多元化的金融体系。增强金融创新能力，促进金融开放水平，提高金融服务实体经济的能力，通过广西与东盟金融的深入合作，促进中国与东盟经贸的深度合作。

为了实现以上目标，广西出台了一系列的支持政策。（1）推动中国—

东盟跨境人民币业务创新。扩大人民币在东盟各国的跨境使用。鼓励我国银行开立境外机构人民币结算账户，开展跨境人民币国际结算业务。(2)完善金融体系建设。采取互设分支机构的方式，支持符合条件的东盟和南亚国家金融机构到广西试验区设立外资金融分支机构。也支持我国大型银行根据自身发展战略，在风险可控、商业可持续发展的前提下，以法人名义到东盟和南亚国家设立分支机构。(3) 多层次资本市场的培育与发展。(4) 促进农村金融产品和服务方式的创新。(5) 推进广西保险市场的发展与完善。(6) 加强中国—东盟跨境合作，完善金融基础设施建设。(7) 提高中国—东盟贸易投资便利。(8) 完善金融改革风险防范机制。其中很多是涉及资本市场的完善和支持广西进行金融创新的优惠政策，对广西来讲是一个不可多得的政策机遇。

9.1.2 广西保险市场的发展与完善

推进广西保险市场的发展与完善是国家在广西金融政策得以实现的重要保障。通过大力开展中国—东盟双边及多边跨境保险业务合作，推动中国—东盟和南亚国家在货物运输保险、机动车辆保险、工程保险、出口信用保险以及旅游保险等领域的合作，为东盟各国保险公司在本国开展资信调查、风险评估和查勘定损提供方便。

促进广西保险资金参与中国—东盟重点项目建设，加强政策性出口信用保险对大型成套设备出口融资及海外投资等项目的支持力度。可以试点针对跨境人民币结算业务和边境贸易出口业务的承保。广西农业保险的覆盖范围要逐步扩大，特别是农业保险大灾风险分散机制要建立并完善。鼓励开展涉外企业信用保证保险和优质小微企业信用贷款保证保险业务。

9.1.3 广西发展资本市场的有利契机

广西是我国洪水和台风灾害多发的众多地区之一，每年洪水和台风的侵袭，不仅造成了巨额的经济损失，还使得人们的正常生活受到极大影响，极大地阻碍了当地经济的正常运转。目前，在广西，对巨灾风险损失的补偿机制主要是以财政主导型为主，但实践证明，仅仅依靠政府的财政拨款来补偿灾害损失的渠道十分狭小，而且不能应对日益严峻的洪水和台风风险，不利于财政支出的平衡和稳定。近年来，国际上正探索并发展起来了一种新型的应对巨灾风险的有效机制，那就是借助资本市场，实行证券化的方式，这样可以将一部分此类的巨灾风险转移到资本市场上。这种机制的本质就是依靠资本市场的优势，把巨灾风险分散到资本市场中去。这种巨灾风险证券化的方式，不仅有利于促进保险市场和资本市场的共同发展，还有利于减轻政府的财政负担，建立起政府、保险公司、资本市场共同承担巨灾损失的补偿机制，这种机制的建立具有重要的现实意义。

巨灾风险证券化是一个在资本市场消化巨灾风险的过程，其实质是保险创新的一种形式，在资本市场中借助资本市场的雄厚资金实力来解决巨灾风险问题。2008 年国际金融危机后，在国际竞争的压力不断增大和市场需求不断变化的环境下，中国保险业如何应对，将在很大程度上决定着我国保险业的生存和健康发展。

积极挖掘巨灾风险证券化的潜力，在发展传统再保险的基础上积极进行保险创新，这对我国保险业的进一步发展具有重要而深远的意义。

广西本地的保险公司广西北部湾财产保险公司必将迎来新一轮跨越式的发展机遇。保险风险中巨灾风险越来越受到关注，而近年来提出来巨灾风险证券化的思想也逐渐被扩大到整个保险行业中，形成了保险风险证券化的思想。证券化并不是仅在巨灾风险管理中才被提出，而是整个金融行业的一次创新，不仅仅在巨灾风险领域得到了广泛应用，该思想也逐渐扩展到诸如财产保险、责任保险、非自然灾害保险中等其他保险中，这些险种对保险业的发展也造成了巨大压力，如何分散这些风险，证券化就是分散这些风险的重要方式之一。

巨灾风险证券化的发展，首先大大增强了人们对证券化在保险领域应用的信心，在保险业的应用也越来越广泛；其次，作为保险领域中最先尝试证券化的巨灾风险，它的发展势必在整个保险行业起到了积极的带头示范作用，其经验或者教训将被后来者吸收和借鉴。对于广西来说，从资本市场募集资金来化解广西的洪水和台风风险，有利于广西的经济发展及和谐社会的建设，为与全国同步实现全面小康社会提供有力的保障。

9.2 广西洪水与台风风险证券

9.2.1 保险证券化的内涵

证券化是指以信贷流动比例增加证券业务的金融深化过程，银行贷款转向可交易的债务证券。从下面两个层次去理解资产证券化的基本内涵是一种常见的形式。

第一个层次，是指现有的资产、财富甚至风险业务的存在形式将逐渐以证券形式代替现有的固态，这是一个循序渐进的过程，因此必须以动态的眼光来看待，在证券化的进程中，传统的封闭式的市场信誉将会逐步地被来访的资本市场的市场信誉所取代。

除了上述的第一个层次，现在许多学者普遍认为证券化的内涵还应该更加深入，便引申出了第二个层次。它是指资产、财富甚至风险业务不仅要以证券的形式存在，还应该在这种形式存在的前提下衍生出更多更丰富的金融交易工具。也就是说，现有的资产或者被称为风险组合，证券化后能够对这些组合所产生的现金流以及附带的风险进行结构重组，重组之后的组合可以在资本市场上发行并流通，利用资本市场的强大动力使这些风险得以分散，但同时也提高了资产的流动性，实现风险与现金流的置换。

从发展历程看，证券化并不是由保险行业所提出，最开始的证券化是最基本的资金证券化，也被称为融资证券化，当融资证券化发展到一定阶段后便衍生出来资产证券化，最后在资本证券化取得了较好的成果时，保险风险证券化在逐渐走进人们的视野。

20 世纪 90 年代中期，保险证券化以及再保险证券化掀起了国际保险市场的革命。但值得注意的是，保险证券化并不同于保险风险证券化，准确地说应该是保险证券化包含了保险风险证券化，保险风险证券化只是保险证券化的一个部分或者分支，因为保险证券化不仅包含了保险风险证券化还包括保险资产证券化，因此保险风险证券化也被称做保险负债证券化。

首先来看保险资产证券化的含义。众所周知，传统的保险行业堆积了大量资金，而这些资金非常稳定即非常缺乏流动性，传统的保险行业对这部分资金的投资渠道受到了监管部门以及风险技术的诸多约束，而保险资产证券化正是将这部分资金组合成为一个资产池，并在技术上将它们的结构进行重新组合后，转化为可供出售的金融证券，然后放到资本市场中进行交易流通。简单来说，保险资产证券化可以看做是保险公司发行股票，其目的是为了获得一定的收益，因此保险投资证券化为资本市场提供了充足的资金来源，而保险公司最直接的效益则是获得了比之前传统渠道更加丰富的收益，但却增加了保险公司经营管理的稳定性。

其次来看保险负债证券化，即保险风险证券化的内涵。与保险资产证券化离不开，保险负债证券化也需要与保险资产证券化连接起来应用。把风险进行分类分组后在进行标准化的转变，和保险资金一起发行到资本市场中去，金融工具的应用也为保险负债证券化提供了发展的前景，逐步衍生出巨灾期货，巨灾期权等衍生工具。也可以说这是一个不同于传统再保险的手段，它将原来再保险的功能从保险行业内部的自给自足扩展到了整个资本证券市场，充分调动了市场的活力，也更大程度地提升了自身承接风险的能力。

9.2.2 洪水与台风保险期货

巨灾保险期货（Catastrophe Insurance Future）打开了保险风险转移到资本市场的先例。最先由美国芝加哥证交所推出，不仅为保险公司赢得了更高的竞争力，也为整个保险行业的再保险注入了新生的力量，降低了原有的再保险成本。因此也成了海外诸多学者的研究对象，Cox 和 Schwebach（1992）以及 Niehaus 和 Mann（1992）在 1992 年便对巨灾保险期货进行了深入了研究，他们认为，保险期货能够有效地降低交易成本，而且因其流动性很高，违约风险也相对降低到了一个几乎没有违约风险的程度，这种优势势必会颠覆整个再保险行业。不仅如此，如果巨灾发生，保险公司便会用对冲巨灾保险期货的定金来赔偿损失，巨灾造成的负面影响也会随之被抵消。美国芝加哥证券交易所巨灾保险期货类似于普通期货的运作机制，即通过巨灾损失率大小的估算，推测期货市场交易价格保险。在规定的时间内，灾难的损失越大，期货合约的价格则越高。假设保险公司推测一定时期的巨灾损失率将上升，作为这一时期的巨灾补偿控制，将通过多头套期保值消除变化不确定性的损失率。

9.2.3 洪水与台风保险期权

1. GCCI 指数期权

百慕大商品交易所于 1997 年 11 月正式推出了 GCCI 巨灾指数期权，它具有致损事件以 GCCI 巨灾风险指数为基础，而且每季更新，共含有三种不同类型的巨灾期权，分别是单一损失，中级损失和聚合型巨灾，每一种期权的风险期限均为半年期。BCOE 期权是“二元期权”，也就是说期权的结果仅有两种，要么支付，要么不支付。指数价值在每季的间隔被决定（在风险期限结束后的 1 个月、4 个月、7 个月、10 个月和 13 个月），在上述每一季间隔中，期权执行与否依赖于执行价格超过或低于指数价值多少而定等特点。

2. PCS 指数期权

另一种期权也是一种资产标的为指数的期权，被称为 PCS 期权。而与上一种期权不同，它的资产标的会按地理区分的不同来分别估算，每一个地方的巨灾损失指数计算方法相同，其计算公式为：巨灾损失指数 = 该地区在损失期内遭受巨灾导致的赔款累计值/1 亿美元。在到期时间方面，PCS 指数期权的期限并不固定，但只能选择半年到期或者一年到期。期末的指数价值决定了结算时的价值。以 PCS 指数看涨期权为例，在交割时直接交易价差，即在买进一种协议指数较低的看涨期权的同时卖出一个到期日相同但协议指数较高的看涨期权。

PCS 指数期权的优势：

（1）它是标准化合约，交易成本较低。

（2）市场信息对称，避免了道德风险。

（3）分散投资组合风险，提高收益率。

（4）交易更加灵活。

但是 PCS 指数期权也存在流动性问题及基差问题。

9.2.4 巨灾互换

互换是金融衍生工具中一种独特的金融衍生工具。是交易双方规定在未来某一个时间点相互交换事先约定的资产或者现金。巨灾互换则是利用资本市场，交易的一方用保险人潜在的巨灾补偿责任和交易的另一方交易现金流。也就是通过巨灾互换这样一种形式，保险人可以将未来的风险锁定，变为一个固定的现金流以控制风险。

巨灾互换的目的是通过交换不同地区的相关性较低的风险业务，来降低自身风险组合的损失风险。巨灾互换的理论依据是马柯维茨的现代投资组合理论，即多元化风险投资组合，不要把所有的鸡蛋放在同一个篮子里。现代金融投资一条普遍接受的原理就是通过多元化来降低投资组合的非系统风险。巨灾互换不仅是一种新型的巨灾风险转移机制，而且还是企业整合风险管理的有力工具，可以对保险公司的整体风险业务组合进行调整。

巨灾互换对广西有启示作用。巨灾互换作为巨灾风险证券化的一项重要产物，极大地突破了传统再保险的形式，促进了巨灾风险在世界各国各地区的分散。纽约巨灾风险交易所成立以来，巨灾互换的方式不仅摆脱了对传统再保险经纪人的依赖，而且还使得巨灾互换市场得到了极大的发展。巨灾互换的原理简单易懂、操作简单、灵活性强且交易成本低，这对经济比较落后的广西来说是较容易发展的。

广西的自然灾害比较多，开展巨灾保险是势在必行的。广西开展巨灾风险证券化的必要性：

（1）广西的自然灾害总体状况不容乐观。洪涝、干旱、台风、泥石流等灾害带来的经济损失大。

（2）广西经济比较落后，巨灾风险使得财政压力很大。开展巨灾风险证券化可以在一定程度上转移巨灾风险，减轻财政压力。

（3）保险公司自身发展的需要。这几年进驻广西的保险公司越来越多，不再是几家保险公司独占天下的局面。保险公司竞争的需要，公司规模小难以应对巨灾，通过保险风险证券化可以有效地提高承保能力，使保险真正实现保障和补偿作用。

（4）保险公司最重要的是它自身的承保能力，承保能力的大小决定了保险公司在市场中的竞争力大小，而风险证券化无疑能够增大保险人的承保能力，使保险公司的经营更加稳定，投保人面临的保险公司的信用风险当然也变小了。

9.3 巨灾债券

9.3.1 巨灾债券的含义

巨灾债券结合了巨灾保险和债券两类金融产品，因此也被称为自然风险债券。它是巨灾风险证券化的产物，它通过发行高收益的债券将巨灾风险分散到资本市场，保险公司和再保险公司均可以利用这种工具分散风险，而其收益率也和整个巨灾损失的状况直接挂钩，因此可以说是一类很特殊的债券。

9.3.2 巨灾债券的流程

一般来说，巨灾证券的发行都需要该公司或者分保公司重新成立一家特殊用途再保险公司（Special Purpose Vehicle，SPV），为了获得税收上的优惠，这类公司常常设立在税收优惠区。通过 SPV，保险公司可以将它们所承保的巨灾风险转化为可供发行巨灾债券，为了获得更多支持，在发行债券的同时，SPV 还需要和分保公司签订再保险合约，以获得再保险的双重保障。从金融行业的各自功能来看，SPV 是一种独立的信托公司，它的存在也可以避免在资产负债表中的负债，会计规则也相应地使保险公司的净保费在计算再保险盈余率时扣除相应的费用。而投资者可以放心的是，即使这家保险公司因经营不善而破产，法律上 SPV 仍负有赔偿巨灾风险的责任，因此这样的信用保障给了投资者一个很好的保证，也间接降低了保险公司的信用风险。图 9－1 为巨灾债券的发行流程。

或许这样的设定会让很多人疑问，巨灾发生后的赔款是否能真的像所描述的那样就万无一失。所以保险公司为了保证债权人未来债权取回的权

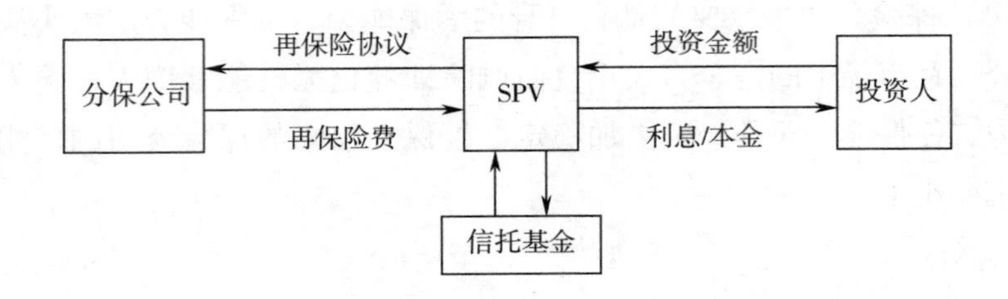

图 9－1　巨灾债券发行流程

利，以及为了获得足够巨灾发生时所支付的赔款，SPV 所获得的所有收入都将投资在无风险并且流动性很高的投资工具上，目前最合适的选择是短期国库券，并且可以定期地通过国库券取得一定的利息。如果巨灾没有发生，那问题变得简单，SPV 只需要按照事先的约定为投资者支付固定的利息，并且在到期日连本带息一次性偿还。如果不幸的巨灾发生了，SPV 就将依照再保险合同的约定为分保公司提供赔偿的资金。投资人无须担心，因为在该时点，SPV 也会按照合同上的条约递延支付，此时流通在外的债券面额，则随着巨灾损失的摊赔而减少。

9.3.3　巨灾债券的优势

（1）信用风险相对传统保险业更低。巨灾债券发行所募集的资金，将会存放于无风险产品或者信托基金之中，可以说信用风险几乎为零。

（2）市场存在较多的投资者。巨灾风险债券是资本市场的创新工具，其发行对象是活跃于资本市场的各类投资者，从目前的行情来看，投资者对巨灾证券抱有较好的投资热情。

（3）投资者是风险的二次分担者，而且投资收益更加的稳定。巨灾风险债券的收益取决于巨灾是否发生，以及巨灾发生后的损失大小，与目前市面上所有的金融产品不同的是，这种证券的收益完全和当时的经济形势无关。在投资者的资产组合中，势必起到了不可代替的作用，而稳定投资收益对投资者来说也起到了重要的意义。

9.3.4　巨灾债券的劣势

（1）发行成本高。

（2）缺乏流动性，不容易转让。

（3）巨灾风险的设计复杂。也就是说从定价到收益都需要非常专业的复合型人才才能胜任，对于一般的投资者而言，很难细致地深入了解，从而也在某种程度上阻碍了更多投资者对巨灾风险债券的投资，不利于巨灾风险债券的扩大发行。

在银根紧缩背景下，通过债券融资，有效地解决了项目建设资金难题。广西债券的发展是不容小觑的，巨灾债券的发展也将会有广阔的市场。

9.4 “侧挂车”创新工具

按照传统的保险公司做法，再保险合同是唯一地能够专业分散风险的渠道，所以再保险也被称为保险的保险。然而，随着监管力量的不断加剧，评级机构越来越严格要求保险公司的储备基金。巨灾的自然灾害也直接削弱了保险公司的运作基础，传统灾害的频率和严重低估的突变模型。这些因素导致总的市场量萎缩和传统再保险市场率的增加。在 2005 年中，通过再保险市场完成的所有被保险人的损失占了一半。巨灾风险损失发生频繁，并且速度非常快使得保险业整体风险在不断增加，目前传统的保险市场很难有灵活应对突发事件的能力。因此，保险市场亟须增加新的风险补偿方式。

资本市场的资金总量远大于保险市场，能够为巨灾风险分散和转移提供足够的资金来支持庞大的储备。它在巨灾风险管理中能起到决定性的作用，有效分散巨灾发生所带来的损失。因此证券化巨灾风险的思路已经成为一种流行的做法，并在国际上取得了较为瞩目的成就，其中，“侧挂车”（Sidecars）是当今国际保险市场的巨灾风险管理中新崛起的创新工具，作为对传统再保险和巨灾债券的一个补充，“侧挂车”扩展（RE）发挥保险风险转移渠道的重要作用，大大提高了保险公司对巨灾的承保能力。为保险业借助资本市场来进行融资提供了有力的支持，大大增加了（再）保险公司的风险转移渠道，增强了（再）保险公司的承保能力。

9.4.1 产生背景

2001年“9·11”事件之后，美国保险行业逐渐涌现出一些小型的“侧挂车”，特别是在2005年发生了连续大规模飓风（Katrina，Rita，Wilma）发生后，“侧挂车”的增长十分迅速。筹集了近50亿美元的巨灾资金，约占总量的13%。

据2008年相关公司的统计，2005年“侧挂车”市场总量已经超过22亿美元，2006年的发展更加迅速，总共为保险市场提供了超过42亿美元的资金。更具有里程碑意义的是，Lexington保险公司在当年成立了第一个专门为主保险公司设立的“侧挂车”公司，还建立起了自己的“侧挂”Concord再保险。

9.4.2 “侧挂车”的含义及参与主体

“侧挂车”的成立由资本市场的投资者注入资金，为了给原有的再保险公司提供分担在保险比例的合约，也就是说本质上是为了签订比例再保险协议，对原赞助商提供额外的承保能力，目的是通过比例再保险合同部分担保。比例再保险合同为确认再保险公司同意转移到另一个再保险公司比例的溢价部分，共同分享收益和风险。从原来的保险公司成立，能够提供额外的承保能力，形式独立，不依赖于SPV主要发起人，也就是“侧挂车”的由来。

典型的“侧挂车”由五类参与主体和四种不同的交易关系组成。发起公司是“侧挂车”的基础，在此之下则是必不可少的运营公司；而剩余的股权投资人、债权投资人则是主体的其他组成成员。最后还需要一个“侧挂车”控股公司进来一起参与运作。各参与主体的交易关系有：发起公司与“侧挂车”运营公司；“侧挂车”运营公司与“侧挂车”控股公司；股权投资人与“侧挂车”控股公司；债权投资人与“侧挂车”运营公司。

（1）发起公司是“侧挂车”的成立公司，通常情况下由承保了巨灾风险的再保险公司成立。一般而言，它们也是“侧挂车”的拥护者。在成立起“侧挂车”以后，再保险责任便被分配给了下一部分，也就是“侧挂车”运营商，除了运营商，发起公司不再有其他客户。实际运作中，退出了该公司的角色不仅是“侧挂车”的客户，也可以称为发起公司的运营伙伴，因为它们也常常提供承保、理赔等服务，并从中收取佣金。

（2）“侧挂车”运营公司。与其说“侧挂车”是发起公司的客户或者伙伴，不如说他们是一类组织形式特殊的再保险公司。其特殊之处在于生命和承保能力有限，只能在很短的时间内（比如一年至两年）承担发起公司分配的风险。“侧挂车”根据其不同的经营目的可以分为两类：面对市场及非市场导向型。前者可以提供给第三方保险的安全风险，后者提供专业再保险业务。少数“侧挂车”也同时涉足这两种业务。

（3）“侧挂车”控股公司。与现代公司管理技术一样，除了运营方，还需要独立的控股方。一般而言，控股公司只有一家，也就是说它持有了“侧挂车”100%的股份。与公司结构相同的是，它不参加“侧挂车”的日常经营管理，如启动和保险业务之间进行日常采购管理，重点通过对控股经营公司融资方式出售股份的资本市场，为投资者获取和分配红利。可以说，控股公司是投资者和运营公司之间的一个纽带，为保险市场的直接投资和间接投资提供一个平台。

（4）购买股权者。股票投资者通常不面对个人，而是面对私募股权基金、高风险追求高回报、对冲基金和投资银行等。由于资金数量的庞大，也使得他们在资本市场相当活跃，既不是完全的风险规避者也不是完全的风险偏好者，他们通过不同渠道的信息来源，做出决策，因此也看到了“侧挂车”的有利可图，常常以购买股票的方式在“侧挂车”运营公司间接投资，根据利润分红。同时，股票投资者也根据直接承保风险发起人股权比例。

（5）债权人。债券投资者主要是银行和其他金融机构。他们通常不与“侧挂车”持股公司产生直接贸易关系，而是以直接贷款方式投资“侧挂车”运营公司和收取利息费用。

9.4.3 “侧挂车”的交易关系

（1）发起公司与“侧挂车”。在整个交易网中，发起人主要发挥着两种作用：一是作为“侧挂车”的客户，将自身承保的巨灾风险整合，然后希望将自己的风险进行再保险。赞助商和“侧挂车”比例再保险协议的签订，将再保险业务按照合约约定一定的保费，并规定它的支付方式。按照一定的比例分派给各个“侧挂车”。为了保证投资者的有效权益以及公司的持续性，通常情况只允许“侧挂车”再保险合同期签订1年到2年期限的合约，形成了一种预定剥离的有效机制。二是为了根据市场的反馈情况对“侧挂车”实行优胜劣汰。如果溢价很高，大部分的“侧挂车”将继续经营。某天发生巨灾事件或溢价下降，“侧挂车”将支付或解散。

（2）“侧挂车”运营公司与“侧挂车”控股公司。其实这两者之间应该是完全独立的部分，做到管理与持有的分开有利于“侧挂车”的经营，虽然是独立的两个主体，但是持股公司拥有该公司100%的股权设置操作，是运营商和股权投资者之间的桥梁。

（3）“侧挂车”与股权投资人的关系如下：简单地说是一种间接买卖关系，股权购买者在“侧挂车”控股公司购买股票，不仅包括优先股，也可以购买普通股；相应地，持股公司从中间接得到了资金，是投资者的间接投资。按股权比例承担风险的投资者持有的开创公司的承保。

（4）“侧挂车”运营公司与债权投资人的关系如下：投资者通过持股公司直接贷款，作为回报，“侧挂车”将其股息或利息的方式支付给投资者。投资者购买股票的形式为运营公司提供资金，相应地作为回报，“侧挂车”将其股息或利息的方式支付给投资者的利润。

9.4.4 “侧挂车”运行机制

巨灾风险分担机制由四部分所构成：分转保费、权益资本、债券资本和发起公司自留部分。权益资本为“侧挂车”中超过分转保费的损失部分提供抵押，并以债务资本为上限。权益资本和分转保费相加的总和一般为巨灾损失的赔付的1.5倍，能抵御占分转保费收入1.25倍的巨灾损失（100年一遇）。债务资本为超过权益资本并以“侧挂车”全额损失为上限的部分提供资金来源，其与权益资本、分转保费三者的总和可以充分应对占分转保费收入1.75倍的巨灾损失（250年一遇）；恰好涵盖占分转保费收入2倍的巨灾损失（500年一遇）。对超过分转保费收入2倍以上的损失（超过500年一遇），则由发起公司承担，直至“侧挂车”承保的全额风险。

投资者更希望看到巨灾最终并没有发生，也就是说如果巨灾没有发生，则不需要赔偿巨灾的损失，再保险公司只需要“侧挂车”运营公司按照合约支付预定比例的溢价就可以了，谁都不希望巨灾的发生，因此这也是巨灾证券化最好的结果，此时“侧挂车”运营商只需要支付持股公司约定的股息。在这种方式下，资本市场的投资者可以成功进入再保险市场，并取得高于市场平均的收益。不过也不是所有的经验都能取得可观的收益，我们也必须假设巨灾相当巨大情况。假如一个灾难性的损失太大或溢价水平下降，那“侧挂车”则不能再接着经营了，按照这种体制的规定，这些公司就会被预订的程序剥离解体。此外，为了提高信用等级与获得收入，“侧挂车”将保险市场和资本市场结合起来操作，这是代表未来的巨灾风险管理的发展趋势，一般会提高地价和股票/债券作为抵押，在信托基金账户的投资，获得利息收入无风险。信托基金账户可以为每个“侧挂车”政策提供最大可能的全部担保风险保护（Ramella 和 Madeiros，2007）。

9.4.5 “侧挂车”模式的优缺点

“侧挂车”基于上述特有的运行机制，具有下列明显的优点：

（1）快捷灵活。“侧挂车”公司一般由控股公司以及发起公司两个单位因业务上的频繁往来而组建在一起。实践证明：“侧挂车”公司组建时间短，一般仅需 6 个星期即可完成，远小于其他再保险公司。

（2）成本低。“侧挂车”公司为单一业务，员工少，一般就是发起公司本身的老员工，其实就是原班人马并且不用另聘新人或者组建新的部门，不用购置新的信息系统等设施，大大缩减了办公成本。另外，它的税负成本较低，分保费率一般也低于市场水平。还有就是它的制度设计，其可以迅速实现筹资运行，且投资不需要额外的信息，公司交易成本也非常低。

（3）高收益，低时间风险。“侧挂车”公司的业务的收益率可达 20%~25%/年，远高于一般巨灾债券的 10%，如此高的收益率很容易吸引投资者的投资，和其他一般的理财产品比更具有优势。另外，其业务周期一般低于两年，降低了时间风险。

（4）有益于发起公司的良性循环发展。对发起公司，通过控股公司协作，不仅可以利用市场资金化解巨灾风险，而且可以牢牢掌握公司股权，减少了投资人直接参股而稀释了股权。在会计上“侧挂车”为资产负债表外项目，公司可以分散这部分风险，保持负债表的稳定。通过“侧挂车”增强了发起公司的保险能力，提高在保险市场的谈判权，这些都有利于发起公司的良性循环发展。

（5）容易退资。“侧挂车”公司在成立之初就订好了剥离和终止协议，发起公司在因为特大灾害等因素而产生财务恶化时，“侧挂车”公司将依法清算或被终止，从一定程度上说，“侧挂车”公司充当了公司的代言人角色。

（6）续资方便。“侧挂车”公司的投资者如果觉得有必要延长“侧挂车”的合作时间，可以迅速达成协议。只要再保险市场看好、“侧挂车”的性价比合适或偏高、相关当事人利益一致，很容易就能达成延长协议。

相比较而言，“侧挂车”的不足就显得略有淡化，主要有以下几方面：

（1）业务简单。“侧挂车”一般仅为发起公司服务，承担其分保给自己的巨灾业务，业务简单明了。

（2）尾部风险较大。尾部风险在此指巨灾发生到期末时间段内，巨灾损失的金额或证券化产品的结算价格还没有被精确确定而产生的风险。“侧挂车”协议之下需要几个月乃至几年去确定风险，极有可能延长付款期限，从而影响投资人的年化收益率。

（3）透明度不高。“侧挂车”由公司和持股公司建立直接咨询发起，透明度不高，可能导致卖方和买方难以匹配。

（4）易受发起公司影响。一方面“侧挂车”比例再保险的性质决定了投资者容易受到发起公司实际损失和经营业绩的影响；另一方面“侧挂车”的日常经营人员都是发起公司的人员，整个公司运转都容易受到他们不确定因素风险的影响。

表 9－1　　“侧挂车”的优缺点

	优点	缺点
发起公司	增加额外的偿付能力	对权益回报期望较大
	附加的费用和利润收益	与发起公司不能保持一致
	仍可保持市场份额	需要发起公司提供信息
	避免股权稀释效应	资金在不适当的时机被撤出
投资人	启动成本低	仅为一个客户主体提供服务
	短期资本可以立即使用	单一的业务来源
	不需要评级机构的参与	资金的撤出会受合约条款、监管机构的限制
	进入市场快速而有效	

9.4.6　“侧挂车”与巨灾债券的比较

巨灾债券是（再）保险公司为了分散巨灾风险和问题标准附加一定条件下的公司债券，防止如地震、飓风、海啸灾难以筹集资金。巨灾债券是目前最被广泛接受的、最成熟的，同时也是全世界交易最活跃的巨灾风险衍生品。目前，我们知道这样的产品几乎占据一半的巨灾债券相关的保险风险证券化交易。巨灾债券，与普通的公司债券一样，作为一种场外交易的金融衍生品，都是通过发行债券的方式来筹集资金，所有的证券和债券都是根据债券预先规定的我们不能参与改变的触发事件来决定。

“侧挂车”和我们日常讨论的巨灾债券非常相似，有如下共同之处：(1）吸引我们平时所不能吸引到的资本市场的投资者，并且可以毫不费力地将保险风险分散到全球的资本市场；（2）二者都建立专门的中介机构SPV 的运作管理；(3）目的是提高原保险公司再保险的承保能力；(4）都是灾难的事前触发机制。

“侧挂车”与巨灾债券在性质、灵活程度、持续时间、投资规模和风险五个方面存在不同，见表 9－1。

1. 性质的不同。我们知道“侧挂车”是一种特殊的、平时很多人没有接触的比例再保险合同，其特殊之处在于一开始设计就是只为某一特定的再保险公司来提供特定的保险服务。“侧挂车”大多数情况下都是允许资本市场持有大量资金的特定投资者，如投资银行、对冲基金等，这样就可以达到以一定的比例分割整个全世界的再保险业务的风险。

2. 灵活性不同。“侧挂车”的组建拓宽承保范围，提高承保能力不需要中介机构的参与，降低保险责任的方式来回避合同的达成取决于交易双方的谈判。巨灾债券需要众多中介机构的参与，这种我们不知道的全世界发行的具有标准化、模式化的特点，不一定是所有的公司都能够做的，所需资本和投入成本都比“侧挂车”大。

3. 存在期限不同。一般来说，“侧挂车”运行时间不超过2年，之后可以根据市场的实际状况决定剥离还是继续合作经营。巨灾债券的期限比“侧挂车”的期限长，期限长短一般为3~5年。

4. 投资规模大小不同。巨灾债券的投资规模比较小，其最小规模一般仅为1000万美元即可，而“侧挂车”投资规模要远大于巨灾债券，其规模通常在2亿~3亿美元。

5. 所面临的风险不同。尾部风险是保险人十分关注的一种风险，因为它是指从巨灾发生到合约到期日这段时间的风险，之所以十分关注是因为它并不能被精确地确定，不确定性很大。一般而言，巨灾债券的合同是基于灾难的损失指数的，如果确定实际损失超过合同规定值则办理理赔，而对于“侧挂车”来说，尾部风险对它们的影响更大，也是因为受尾部不确定影响所导致，因为在“侧挂车”的体系中，所有的再保险合同结束后，协议才能确定这些损失，而所花费的时间可能需要几个月甚至几年，时间的拖延也不利于收益支付。

表9-2　“侧挂车”与巨灾债券的不同点比较

	“侧挂车”	巨灾债券
性质	比例再保险合同	公司债券
灵活度	不需要中介机构，更灵活快捷	需要中介机构，发行程序较复杂
交易成本	较小	较大
存在期限	不超过2年	3~5年
投资规模	2亿~3亿美元	1000万美元
尾部风险	尾部风险较大	尾部风险较小

“侧挂车”一方面可以使（再）保险公司降低权益资本成本筹集资金从而获得额外的承保能力，另一方面也给资本市场的投资者在追求高回报进入保险市场时提供了新的途径。目前我国的巨灾保险还处于初步探索阶

段，应该积极借鉴世界各国各地区的成功经验。通过有效增强巨灾风险的承保能力，为保险业的发展提供持续和健康的条件，同时，为中国资本市场的发展注入新的活力，寻求保险市场和资本市场的协同发展。

“侧挂车”具有许多独特的优点，能够吸引到保险市场，扩大再保险公司覆盖能力和满足资本市场寻求高回报的投资者积极参与的迫切需要，具有巨大的市场潜力。

现在广西还没有再保险公司进驻，而广西的自然灾害较多，巨灾风险较大。我们应该借着东盟的发展，尽快引进再保险公司，这不仅推动广西保险市场的发展，也对广西及东盟的发展有极大的促进作用。因此我们要在东盟及北部湾的火热形势下，推动再保险的发展。

9.5　广西洪水和台风风险的“侧挂车”方案设计

9.5.1　广西设立“侧挂车”的意义

广西是洪水和台风的高发区，每年由于洪水和台风造成了巨额的损失，以目前财政救助为主要损失补偿机制，除了少量的损失能得到补偿，绝大部分损失无法进行实质性的补偿，严重阻碍了广西的经济发展，也给普通人民工作生活带来了极大的困扰。设立“侧挂车”对保持广西保险业的良性发展，提高广西保险的承保能力、拓展广西保险业的承保范围、促进广西的经济持续稳定地增长、全面建设小康社会具有重要意义。

拓宽承保范围，提高承保能力。以目前的保险制度安排来看，对广西的洪水和台风风险，保险公司无力独自承担保险责任，保险公司对于此类的风险只能不断地采取缩小保险范围，以降低保险责任的方式来回避洪水和台风的风险。如果设立“侧挂车”业务后，通过独立的运营公司的运作，由投资公司募集足够的投资资本进行洪水和台风的保险业务，保险公司的承保能力将得到大幅度的提高，承保范围直接拓宽到了原来不敢也不能涉足的巨灾风险范围。特别是对于广西唯一一家本土的保险公司北部湾财险来说，这将是跨越式发展难得的历史机遇。另外如果当巨灾损失发生以后，公正的评级机构将对所有参与巨灾风险分散的保险公司进行必要的重新评估。也就是说，保险公司都会纷纷想出办法来使得自己获得更高的评级，因此也不得不限制一些有关的风险暴露变化。这样一来，“侧挂车”则显示了其独特的优势，因为它可以于保持其评级水平，为巨灾风险的商业发展、公司承保提供越来越大的容量。这不仅会增加经营利润，也降低了资产负债表的不稳定性。从小型到中型的保险公司实现转型，从而提升为国家区域先进的保险公司。

有利于保持人民的生活稳定，提高人民的生活质量。洪水和台风灾害损失造成的直接或者间接经济损失的补偿水平太低，灾民承担了95%以上的灾害损失，这给广西受灾群众的生产生活和灾后重建造成了极大的困难。

“侧挂车”有利于激活资本市场，给投资者更多的选择，促进外来资本进入广西市场。按照美国的经验，“侧挂车”的资金回报率稳定在20% ~25%，远高于我国现在银行理财的5%左右的收益率，如果广西率先在全国实现“侧挂车”业务，将吸引全国各地的资金，促进广西的资金市场发展，激活各种金融资本，为广西经济的发展提供资金支持。

9.5.2 广西设立“侧挂车”的可行性分析

保险行业门槛较高，一般投资者难以进入，也不容易从资本市场融资。“侧挂车”则让更多的投资者进入保险行业，从资本市场募集足够的资金，对巨灾风险的经济损失进行有效的补偿。针对广西的洪水和台风风险开展“侧挂车”的再保险业务，我们可以从以下几点考虑。

第一，有足够的风险暴露，也就是说有足够的保险标的，足够大的保险市场来支撑“侧挂车”的业务规模。

第二，有独立的本土的保险公司可以为本地的经济发展和保障人民生活提供保险，“侧挂车”要解决的主要是设立特殊的运营公司为巨灾风险保险提供再保险支持，只有总部在广西且属于广西自己的保险公司才有可能去开展这种新业务，承担起自己的社会责任。

第三，有相应的股权交易平台，可以面向全国投资者发行股权募集足够的股权资金。

第四，北部湾经济区上升为国家计划，广西沿边金融改革试验区获得了国家的正式批准，有足够的政策支持，这对于所有的金融工具创新尤为重要。

9.5.3 广西设立“侧挂车”的参与各方

1. 北部湾财险——发起公司。北部湾财险作为广西本土的保险公司，承担广西的洪水和台风风险是义不容辞的社会责任，在承保广西的洪水和台风风险以后，可以通过发起成立“侧挂车”转移自身承保的巨灾风险。北部湾财险将保险公司再保险责任制中自己承担的部分业务转移给专门进行洪水和台风保险的“侧挂车”运营商，北部湾财险是这个特殊运营商的唯一客户。在实际运作中，北部湾保险公司一方面不仅是“侧挂车”公司的客户，并且也自身承保了一定的风险，另外还附带了理赔保全的相应的客户服务，并从中收取一定的佣金。也就是说，同一套人马，两个品牌，这样可以节约成本，降低公司的运营成本，提高经营利润。

2. 建立广西的一个特殊的“侧挂车”运营公司。不同的运营商和传统再保险公司在其寿命和承保能力都有限，一个为一个周期，对北部湾财险再保险风险洪水和台风分担风险。为了便于管理和降低风险，广西“侧挂车”运营公司非面向市场型，服务对象可以单一些，只为发起公司北部湾台风和洪水提供专门的转分保业务，不为别的第三方投保人提供风险保障。

3. 为了便于募集资金和吸引投资者，建议设立广西洪水和台风“侧挂车”的控股公司。和理论研究一样，这样的一个控股公司必须持有广西“侧挂车”运营公司100%的股份，并且不能参与“侧挂车”的日常运营，不涉及具体的保险和再保险业务，不干涉北部湾财险公司与广西“侧挂车”运营公司之间的保险业务承接和日常管理等，而是将注意力主要集中在资本市场上，从而能够百分之百专注地通过股权买卖的方式为“侧挂车”运营公司融资，为投资人获取并分发红利。

4. 广西北部湾股权交易所股份有限公司。广西的“侧挂车”是持股公司的股本投资者和“侧挂车”公司之间的联系，通过广西北部湾证券交易所持股股份有限公司这个平台向投资者出售股权融资集团，为保险市场间接投资的有效途径。全国各地的普通投资都可以作为广西“侧挂车”控股公司的股权投资者，特别是为追求高风险高回报的对冲基金、私募基金、投资银行等。以购买股权的方式间接投资于广西“侧挂车”运营公司，依托广西“侧挂车”控股公司作为中介机构根据其利润分享红利。

5. 债权投资人。从国外实践经验来看，银行、基金是主要的债券投资人，当然也包括其他的金融机构，它们不与“侧挂车”持股公司有直接关系，可以直接以贷款方式投资于“侧挂车”运营商和获得相应的利息收入。债权投资者和股权投资者与合格投资者不受限制，可以来自全国各地。

9.5.4　广西设立“侧挂车”的运行机制

广西“侧挂车”控股公司在承保期间，北部湾财险将洪水和台风保险按协议比例转移到“侧挂车”公司，并将这部分再保险业务按支付保费的形式等比例地转移给“侧挂车”。“侧挂车”的分保合同期限不能太长，一般1～2年为佳，并预先确定好剥离程序。如果广西区内没有发生洪水和台风灾害，北部湾财险也没有遭遇约定的巨灾风险损失索赔，则广西“侧挂车”公司可以赚取所收分保费，控股公司获得收益，这样，资本市场的投资者和债权人就能够很顺利进入到再保险市场，而且获得高于市场水平的回报收益，按照一般的估计达20%以上。

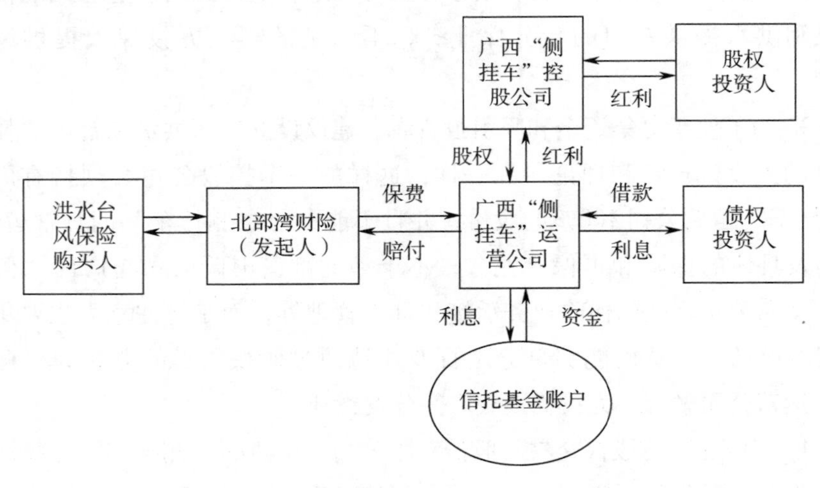

图9－2　广西“侧挂车”运行机制

反之，如果广西区内发生了严重的洪水或者台风灾害，北部湾财险公司遭遇了所约定巨灾风险索赔，“侧挂车”公司就应该按照比例再保险协定，向发起公司摊回赔付款额，这样控股公司收益降低或承担部分损失，资本市场的投资者将分别减少或失去股息和债息收入。万一巨灾损失严重，会导致保费降低，控股公司及资本市场的投资人甚至可能失去投资本金。一旦合同约定的巨灾事件发生或者保费下跌超过了预先设定的“阀门”，“侧挂车”将按预定好的剥离程序解散。

10. 广西巨灾损失补偿机制之——政府角色定位

一个完善的巨灾风险补偿机制应该包括几个主要方面：受害者自身，当地政府和商业保险公司参与，再保险的参与，国内股票市场和国际再保险市场的一部分，另一部分由中央财政负担。中国的巨灾保险分为两大类，一类是居民巨灾保险，另一类是企业巨灾保险，政府只提供再保险给居民，而企业巨灾保险是一种商业再保险，无论如何应明确政府作为巨灾风险的最后再保险人的位置。

政府在巨灾损失补偿的机制中起到一个核心的作用，不仅仅是在灾后组织抢险救灾，进行各种救济，更重要的是制定相关的政策制度，监督各方的执行，协调各方的力量进行全面的损失救济。

10.1 充分利用民族区域自治的政策，制定完善的制度

《民族区域自治法》是民族区域自治的法律保障制度，自颁布实施以来为促进民族自治地方和国家的社会主义建设的共同繁荣与发展起到了重要的作用。在新的形势下，我们必须继续认真落实《民族区域自治法》，在中国的社会主义现代化建设中要使该制度发挥更重要的作用。

我国是一个统一的多民族国家，巩固和发展社会主义民族关系和谐平等和各族人民的团结，是我国各族人民的根本利益和共同责任。要坚持和完善民族区域自治制度，提高少数民族地区对欠发达地区的支持，扶持人口较少民族发展，推进兴边富民行动，推动少数民族优秀传统文化和乡镇特色的保护与发展，促进各民族的文化交流与融合。广西更应该充分利用

民族区域自治的政策，建立完善的巨灾风险管理体系，争取中央政府的各种财政支持，建立完善的巨灾损失补偿制度。

10.2　建立全面巨灾风险管理体系

在经过各种灾难的磨砺后，中国已经积累了在自然灾害管理上的经验，并形成了一系列的完整的理论体系，成为巨灾风险管理的基础。

巨灾风险管理是一项复杂的系统工程，因为许多类型的风险还无法被识别，许多自然规律还无法被探知，因此推断出一个现实可行的制度对我们来说是一个挑战。

我国在巨灾风险管理中投入最多的还是在工程预防方面。巨灾相关法规不够注重市场在巨灾风险管理中的作用。只有规定巨灾风险损失预防、应急、预警以及灾后补偿联系起来，才能达到巨灾风险管理的最佳效果。规定应分散和独立的链接，用巨灾风险管理来实现“成本最小，确保最大的整体效应”。

10.2.1　发挥政府主导者、组织者、协调者和资助者的功能

广西需要在国内学习借鉴成功案例和国外经验的基础上，结合当地的实际情况和民族区域自治的有利条件，发挥优势，加强法制建设，政策支持，分散风险，建立多元化的风险水平以及解决手段。

（1）政府主导，科学地对巨灾保险进行运作管理

加强对农业巨灾保险的组织者和赞助商进行加强管理。巨灾风险属于基本风险，不是由个人造成的，个人也很难处理，政府首先要在这种风险管理中起着主导作用，那需要在政府的指导下，建立一个全面的巨灾风险管理体系。

近几年，世界各地都在行政管理上不断加强自然灾害风险管理能力。20 世纪 70 年代，美国建立了联邦应急管理局，形成综合灾害风险的管理策略。2003 年 3 月，联邦应急管理局被列入联邦政府的国土安全部，使其在应急准备和国家行动上负责。日本式的自然灾害风险管理是中央垂直管

理模式，省局组织参加，构建由总理“中央防灾会议”系统为首的一套详细的和自然灾害风险管理相关的法律体系，一旦出现紧急情况，行政机关、事业单位将被指定应对自然灾害。在国际灾难救援后，中国不断地调整中国国际减灾委员会的编制设置，在2005年将其调整为中国国家减灾委员会，作为部际协调机制，已成为中央政府的最高机构，以应对中国的自然灾害。

但目前各类自然灾害风险仍然按自然灾害因素由有关部委和管理局分别负责，而且具有地域的特点，管理分散缺乏综合。这将不利于有效整合各种资源，不利于提高风险管理的效率。尽管政府投入了大量的人力和财力，但由于领导机构缺乏整体性，使得灾害管理系统的整体功能作用很难发挥出积极的效果。

在减灾的管理方式上，全面风险管理强调减少灾害风险和发挥区域协调机制，减少系统工程中的漏洞，这不仅涉及多部门，而且需要这些部门的理念与行为都能有一个一致的标准并避免过度重叠和疏漏，这只有在政府的积极倡导之下才能得以成功。

（2）政府充分发挥组织领导的核心作用

除了加强立法建设，当一次巨大的灾难发生时，政府应动员和组织包括财务、人力、物质资源在内的全社会的力量，动员人民解放军和预备役官兵投入抢险救灾中去。政府的作用不仅仅是抢险救灾，更重要的是摸清灾害情况、发布灾害准确信息、进行各救灾力量的组织协调。

10.2.2 建立健全法律体系

巨灾风险管理法规建设应同时在某种程度上考虑内在规律和巨灾风险管理立法的可行性。巨灾风险管理的最终目标是以最小的成本赢得风险管理的最好的效果。从立法的可行性考虑，立法难度不能太大，法律法规的可操作性强。目前，一些发达国家已经建立了成熟有效的国际巨灾保险制度。代表国家如英国、法国、加拿大、美国、德国、新西兰等。对巨灾保险体系相对成熟的分析，将为今天的中国建立起巨灾保险制度提供经验和教训，避免走弯路。

（1）要根据各种灾难发生的顺序，制定巨灾风险管理措施的特殊方式，如地震保险，管理方式，洪水保险旱灾保险管理措施等管理手段。这项立法是分散主要灾害风险，立法目的，立法内容界限清楚，法律内容的具体规定，通过立法技术提高立法质量，增强法律的严谨性和实用性。

（2）要抓紧制定《广西壮族自治区巨灾风险管理条例》，为广西壮族自治区巨灾风险管理打下法律制定的基础。该条例对整个巨灾保险机制的基本原则，指导思想，基本的原则方针做出规定，而巨灾保险的思想，社会保障系统，应急管理系统都包括在内，治理与特别法的制定和实施的指导，在整个巨灾保险的发展方向，为了实现风险转移程度的最大化，保卫人民的和平生活。

（3）可以从国外成熟的巨灾风险管理法律制度中借鉴，结合我们自己的实际，按照统一立法，统一的灾难管理，提高我国的法律法规和巨灾风险管理制度在各部门之间的综合协调机制，将我国的灾害管理制度从“半集成”到“整合”。系统、全面的法律制度是中国的灾难建设的保障，需要从发展战略加以规划。提出的修正案确立的基本法律，要改变法律地位现状用比较优越的综合的方法，防灾减灾法律体系的分散和彼此分开，以便它在防灾减灾立法的整个体系中的主导地位。建立核心部门，协调巨灾风险预防灾害，灾后应急障碍，索赔等环节；横向协作系统的灾害信息的建立，应急救援体系和综合监测，灾害和次生灾害的评估和预警系统；结合各种灾难性的灾害特点，制定科学的和可操作性的单行法和特别法来调整相应的具体法律规则，约束和规范防灾减灾各部门间的活动。通过立法，明确政府防灾的功能和作用，发挥社会组织或非政府组织（NGO）的功能和各自的重要作用，将救济社会系统参与到防灾减灾建设和物资分配中来；提高防灾减灾过程中的政府和社会监督系统的监督和管理，确保灾害防控的效率，确保财政资金对灾害的分配和管理，不得挪用。

10.2.3 完善风险的分散机制

目前，财产保险的保费率仅为千分之几，甚至增加到百分之一，根据静态计算资本需要 100 年来加以平均。另一方面，根据台风灾害的周期规律计算，10 年一次，也需要达到百分之十以上的保险率。一个非常低的商业保险公司负担率，如果被保险人不能增加费率，将使得保险公司难以为继。保险市场的困境，需要国家设立基金。从制度层面建立风险分担机制，包括对保险公司进行再保险，消除顾虑，使人们可以从国家获得补贴的保险公司及时得到补偿。

建立保险保障资金。由专门机构按照基金管理的保险原理，包括投资管理，配置和付款等。基金主要来源包括财政扶贫资金，保费收入，投资收入和保险赔偿。原来只用于救助，资金可以转为保险资金的长期积累这种方式，不仅可以稳定国家救灾支出，也有利于灾后重建资金筹集，大大减少国家财政支出在这方面。在灾害年份的缺失，基金只增加不使用。但当灾难发生时，除了资金的公司承担部分将由基金补偿。此外，如果基金有结余，也可用于建立洪水预警系统等。

风险分担比例的科学分类。从国际上看，鼓励保险市场，同时也提高了政府承保能力，保险人必须发挥最后的作用，适当的再保险安排是台风保险的基础。例如，在农业保险方面，虽然具体方式不同，但在农业保险的设计方案上，政府还是要充分考虑再保险机制。日本建立了超额损失再保险系统和比例再保险系统，由中央专门建立再保险账户，处理国家农业巨灾保险赔偿问题。智利国家保险集团将负责农业保险业务的 90%，国际再保险人只承担 10% 的责任。美国仔细衡量损失再保险制度后，建立一个多层次的农业保险利益。

我国应建立政府、保险公司、再保险公司分担风险的措施，根据中国的历史资料和当事人的负担能力，将损失分为初、中、高损失，不同程度的损失采取风险分担比例应该有差别。

税收优惠政策鼓励发展补充保险的使用。一个多台风的保险计划对台风风险总的限制，通过税收优惠或其他政策优惠措施，来完善现有的风险体系，鼓励个体向保险公司购买保险进行补充，将加强其对台风的特殊风险或其他风险管理，以保险税收政策的形式建立保险公司，发挥社会保障的杠杆作用来达到调节的目的。

10.2.4 建立应急补偿机制

目前，对在该领域的保险补偿机制的研究的国家主要集中在灾害损失补偿，保险的作用在应急物资征用补偿中没有得到应有的注意，应该增加保险的潜在紧急征用补偿挖掘机制。

政府可以制定巨灾风险规划区的发展计划，如建立紧急经济的补偿计划，当农民的农业受巨灾影响造成惨重的经济损失的，或者对农民的生产和生活造成严重影响的，只要参加该区域巨灾风险计划的，就有权获得农民家庭应急补偿计划的贷款援助。农民通过巨灾风险计划获得紧急贷款支持，给他们的生活和恢复生产给予了很大的帮助。类似这样的案例在美国是目前应用广泛的农业保险计划，农业保险的修正案规定，农民如果有能力却不参加政府农作物保险计划，不能得到政府其他福利计划。

如果想要享受农产品的贷款计划、农产品的价格支持和保护计划，必须购买巨灾保险，才可以额外购买其他保险。

从理论上讲，在任何时期，政府补偿与国家的灾害损失补偿制度是非常重要的，决定了灾害所造成的社会后果、经济后果、政治后果，换言之，这取决于政府职能的能力和政府补偿的优点。为了维护社会稳定，政府必须致力于灾害风险管理活动，并努力提高其在管理中的作用。

10.3 提高广西巨灾风险的工程物理防御水平

目前，中国已基本具备抵御一般突变的能力，有效地防止灾难是未来防灾减灾的难点。第一，只有加强政府的主导作用，科技支撑能力快速提升，加强社会保障基金才能有备无患。防灾基础设施的增长率明显低于固定资产的投资增长率，因此，地震标准，许多城市或地区的防洪标准。第二，减灾能力不足，工程设施对于灾害的防护水平不高，灾害监测，预报和灾害的技术水平也不高。第三，城市规划和工程前期工作不足，导致在灾害高风险区，往往有效的防御工事不能起到作用。

在减灾科技落后的今天，可以通过加强防洪抗旱工程设施、决策指挥信息系统、综合气象观测系统建设，整合各种资源，逐步完善防汛抗旱指挥系统。初步建立的防灾减灾体系与社会繁荣进步、经济稳步发展、人口稳定增长、生态环境基本都适应，为广西经济建设和社会发展提供大力的支持。

10.3.1　防洪抗旱工程设施建设

以堤为主，堤库结合，使重点防洪城市防洪标准达 50 年一遇，重要防洪市（县）主要堤防标准基本达到 20 年一遇，一般防护区防洪标准达 10 年一遇，城市防洪标准达标率 20%，防洪保护区防洪标准达标率 50%。

继续加强农田灌溉水利设施建设，加快实施流域综合治旱工程，加快城乡应急抗旱水源工程建设，抗旱服务能力建设，保障农业用水和饮水安全，初步实现抗旱工作的转变。

加快防洪控制性工程建设，进一步加强堤防建设，进一步抓好风险水库除险加固，实施山洪灾害防治建设，加快农村饮水安全工程建设，加快大中型灌区节水改造与续建配套工程建设，加快大型泵站更新改造工程建设，推广节水灌溉工程，推进抗旱服务组织建设、重点城乡抗旱水源工程建设、南流江生态干旱监测区应急调水试点工程建设以及完成生态干旱监测区应急调水工程建设等。

10.3.2　加大投资测算

广西防灾减灾建设年度投资额度是逐年增加的，2006 年是 31 亿元，2007 年是 39 亿元，2008 年是 42 亿元，2009 年是 45 亿元，2010 年是 47.101 亿元。

由图 10 - 1 可以看出广西对防灾减灾体系建设的投入是逐年增加的。此后广西每年更要加大对防灾减灾体系建设的投入。

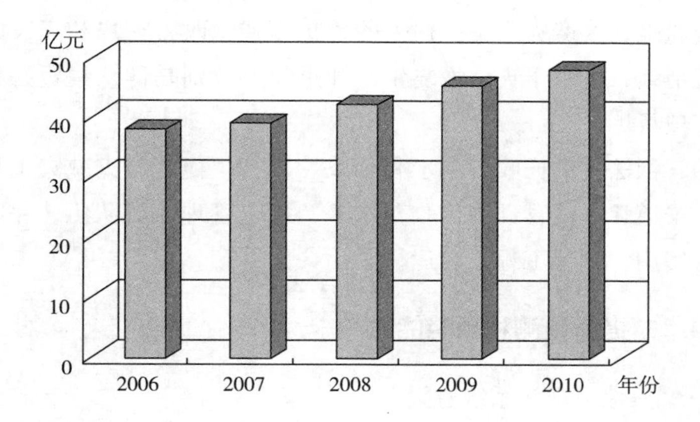

图 10－1　2006—2010 年广西防灾减灾体系建设年度投资的区别

10.4　广西防灾减灾体系的建设

10.4.1　防灾减灾资金的筹措

广西防灾减灾系统规划投资空前巨大，关键是项目建设资金的筹措和稳定的投资，才能使得规划能成功顺利实施。

根据广西推行的“谁受益、谁负担”原则，积极实施“多元化、多渠道、多层次”的投资方案，广泛吸纳各个地方的资金，确保防洪工程资金投入和建设施工进度。

第一，考虑到防灾减灾工程主要以社会效益为主、公益性较强，所以其建设资金主要从中央和地方预算内资金、水利建设基金（含防洪保安费）以及其他可用的财政性资金中安排。

第二，对一些具有良好综合性效益的防灾减灾体系中控制性大中型防洪工程，按照“谁受益，谁投入”的原则，可充分利用股份制募集资金，并积极争取利用外资和银行贷款的优惠政策，多方筹措资金，保证防灾减灾体系建设的顺利实施。

第三，积极探索和大力推进防灾减灾工程保险制度，通过保险化解和减小投资风险，改变灾害集中损失的承担方式，改善灾户和灾民的心理压力和悲观情绪，有利于灾后恢复生产和重建，特别是群众集资兴建的中小防灾减灾项目。

第四，依法足额征收各项水利行政性规费，稳定防灾减灾工程管理单位的收入渠道，提高管理单位收益水平，稳定管理人员队伍，保障工程的正常维修费用，确保工程正常运行。

10.4.2 提高预测和预警能力

（1）气象综合观测系统建设

根据广西地区的特点和需要，加强该地区中小尺度区域气象观测，加快气候观测系统、气象卫星接收系统、新一代天气雷达、风廓线雷达、大气成分观测网、雷电观测网、生态观测网和农业气象等观测设施的建设。建立10个国家气候观象台、全国100多个气象观测站，1300多个地面自动气象观测站。国家气候监测网、国家专业气象观测网、国家天气观测网和区域气象观测网形成对该地区陆地表面、海上地区、空中的立体化三维集成气象综合观测系统。

（2）决策指挥信息系统建设

加快现有防汛指挥系统建设和完善，防洪管理系统和水文自动测报系统的项目和设施，提高防汛抗洪的现代化水平。根据应急预案的要求，完善当前的防汛抗旱救灾应急响应计划和调度方案，流域和沿海防台风预案，建立和完善应急救援和救灾系统，提高应急救援和救灾工作的能力；建立和完善相关政策法规，推进防洪减灾管理规范化和保障社会化建设。

10.4.3 提高江河流域的防洪标准

珠江是我国流量第二大的内陆河流，横跨我国云南、贵州、广东、广西、湖南、江西六省（自治区），中国香港，珠江流域的澳门特别行政区，有人口近1亿人，耕地面积6000多万亩。珠江流域频频发生洪水灾害，自然灾害危害甚大，尤其是中下游的长江三角洲地区最为严重。

作为珠江的主要河流西江，超过35万平方公里河流域，占珠江流域总面积的77.10%。西江洪水控制断面梧州水文站历年实测最大洪峰流量53000多立方米每秒（2005年6月），每秒54500立方米的洪峰流量的历史考察（1915年7月）。鉴于此，对珠江流域防洪规划治理国家的重点，逐步完善珠江流域防洪标准。在不久的将来，将防御西江、东江100年一遇、北江100～300年一遇洪水，确保珠江三角洲防洪重点对象中下游安全。同时，逐步加强物理防洪工程，提高抵御中小洪水的防洪储备能力，加强保护超标准防洪工程，减少保护区发生重特大洪涝灾害的概率。

南宁市防御洪水河段为100年一遇，梧州市的河西区，和其他城市达到50年一遇标准，县级城市防洪标准为20年一遇；值得注意的是对于重要战略位置的珠江三角洲是我们国家最重要的防洪保护区，经过了几代人的不懈努力才达到50年到100年，广西其他流域的保护区达到20年一遇防洪标准是我们最低的要求；对珠江河口区海堤重点达到50～100年标准，一般海堤达到10～20年。未来，将建设西江大藤峡水利枢纽和其他主要江河防洪控制枢纽，建设标准的防洪工程体系。同时，加强非工程体系建设，土壤侵蚀和洪水灾害管理，进一步提高超高标准的重点城市和重点保护地区的防洪方案。

10.5 配套措施

世界大多数国家所认可政府在巨灾风险管理宏观层面上的作用，主要是计划和建立一个完善的巨灾风险管理体系。对巨灾风险管理在许多专业领域和部门，不仅需要工程建设，灾害预测等专业部门的工作，也需要税收，保险保障制度相配合，换句话说只有政府才能做到这一点。

10.5.1 制订指导性文件

政府的指导作用在发达国家也是不可或缺的。不管美国的台风，欧洲的洪水等，在巨灾风险管理和安全体系中政府都扮演着重要的角色。政府通过立法保障系统，预算管理来统一运行协调机制，可以使原来几乎不可保的巨灾风险转化为可保风险加以承保。国家通过制定一系列制度，通过立法和国家信用，建立最高水平的风险评估标准。

所以，我们可以借鉴发达国家的成功经验，出台一些指导性文件。

鼓励地方政府建立巨灾风险准备金。政策性农业保险巨灾风险准备金可以建立一个全省范围内，以基本项目为主、多个保险计划作为一个整体，完美的弥补机制与盈余可能短缺。此外，国家规定了巨灾风险准备金率，省、市、县（市，区财政给予适当补助的条件）。资金来源平衡保险机构保费或根据补贴保险保费收入由保险机构提供25%。

建立一个多层次的巨灾风险分担的机制。政府需要设计一个机制，其能够支持多层次的巨灾保险风险分担。这种共享机制包括：被保险人、保险人、再保险人以及资本市场和政府作用，其中政府的作用是特别值得注意的。政府不仅直接参与巨灾风险的分担，而且为“中国自然巨灾风险保险基金”提供财政担保。

建立一套鼓励公众参与的巨灾保险激励约束机制。由于强制保险具有公共治理的性质，其对政府提出了更高的要求，在条件不成熟时应主要考虑自愿或强制性的一部分，但不能完全强制的方式。同时，需要建立一套有效的激励约束机制，鼓励公众参与。从中国的情况看，包括可行的激励和约束机制：提供巨灾保险的保费财政补贴，对巨灾保险保费的税收优惠减免，以保险防灾措施和折扣率挂钩，对申请国家财政支持的信贷项目必须考虑要求其提供保险巨灾保险等。

10.5.2 财政预算

财政预算是最常见的巨灾风险紧急措施。在发展中国家，高税收会制约人们的支付能力，我国目前的政府财政的基本原则是量入为出，而巨灾风险是具有随机性的，如果由国家预算承担，势必影响财政当期的收支平衡，而且随着城镇化和财富增加，一旦巨灾风险在大城市发生，在财政年度造成重大影响甚至将影响中国的经济。

当一个国家遭受了灾难，造成了巨大的经济损失，为了尽快恢复经济，政府通过财政预算的调整用于灾后重建，但这些措施的费用往往是最初用于其他项目资金如教育基金等，这些项目也会对国家经济的长远发展有重要的作用。在发达国家通过高税收的方式来转移风险，实质上是通过巨灾风险对政府投资项目的分配给每一个纳税人。

10.5.3 充分利用再保险先进的风险管理技术

通过总结发达国家的经验，再保险公司将在巨灾保险体系中发挥至关重要的作用。再保险公司是最重要的风险承担者，承保巨灾风险通过大量均匀的独立承销和交易，以达到分散风险和损失的目的，实现最优化。此外，再保险公司可以有效地消除单一巨灾风险。溢价收益共享机制的再保险公司和更广泛的巨灾风险管理目标区域平衡综合评价，风险资本可以多次使用，承保能力在改善的同时，整体风险和成本使用得到降低。另外，再保险公司可以利用保险业务数据和经验，通过构建评估模型和定价模型，强化对基础数据的整理和分析，让巨灾保险更精确。

保险公司和其他行业的企业一样，在社会生产和再生产的过程中会遭受各种不同的风险，但保险公司和其他行业的企业处理风险管理的能力不同。保险公司是经营风险的企业，其还具有特定的风险，保险公司对这些特定的风险，如果管理不好，不仅会阻碍公司的业务规模的扩大，也将影响公司的长期生存。其中如风险承保能力、偿付能力风险、巨灾风险等都是非常难以处理的风险。因此，再保险技术使用在巨灾风险管理中起着非常重要的作用。

首先，目前国内保险市场间的竞争是非常激烈的，保险的承保能力有限，保险的价格、责任和风险不匹配，为了扭转形势，这样做会增加保险公司运营的各种风险。因此，我们要对现在的再保险风险转移技术进行升级，利用再保险公司资本增加这样一个经常使用而且效果不错的手段来提高保险公司的承保能力，只有这样才能确保提高其偿付能力，并且需要保险公司抵御风险的能力。

其次，很长一段时间，中国保险市场没有完全融入世界保险市场，增加了和国际市场的价格差异，同时在最近几年，由于资本市场的高损耗保持在过去所造成的低迷和巨灾保险累积，迫使主要取决于投资效益的整个国际保险业更加重视以前所不看重的承保利润，并以所具有的技术优势进行承保技术趋势的创新。在经济一体化的世界潮流中，我们要知道保险在中国并不发达的保险市场将逐渐地融入，而且不断地创新。

通过再保险的方式不断地加强联系达到长期与国际资本市场保持间接接触。因此，有必要使用技术来提高我们的再保险承保能力抵消来自国际环境的负面影响。再次，根据中国 WTO 协议，自 2003 年 1 月 1 日以来，我们国家按照 WTO 的要求法定再保险分出人的比例已经从 20% 下降到 15%，我们知道在未来几年将每年降低五个百分点，直到有一天全部取消而且不能变为其他的收费，净自留保费是我们国家保险监督管理所要求的以期使国内保险公司的数量大大增加。这样我们才能够不断提高或保持偿付能力的现有的选择方法，而不是过去只有通过增加股东资金，或采取其他我们所不能承受的，成本非常高的措施来减少再保险净自留保费。否则，保险公司的业务量将受到限制。从这个意义上说，再保险技术将在今后的业务中被广泛运用。

为了使被保险人，保险公司和金融机构充分理解台风巨灾风险，国际惯例是为台风保险再保险机制建立强大的风险管理分析系统，提供全方位、多层次的台风风险信息，还包括诸如咨询、培训和管理的客户服务。其中，台风风险模型可以提供经济损失的估计，变异和超过保险公司的损失概率损失都可以通过其估算，保险公司不仅可以获取信息和分布水平的统计数据，来判断自己的全部或部分风险；同时，还可以判断灾害事件可能导致的财务结果，便于决策的制订。

如目前 EQE 国际组织和国际性的公司 EQECAT 空气系统软件不仅有利于扩大台风保险影响面，提高台风保险的密度和深度，也有利于保险人对台风风险的技术和方法的改进，是国际领先的模型。

例如，在地震保险领域属于台风保险，人保财险正式联合美国航空公司专门为中国开发的地震模型，是国内保险公司使用的第一个台风风险模型的风险评估。空气动力模型主要是基于模拟的方法，在全国范围内，特定的区域和一个标准的风险评估。可以定义在承保前一个目标损失概率；也在承保后确定最大可能损失带来的另一方面，确定保险公司可以拥有多少，并考虑安排再保险的风险有多大，提高了风险管理水平，对中国的巨灾风险具有重要的意义。

10.5.4 完善基础数据和信息系统

（1）建立综合性洪水和台风灾害数据库

1992年，安得烈飓风在佛罗里达州给保险业造成沉重打击，原因之一就是保险业的资本定价模型是不完美的。自那时以来，专业评估公司帮助再保险公司开发了数量模型，用于帮助对巨灾保险的定价参考管理巨灾风险，巨灾数据库是基础性工作，只有完整的信息农业灾害数据库的建立，可以正确地给农业巨灾风险定价，可以探索农业巨灾风险基金建立规模适度，最终有助于农业巨灾风险的有效分散。

（2）洪水预警及现代技术的应用

在美国，除保险之外，洪水预警的关键是防洪非工程措施减灾。洪水预报和及时预警防汛减灾是美国重要的措施，通常的做法是：全国划分为13个区域，分区域建立洪水预警系统，洪水预报（每天都可以实时洪水预报和预测）最大为3个月。由国家海洋和大气管理局（NOAA）短期预测向社会发布，长期预测通常不向公众发布，用于联邦政府内部使用。

在美国，有超过20000个的洪水易发区，其中在国家海洋和大气管理局的预测范围内大约有3000个，1000个由当地的洪水预报系统预报。此外，美国先进的专业技术和现代信息技术的使用，及时在洪灾损失的准确预测，预警信息、已经建立的地理信息系统（GIS）、遥感系统（RS）等先进全球定位系统（GPS）作为“3S”洪水预警核心系统。

（3）建立巨灾保险制度的重要数据的基础工作是建立巨灾保险数据

中国保险行业协会自2009年开始承担国家科技支撑项目计划，已编制发布了“巨灾保险数据采集规范”。为我们的数据收集工作和国家巨灾风险保险业的发展提供科学的规划，促进整个中国巨灾保险体系基础建设进一步推进。

一是在巨灾上关于保险数据收集。科学巨灾保险业务需求有三方面：数据收集日期、危险因子、政策支持、政策体“灾难日”。数据采集技术保险政策包括承保数据和保单数据。数据采集战略工作由保险业直接操作。建立相关数据不光需要保险业，也需要住房和城乡建设部配合，灾难病原因子的数据采集，卫生医疗部门以及其他相关政府部门的协助。

二是巨灾保险数据库基础建设。为了有效地组织管理巨灾保险数据的采集，需要依靠保险业和其他部门配合建立巨灾保险数据库。巨灾保险数据库可以实现数据共享，保证数据的独立性，实现集中控制，数据库的数据以必须保证数据传输的安全性和可靠性，能够减少数据冗余，对于故障可以及时地检测和修复。数据库是基础，需要政府和行业前期的巨大投入。

三是巨灾风险具有发生频率低、对巨灾模型的开发有难度。大振幅、风险本质复杂的特点导致了目前巨灾损失的一些统计数据不多，保险公司不仅要确定合理的巨灾保险承保，还要准确地预测巨灾保险与未来的灾难性损失，非常困难。目前有效地采取风险管理措施可以通过不断提取巨灾准备金，购买巨灾再保险和巨灾债券等。其他诸如利用突变模型、地理信息系统、信息工程信息的巨灾风险信息集成系统和精算技术特色建设，并最大限度地利用有限的历史数据，可以利用巨灾损失的计算机模拟，在一定时期内某一区域的概率，估计损失发生在一定程度的灾难，政策数据相结合可以进一步计算损失保险，为保险巨灾保险定价，制定风险控制和风险管理评价措施。

10.5.5　加强巨灾风险的宣传与教育

（1）主动防灾意识和社会保险意识的提高非常必要。我国迫切需要提高，特别是广大农村居民的保险意识，教育广大人民提前保险，建立主动巨灾风险防范意识，转移利用巨灾风险，合理巧妙地回避危险，而不是面对巨灾风险仍抱侥幸心理。需要保险公司推广、新闻媒体的舆论宣传，使灾区人民在面临生命和财产的巨大损失的时候、一旦发生灾害的时候知道如何进行防灾避险等，同时加强巨灾保险许多知识的推广。

（2）积极开展巨灾风险保险知识的宣传和教育。加强对于舆论引导功能，政府大力推动经济和社会灾难的保险服务和保险合作的成功经验法规，为保险业的改革和发展创造良好的社会环境和舆论环境。现代巨灾保险知识纳入各级行政学院常规学习培训内容。鼓励和支持高校区设立保险专业和课程。支持科研机构、高等院校，开展巨灾保险的研究和教育培训服务的发展。鼓励学校开展知识讲座讲解巨灾保险知识。积极开展巨灾保险知识进社区，宣传保险知识的普及，倡导合理保险维权、诚信理赔。

（3）社会公共安全维护。经常情况下我们对于突如其来的灾难风险是防备不足的。巨灾风险具有突发性，其发展过程和后果具有很大的不确定性，所以教育民众更加了解公共安全知识，掌握紧急逃生，抓住最好的时机的瞬态响应时间做出最快的反应。如果处理不当，这样的事件是在某种情况下很容易成为新的公共安全事件。我们大家所熟识的2004年底发生的印度洋地震海啸灾难的反应充分证明了这一点。我们必须加强对巨灾风险管理研究，在这种不得已情况下，通过巨灾风险管理的研究有助于全社会提高公共安全管理系统。目前，我国公共安全管理体系不健全。一是公民意识的公共安全是相对薄弱的，小的安全教育未能引起国家和人民的关注。二是公共安全预警机制不健全。公共安全信息预警机制落后，制约了安全态势预测和评价工作。三是快速响应、决策、协调机制不灵活。这些问题的存在不利于提高决策和灾害响应公共安全保障能力。

在巨灾风险管理的研究将为公共安全机构的管理提供制定政策的依据，有利于各级政府面对紧急状况建立应急机制，采取有针对性的措施，加快中国公共安全体系的构建，对政府、军事反应机制的建立，这种机制包括媒体和公民社会组织是综合、全面、立体、多层次的。

11. 结论与展望

11.1 基本结论

广西是全国降雨最丰富地区之一，平均降水量1530.4毫米，每年都有洪涝灾害发生，全区平均每年直接经济损失达80亿元人民币；特别是1994年、1996年、1998年、2001年、2005年、2008年都发生了重大洪水灾害，纵观过去三十多年的历史中每三年就发生一次特大洪涝灾害，广西的水灾成灾面积占广西自然灾害的成灾面积按年平均计算达34.19%。广西是仅次于广东、福建和台湾受台风影响大的省份，1950年以后的数据统计表明，每年大概有4次台风影响广西，三分之二的台风都在7~9月发生，台风灾害也是造成人员大量伤亡的主要灾种。广西的主要自然灾害是洪水和台风，每年造成的损失占所有自然灾害的70%以上。

通过基于多元逐步回归方法对灾情因子进行预测，若降水均值增加（或减少）1个单位，则灾情因子会相应地增加（或减少）0.016个单位，而若降水均值不变，降水极值增加（或减少）1个单位，灾情因子则会平均增长（或减少）0.005个单位。降水极值对灾情因子的影响力度远不如降水均值。

基于1993—2012年的数据建立广西洪水灾害指数评价模型，总体上看，直接经济损失波动率变化大，峰值出现在1994年，数值为0.514；最小值出现在2004年，数值为0.0545。广西洪水灾害直接经济损失对GDP的影响力指数呈逐年下降的趋势，洪水灾害对经济的综合影响力指数也呈下降的趋势，但近年来起伏趋于平稳。

台风从三条路径移动影响广西：第一条是从广东湛江、海南到越南民主共和国19°N以北沿海登陆后影响广西，影响广西台风总数的62.3%是这一条路径；第二条是从珠江口到湛江沿海登陆后，向西北移影响广西，占27.1%；第三条是从珠江口以东到福建沿海登陆后，向偏西移影响广西，占10.6%。影响广西地区的西太平洋台风平均每年2.3个，主要出现在7~8月。不同类型的台风对广西的影响不一样，7月和8月是第Ⅰ类的该地段登陆的西太平洋台风产生概率为55.6%。第Ⅱ类台风造成的过程雨量大，大雨、暴雨过程多。在统计的35年间，第Ⅱ类地段登陆的西太平洋台风共有27个，造成大暴雨的比例远高于Ⅰ类台风，其中大暴雨过程18个。第Ⅲ类地段登陆的西太平洋台风共有22个，其降雨量的差别非常大，造成暴雨以上10例，其中大暴雨7例。

在应对巨灾风险方面，西方发达国家有相对成熟的经验和体系值得广西借鉴，其巨灾风险补偿机制的特点是以法律的形式建立适宜本国的多渠道的巨灾风险分散体系，其核心是分散风险，其风险补偿机制的框架，主要为法律制度保障、保险与再保险、巨灾风险基金、巨灾风险证券化、良好的救灾机制、政府托底承担无限责任等。

目前广西的巨灾损失补偿存在一个机制不完整，职能不到位，角色缺失等问题，建立一个运转顺畅、保障有力、社会、保险、资本市场与政府相互协调、相互补充的多层次、多元化的完善的损失补偿机制需要各方努力。比较完善的巨灾风险损失补偿机制，不应该由受灾户独自承受，而应是由多个主体分散承担，具体来说，就是将由灾民、保险与再保险、资本市场、政府、社会等多个主体承担巨灾损失。应该建立政府以协调和紧急救助为主导，重视保险与再保险的财务性安排，发挥资本市场的融资功能，协调社会捐赠救济，其他手段为补充，形成各司其职、各尽所能，全方位、多层次、多元化的完善的巨灾损失补偿机制，同时积极引导和鼓励居民进行灾害预防和自我补偿，提升全社会的灾害风险管理意识。

巨灾保险和再保险是多层次巨灾损失补偿机制的一个重要组成部分，对现阶段的广西来说，理想状态是最后的巨灾损失应该从七个方面得到补偿：灾民、保险、基金、资本市场、社会捐赠、地方政府、中央政府。灾民承担一部分是不可避免的，政府应该作为最后的屏障为巨灾损失提供补偿，也就是最后的埋单。广西或许可以借鉴深圳的发展经验，作为全国第一个“吃螃蟹”的是深圳市颁布《深圳市巨灾保险方案》，在我国巨灾保险体系还不成型的时候，广西需要集结中央、地方和各行业的力量推进，需要保险行业的创新和发展，尽快确立多层次的巨灾保险和再保险体系。

通过应用基于离散关系和矩阵化的巨灾费率精算模型，在广西台风的统计资料基础上计算出了广西台风住宅保险的基准费率，这个方法不必与其他方法那样需要大量的数据积累，所需要的时间序列也不长，具有一定的创新性，可操作和实践性强，通用性也比较强。如果结合地方经济发展水平、居民消费水平，通过相应的财政补贴和税收优惠，配合巨灾保险的再保险等法律法规的政策支持，必定会取得不错效果。

通过资本市场筹集资金，解决巨灾风险发生时资金不足的难题，是巨灾损失补偿机制的创新和发展的重要手段。这种巨灾风险与资本市场的结合，不仅将风险向资本市场转移，同时也融通了资金，推动了资本市场的发展，值得我们探讨。广西应该抓住国家建设沿边金融综合改革试验区的有利政策，加强多层次资本市场的培育与发展、促进金融产品和服务方式的创新，充分研究和尽可能利用巨灾证券化，巨灾互换、巨灾期权、“侧挂车”等金融工具，利用全国乃至全世界的资本市场，促进外来资本进入广西市场，为广西的巨灾风险提供更多的资金。

广西有本土的保险公司、证券公司和民族自治的各种优惠金融政策，发行巨灾债券具有一定的政策优势，如果在广西率先实现“侧挂车”业务将吸引全国各地的资金，极大地促进广西的资金市场发展，激活各种金融资本，有效化解广西的巨灾风险，有利于进一步完善广西巨灾损失补偿机制。

政府在巨灾损失补偿的机制中起到一个核心的作用，不仅仅是在灾后组织抢险救灾，进行各种救济，更重要的是制定相关的政策制度，监督各方的执行，协调各方的力量进行全面的损失补偿。从政府角度探讨广西洪水和台风风险的损失补偿机制，要结合广西的实际情况和民族区域自治的有利条件，发挥优势，加强法制建设，政策支持，分散风险。政府不仅仅是提供财政救助，不断提高工程防御能力的基础上，发挥政府主导者、组织者、协调者和资助者的全面功能，充分利用民族区域自治的政策，制定完善的制度，建立包括洪水和台风在内的多层次、多元化、全覆盖的巨灾风险损失补偿机制。

11.2 研究展望

巨灾风险在中国的研究很多，但包括巨灾保险和巨灾基金在内的诸多政策还没有正式落地。针对一个省级的地区进行巨灾风险的全面研究，并构建广西的巨灾损失的补偿机制需要各方面的参与，还有大量的工作要做，要进行更加细化、更加深入的工作，比如证券化方面、巨灾保险条款、费率等，在经济新常态下，如何借助中央提出的云南广西建设沿边金融综合改革试验区总体方案结合广西的实际情况推出巨灾风险证券化产品等。

巨灾带来的危害及其造成的巨额损失，是一个全世界性的难题，中国地域广阔，各种巨灾风险在不同的地方、不同的时间频繁出现，发生的频率造成的损失都不一一而论。没有任何一种损失补偿的方法能够普遍适用，一劳永逸地照搬使用，本书以广西巨灾风险为研究样本，也仅仅限定在洪水和台风这两大风险因素，还有待扩展到其他的巨灾风险，如旱灾等。一个完善而又有可操作性的巨灾保险体系，一个不留遗憾的巨灾损失补偿机制的建立还有待对其他的巨灾进行全面深入的研究和拓展。

巨灾风险由于损失的巨额性，没有政府作为后盾，任何其他的损失补偿机制和手段都难以长久支撑，这必然涉及财政和政策问题。本书在政策层面上进行了一些探索性探讨，但如何进行顶层的设计这是非常值得更深入、更全面的研究，涉及政策、财政、税收、中央、地方等方方面面。特别是广西这样一个一半靠转移支付的财政贫困大省，需要政府部门和各级官员的政治勇气和智慧。对于一个具有一定政策空间的自治区来讲，在国家强调调整经济结构，注重保障民生的今天，在巨灾损失补偿这一领域走出一条创新性的道路正是下一步所需要研究的。

附 录

表1　　广西1993—2012年农作物成灾、受灾面积及农业总产值

项目 / 年份	农作物总播种面积S（千公顷）	农作物成灾面积S1（千公顷）	农作物水灾成灾面积S2（千公顷）	农业总产值P（亿元）	广西GDP G（亿元）
1993	5385.20	531.00	235.00	214.24	871.70
1994	5516.00	1567.00	1048.00	283.71	1198.29
1995	5746.00	528.00	287.00	384.20	1498.00
1996	6011.00	911.00	623.00	450.52	1698.00
1997	6203.00	436.00	269.00	482.50	1817.30
1998	6293.40	791.00	548.00	476.24	1911.30
1999	6289.40	918.00	149.00	454.85	2002.00
2000	6260.70	836.00	150.00	425.20	2080.04
2001	6288.10	757.00	518.00	439.93	2279.34
2002	6164.40	722.60	575.00	465.47	2523.73
2003	6107.40	1134.00	128.00	500.82	2735.13
2004	6172.90	914.00	208.00	623.09	3433.50
2005	6343.90	838.00	248.60	711.89	4076.00
2006	5557.30	741.20	122.70	807.90	4829.00
2007	5594.40	428.60	109.80	971.00	5823.41
2008	5695.60	1128.90	555.60	1107.00	7021.00
2009	5834.20	459.50	109.00	1139.60	7759.16
2010	5896.90	868.90	92.00	1339.58	9569.85
2011	5996.48	638.10	173.80	1602.48	11720.87
2012	6082.60	304.50	74.70	1724.00	13035.10

表 2　　广西 1993—2012 年洪水灾害经济损失统计

项目 年份	农业经济损失指数 La	直接经济损失 L（亿元）	洪水灾害直接经济损失波动率 M	直接经济损失对 GDP 的影响力指数 N	洪水灾害对经济损失的综合影响力指数 C
1993	2. 89	21. 00	0. 0640	0. 0235	0. 0438
1994	17. 68	546. 04	0. 5140	0. 3130	0. 4135
1995	5. 92	20. 50	0. 0632	0. 0135	0. 0383
1996	14. 68	271. 81	0. 3511	0. 1380	0. 2445
1997	6. 41	23. 11	0. 0675	0. 0126	0. 0400
1998	12. 93	134. 00	0. 2195	0. 0655	0. 1425
1999	3. 38	23. 40	0. 0680	0. 0116	0. 0398
2000	3. 18	16. 00	0. 0557	0. 0076	0. 0317
2001	11. 28	173. 30	0. 2622	0. 0707	0. 1664
2002	13. 50	116. 30	0. 1987	0. 0441	0. 1214
2003	3. 33	46. 20	0. 1038	0. 0166	0. 0602
2004	6. 59	15. 30	0. 0545	0. 0044	0. 0295
2005	8. 71	98. 10	0. 1760	0. 0235	0. 0998
2006	5. 57	62. 80	0. 1283	0. 0128	0. 0706
2007	5. 85	23. 30	0. 0678	0. 0040	0. 0359
2008	34. 44	156. 00	0. 2440	0. 0217	0. 1329
2009	6. 54	42. 70	0. 0985	0. 0055	0. 0520
2010	6. 56	69. 00	0. 1371	0. 0072	0. 0721
2011	14. 39	48. 10	0. 1067	0. 0041	0. 0554
2012	6. 45	45. 60	0. 1029	0. 0035	0. 0532

表 3　　广西 1961—1987 年平均降水量（0.1 毫米）

年份	1 月	2 月	3 月	4 月	5 月	6 月	7 月	8 月	9 月	10 月	11 月	12 月	年
1961	159	599	753	2457	1360	2655	2474	2870	1532	470	895	1174	17416
1962	130	128	395	1152	2508	3403	1716	1724	1113	637	365	80	13551
1963	31	771	903	525	1114	1125	2362	1377	938	792	1061	519	11518
1964	537	383	753	1760	939	3354	1333	2849	1377	948	41	157	14431
1965	179	545	881	2857	1851	2549	1416	1421	956	2017	1074	11518	27264
1966	382	267	518	1533	1346	4000	2764	1169	329	1131	334	228	14001
1967	260	663	570	1602	2331	1455	1771	4160	1072	241	939	549	15613
1968	298	514	674	1663	2297	3903	2692	3295	766	588	606	201	17497
1969	715	164	493	1439	2339	1984	2515	2453	457	1327	342	18	14246
1970	549	403	761	1755	2085	3260	2780	2774	1324	664	433	620	17408
1971	272	336	312	1409	2669	3243	1881	3147	859	563	79	482	15252
1972	122	442	529	1457	2935	2098	927	2646	1158	1039	1181	607	15141
1973	573	253	909	1811	3277	2869	2167	2625	1697	911	424	20	17536
1974	557	368	508	1336	1656	2790	4104	1380	1144	495	81	348	14767
1975	650	433	932	1677	3297	1941	1799	2102	872	794	427	491	15415
1976	130	395	411	1703	2223	2360	2895	2313	1237	1632	229	96	15624
1977	530	230	255	1011	2249	3458	2582	1705	955	1656	122	669	15422
1978	417	333	649	1662	3809	2559	958	2485	1197	919	696	180	15864
1979	492	744	485	2008	2399	2839	1727	3419	1355	137	91	155	15851
1980	391	589	670	1543	2150	1944	2637	2273	1000	906	107	348	14558
1981	344	541	1355	2295	2808	2273	3520	1092	1027	1193	938	23	17409
1982	271	935	601	1937	2317	1869	1567	2446	1563	686	1535	412	16139
1983	1017	1505	1245	1078	2231	2377	1387	1726	2083	999	442	430	16520
1984	182	336	419	1555	2504	2135	1443	2118	1194	762	363	360	13371
1985	405	1297	952	1402	1957	1582	1287	2862	1801	381	901	151	14978
1986	133	526	362	1592	2286	2830	3049	1457	1107	699	666	141	14848
1987	290	360	497	973	2755	2595	2706	1807	1085	1001	918	16	15003

表 4　　广西部分气象站各月和年平均暴雨日数（0.1 天）

	1月	2月	3月	4月	5月	6月	7月	8月	9月	10月	11月	12月	年
兴安	0	1	3	12	19	17	8	5	1	3	2	1	72
灵川	0	1	3	9	21	19	11	6	3	2	2	0	75
桂林	0	1	2	9	19	20	10	6	2	3	2	0	72
临桂	0	1	2	8	17	21	10	6	2	3	2	0	70
永福	0	1	2	10	19	23	11	6	2	2	2	0	76
融安	0	1	1	6	15	21	13	9	3	3	2	0	72
融水	0	0	1	6	14	23	13	8	3	4	1	0	72
柳州	0	0	1	7	11	12	7	7	2	2	1	1	50
来宾	1	1	1	3	8	11	11	7	1	3	1	1	47
河池	0	0	0	4	11	16	11	9	3	2	0	0	55
都安	0	0	1	4	13	22	13	12	5	4	2	1	76
凌云	0	0	0	1	11	21	19	14	5	3	0	0	74
百色	0	0	0	1	7	9	10	7	3	2	0	0	37
德保	0	0	1	1	7	11	9	13	5	3	1	1	52
贺州	1	1	2	7	11	9	4	5	2	2	2	1	45
昭平	1	1	2	12	17	18	9	8	3	3	2	1	76
梧州	1	1	1	8	12	6	6	7	3	2	1	0	47
南宁	0	0	1	2	8	11	9	8	5	2	1	1	46
崇左	1	0	1	4	5	8	10	7	3	1	0	1	40
贵港	1	1	1	4	9	12	10	9	3	2	1	0	51
玉林	2	1	1	7	10	10	9	11	4	3	1	1	58
陆川	1	2	2	10	16	13	13	14	7	3	1	0	80
博白	1	1	1	8	11	14	14	12	7	3	1	0	72
钦州	1	1	1	5	11	23	25	23	8	6	3	1	106
防城	2	1	3	5	16	29	36	29	14	4	3	1	142
防城港	1	0	1	2	11	27	40	38	14	4	1	2	142
东兴	1	1	1	6	17	28	34	32	18	10	2	1	150
北海	1	0	1	3	7	16	20	23	9	3	1	0	84
合浦	1	1	0	3	8	15	19	25	7	3	1	0	82

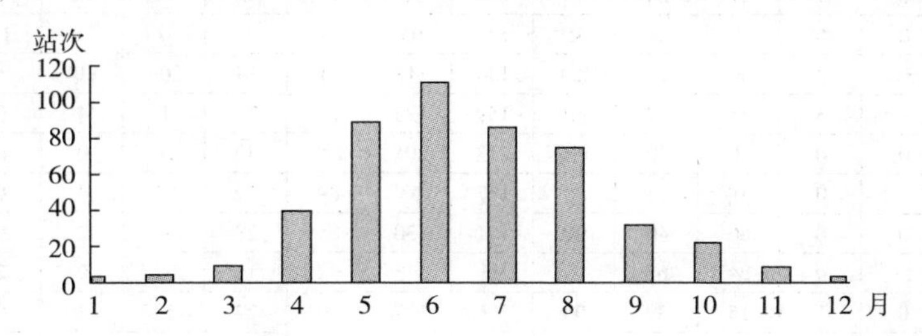

图 1　1961—2000 年广西暴雨总站次逐月平均值

表 5　　1961—2000 年广西各月、年暴雨总站（日）

年份	1 月	2 月	3 月	4 月	5 月	6 月	7 月	8 月	9 月	10 月	11 月	12 月	年
1961	0	1	4	97	42	113	71	97	48	2	19	6	500
1962	0	0	1	16	92	107	57	32	19	13	0	0	337
1963	0	2	4	16	23	20	67	38	15	12	7	4	208
1964	0	0	1	58	23	156	40	109	36	13	0	0	436
1965	0	2	1	97	6	90	35	45	20	100	20	0	470
1966	0	0	5	27	41	164	114	34	12	34	8	0	439
1967	0	1	10	51	77	53	50	203	13	1	21	0	481
1968	0	0	1	54	78	186	107	115	17	16	2	1	577
1969	25	0	0	34	115	74	87	109	4	45	0	0	493
1970	0	0	3	46	68	154	110	95	23	27	1	0	527
1971	0	0		47	113	125	58	95	28	6	1	1	474
1972	0	5	3	32	119	82	30	82	23	26	14	2	418
1973	0	0	17	46	114	140	42	76	32	37	3	0	507
1974	0	2	2	29	50	105	186	28	45	4	1	2	454
1975	0	0	7	44	116	69	60	44	20	12	0	9	381
1976	0	0	0	44	64	101	141	93	49	35	0	0	527
1977	0	0	0	1	108	180	80	65	8	37	0	10	509
1978	5	0	3	52	187	98	18	89	25	41	28	0	546
1979	0	15	3	65	95	115	59	103	42	2	0	0	499
1980	0	2	4	38	92	53	98	67	34	25	0	0	413
1981	0	16	7	57	120	98	139	29	14	37	8	0	525
1982	0	1	7	37	126	62	61	86	42	13	45	1	481
1983	48	29	33	22	80	113	45	52	94	5	0	1	522
1984	0	0	0	47	102	75	42	67	42	29	14	1	419
1985	1	40	8	29	64	64	21	120	88	1	5	1	441
1986	0	0	1	40	113	115	115	118	48	8	18	0	494
1987	4	0	6	15	121	123	114	50	33	25	7	0	498
1988	0	0	3	14	54	78	49	119	24	29	0	0	370
1989	7	0	11	31	52	64	52	31	41	4	2	0	295
1990	0	32	47	26	137	68	90	19	42	40	22	1	524
1991	0	6	3	3	45	130	95	51	6	6	26	17	388
1992	37	2	8	21	124	130	118	11	14	0	114		480
1993	2	3	0	27	60	159	125	73	74	1	4	0	558
1994	0	0	8	20	116	213	205	121	30	19	0	45	777
1995	0	0	0	15	38	167	63	89	59	61	4	0	496
1996	0	0	66	40	90	111	130	85	28	9	2	0	561
1997	13	0	24	67	99	95	118	92	18	32	0	2	560
1998	0	1	15	39	90	206	127	40	22	13	3	0	562
1999	0	0	7	67	79	79	136	101	22	9	33	0	533
2000	0	0	0	32	128	90	58	49	17	50	0	0	424
平均	3.7	4.0	8.1	39.1	88.6	110.6	85.4	73.8	31.4	22.0	8.0	2.9	477.6

表 6　　1949—2000 年影响广西的热带气旋（台风）数和进入广西内陆个数

年份	影响个数	中心进入内陆个数
1949	2	1
1950	5	
1951	6	2
1952	9	3
1953	7	2
1954	6	3
1955	3	1
1956	6	2
1957	4	1
1958	6	2
1959	3	0
1960	6	2
1961	7	3
1962	4	2
1963	6	2
1964	6	3
1965	6	3
1966	4	3
1967	8	4
1968	5	1
1969	2	1
1970	5	2
1971	8	3
1972	4	1
1973	7	2
1974	9	2

续表

年份	影响个数	中心进入内陆个数
1975	7	1
1976	5	4
1977	5	3
1978	5	2
1979	4	2
1980	5	2
1981	7	3
1982	3	2
1983	4	1
1984	4	3
1985	7	5
1986	5	3
1987	1	1
1988	3	0
1989	4	2
1990	4	1
1991	5	2
1992	5	2
1993	7	4
1994	9	6
1995	8	6
1996	6	3
1997	1	0
1998	4	2
1999	2	1
2000	2	1

表7 1949—1998年各月影响广西的热带气旋（台风）个数及百分率

月份	4	5	6	7	8	9	10	11	12	合计
影响个数	1	5	32	54	73	63	23	10	1	262
百分率	0.4	1.9	12.2	20.6	27.9	24	8.8	3.8	0.4	100

表8 1949—1998年各月中心进入广西内陆的热带气旋（台风）个数及百分率

月份	5	6	7	8	9	10	11	合计
进入内陆个数	3	12	34	34	22	4	2	111
百分率	2.7	10.8	30.6	30.6	19.8	3.6	1.8	100

表9 1951—2011年中国与广西救济费支出

年份	中国			广西壮族自治区		
	自然灾害救济费中生活救济费（万元）	农村自然灾害生活救助费（万元）	自然灾害救济费支出（亿元）	自然灾害救济费中生活救济费（万元）	农村自然灾害生活救助费（万元）	自然灾害救济费支出（亿元）
1952			1.0611			0.02
1953			1.3044			0.0298
1954			3.199			0.0071
1955			1.6851			0.0023
1956			2.3133			0.0562
1957			2.4128			0.0839
1958			0.8687			0.0111
1959			2.131			0.0283
1960			4.0152			0.0188
1961			6.2818			0.1397
1962			3.2247			0.0372
1963			4.6242			0.0231
1964			11.3745			0.2528
1965			5.5915			0.069
1966			3.7505			0.0552

续表

年份	中国			广西壮族自治区		
	自然灾害救济费中生活救济费（万元）	农村自然灾害生活救助费（万元）	自然灾害救济费支出（亿元）	自然灾害救济费中生活救济费（万元）	农村自然灾害生活救助费（万元）	自然灾害救济费支出（亿元）
1971			1. 5349			0. 046
1972			2. 3198			0. 0255
1973			3. 3635			0. 0065
1974			2. 2224			0. 0091
1975			5. 5237			0. 0299
1976			8. 1974			0. 007
1977			9. 9293			0. 0115
1978			4. 2			
1979			6. 8			
1980			4. 5			0. 05
1981			6. 3			
1982			6			
1983			6. 4			
1984			6. 9			0. 19
1985	47676		9. 6			0. 49
1986	60996		10. 7			0. 39
1987	61451		9. 9			0. 33
1988	59511		10. 4			0. 32
1989	69654		12. 3			0. 45
1990	78001		13. 1			0. 37
1991	125268		20. 9			0. 47
1992	96273		17. 1			0. 55
1993	92231		14. 9			0. 59
1994	118470		17. 7			1. 82
1995	170602		23. 5			1. 43
1996	229755		30. 8			1. 91

续表

年份	中国			广西壮族自治区		
	自然灾害救济费中生活救济费（万元）	农村自然灾害生活救助费（万元）	自然灾害救济费支出（亿元）	自然灾害救济费中生活救济费（万元）	农村自然灾害生活救助费（万元）	自然灾害救济费支出（亿元）
1997	219191		28.7			1.11
1998	251361		41.2			11.74
1999	269072		35.6			0.82
2000	343232		35.2			0.65
2001	343232		41			1.41
2002	339374		40			1.5
2003	398350		52.9			1.52
2004	320901	511065.9	51.1		14238.7	
2005	375322	625797.7	62.6		30898.9	
2006	432829	790085.9	79		29471.5	2.95
2007	452952	798401.1	79.8		29560	
2008	1524052	6098083.7	609.8		71150.1	
2009	658865	1991907.6	199.2		47902.5	
2010	889133	2371830.5	237.2		65521.4	
2011	687223	1287026.2	128.7		62997.6	

参考文献

[1] 卓志，段胜．防减灾投资支出、灾害控制与经济增长——经济学解析与中国实证［J］．管理世界，2012（4）：1－8.

[2] 卓志，周宇梅．改革开放三十年中国保险制度的变迁与创新——基于制度经济学的视角和分析［J］．保险研究，2008（7）：3－8.

[3] 牛海燕，刘敏，陆敏．中国沿海地区台风灾害损失评估研究［J］．灾害学，2011，26（3）：61－64.

[4] 冯利华．灾害损失的定量计算［J］．灾害学，1993，8（2）：17－19.

[5] 田玲，张岳．保险监管对巨灾风险债券供给的影响途径及计量模型［J］．统计与决策，2008（8）：24－26.

[6] 翟盘茂，任福民，张强．中国降水极值变化趋势检测［J］．气象学报，1999，57（2）：208－216.

[7] 孙祁祥，锁凌燕，郑伟．中国保险业对外开放的评价与展望［J］．中国金融，2012（13）：85－87.

[8] 翟盘茂，王萃萃，李威．极端降水事件变化的观测研究［J］．气候变化研究进展，2007，3（3）：144－148.

[9] 姚才，黄香杏，罗桂湘．十年来广西西江流域严重洪涝的特点及影响天气系统分析［J］．广西气象，1997，18（4）：5－9.

[10] 田玲，张岳．巨灾风险债券的利率敏感性研究——基于长江流域大洪灾风险债券的分析［J］．科技进步与对策，2007（8）：182－184.

[11] 卓志，王伟哲．巨灾风险厚尾分布：POT 模型及其应用［J］．保险研究，2011（8）：13－19.

[12] 赵飞，廖永丰．登陆中国台风灾害损失评估模型研究［J］．灾害学，2011，26（2）：81－85.

[13] 田玲，高俊．巨灾风险债券溢价之谜的行为金融学解释［J］．金融理论

与实践，2007（10）：8－11.

［14］庞庭颐，李艳兰．西江流域中部的洪涝特征及防洪减灾对策［J］．灾害学，1998，13（1）：67－71.

［15］田玲，左斐．巨灾风险债券SPV相关问题探讨［J］．商业时代，2007（30）：76－78.

［16］刘少军，张京红，何政伟．基于GIS的台风灾害损失评估模型研究［J］．灾害学，2010，25（2）：64－67.

［17］田玲，张岳．巨灾风险债券定价研究的进展述评［J］．武汉大学学报（哲学社会科学版），2008（5）：650－654.

［18］刘仲桂．西江流域的洪涝灾害及减灾对策［J］．中国减灾，1998，8（3）：14－16.

［19］殷洁，吴绍洪，戴尔阜．广东省台风灾害经济损失风险评估［J］．资源与生态学报：英文版，2012，3（2）：144－150.

［20］徐嵩龄．灾害经济损失概念及产业关联型间接经济损失计量［J］．自然灾害学报，1998，7（4）：7－15.

［21］路琮，魏一鸣，范英，徐伟宣．灾害对国民经济影响的定量分析模型及其应用［J］．自然灾害学报，2002，11（3）：15－20.

［22］田玲，左斐．中国财产保险业巨灾损失赔付能力实证研究［J］．保险研究，2009（8）：65－70.

［23］于庆东，沈荣芳．灾害经济损失评估理论与方法探讨［J］．灾害学，1996，11（2）：10－14.

［24］何慧，王盘兴，金龙．西江年最高水位的神经网络预报模型［J］．自然灾害学报，2006，15（5）：32－37.

［25］卓志，段胜．地震巨灾风险管理制度的比较研究——基于政府与市场的视角［J］．上海保险，2010（9）：6－9.

［26］何慧，覃志年，庞芳，等．邕江洪水的特征及其气候成因研究［J］．地理科学，2007，27（4）：506－511.

［27］何慧．邕江洪水的天气气候成因及预测因子探讨［J］．广西气象，2004，25（1）：30－32.

［28］卓志，段胜．巨灾保险市场机制与政府干预：一个综述［J］．经济学家，2010（12）：88－97.

［29］薛建军，李桂英，张立生，等．我国台风灾害特征及风险防范策略［J］.

气象与减灾研究，2012，35（1）：59－64.

[30] 田玲，张岳．政府效应、再保险与巨灾保险供给结构——基于巨灾债券、再保险最优结构的模型分析 [J]．商业时代，2010（34）：58－59.

[31] 王正文，田玲，李慧．基于动态财务分析的财产保险公司财务风险度量研究 [J]．江西财经大学学报，2015（1）：66－74.

[32] 俞日新，广西水旱灾害及减灾对策 [M]．南宁：广西人民出版社，1997：67 －131.

[33] 李维京，赵振国，李想，等．中国北方干旱的气候特征及其成因的初步研究 [J]．干旱气象，2003，21（4）：1－5.

[34] 何慧等．1959— 2008 年广西西江流域洪涝气候特征 [J]．气候变化研究进展，2009，5（3）：135－138.

[35] 丘世钧．红土丘坡崩、陷型冲沟的侵蚀与防治 [J]．热带地理，1990（1）.

[36] 孙祁祥．中国保险业“赶超发展模式”的反思及新模式构建的思考 [A]．北京大学中国保险与社会保障研究中心（CCISSR）．风险管理与经济安全：金融保险业的视角——北大 CCISSR 论坛文集·2006 [C].

[37] 孙祁祥．保险制度的完善与否是评判一个经济体是否成熟的市场经济的重要标准之一 [A]．北京大学中国保险与社会保障研究中心（CCISSR）．改革开放三十年：保险、金融与经济发展的经验和挑战——北大赛瑟（CCISSR）论坛文集·2008 [C].

[38] 田玲，左斐．中国财产保险业巨灾赔付能力实证研究 [A]．中国保险学会．中国保险学会首届学术年会论文集 [C]．中国保险学会，2009：9.

[39]（日）中野秀章．森林水文学 [M]．北京：中国林业出版社，1983.

[40]（日）岩元贤．泥沙灾害的警戒，避难雨量标准的确定、新沙防 [J]．国外地理文摘，1991（4）.

[41] 黎已铭．农业保险性质与农业风险的可保性分析 [J]．保险研究，2005（11）.

[42] Peter Zinmerli，李必物，周俊华．应对自然灾害，确保长期稳定，www.swissre.com.

[43] 熊海帆，卓志，王威明．保险周期存在性的协整模型检验：基于中国市场的分析 [J]．保险研究，2011（6）：36－42.

[44] 卓志，丁元昊．巨灾风险：可保性与可负担性 [J]．统计研究，2011

(9)：74－79.

［45］张萌．我国巨灾风险的补偿机制研究［D］．天津财经大学，2010.

［46］卓志，王化楠．巨灾风险管理供给及其主体——基于公共物品角度的分析［J］．保险研究，2012（5）：16－22.

［47］胡爱军，李宁，史培军，等．极端天气事件导致基础设施破坏间接经济损失评估［J］．经济地理，2009，29（4）：529－534.

［48］王宝华，付强，谢永刚，等．国内外洪水灾害经济损失评估方法综述［J］．灾害学，2007，22（3）：95－99.

［49］吴吉东，李宁，温玉婷，等．自然灾害的影响及间接经济损失评估方法［J］．地理科学进展，2009，28（6）：877－885.

［50］顾振华．基于投入产出模型的灾害产业关联性损失计量［J］．河南工业大学学报：社会科学版，2011，7（2）：31－34.

［51］田玲，骆佳．供需双约束下中国巨灾保险制度的选择——长期巨灾保险的可行性研究［J］．武汉大学学报（哲学社会科学版），2012（5）：111－118.

［52］刘新立．区域水灾风险评估的理论与实践［M］．北京：北京大学出版社，2005.

［53］骆艳珍．广西东北部“08·6”特大暴雨洪水成因分析［J］．珠江现代建设，2009（8）：21－25.

［54］卢建壮．“6·23”梧州特大洪水气象成因初探［J］．广西气象，2006（1）.

［55］殷杰，尹占娥，许世远．沿海城市自然灾害损失分类与评估［J］．自然灾害学报，2011，20（1）：124－128.

［56］欧春吉．洪水损失评估模式之建立及其保险制度上之应用［D］．台湾国立中央大学土木工程研究所硕士学位论文，2005，9.

［57］曹永强，杜国志，王方雄．洪灾损失评估方法及其应用研究．辽宁师范大学学报（自然科学报）．2006，29（3）.

［58］孙祁祥．保险业的转型与突破［A］．北京大学中国保险与社会保障研究中心．深化改革，稳中求进：保险与社会保障的视角——北大赛瑟（CCISSR）论坛文集·2012［C］．北京大学中国保险与社会保障研究中心，2012：4.

［59］乔治·迪翁，朱铭来，田玲，魏华林．保险经济学前沿问题研究［A］．保险学术获奖成果汇编（2008）［C］．2009：12.

［60］陈良田，巨灾风险补偿机制的国际借鉴及框架设计［J］，企业家天地

(理论版), 2010 (12): 17-18.

[61] 马晓东. 论巨灾风险损失补偿机制 [J], 学术探索, 2012 (1): 51-61.

[62] 吕志勇, 张良. 我国巨灾风险损失的保险补偿机制研究 [J]. 山东财政学院学报, 2008 (4): 40-45.

[63] 田玲, 高俊. 灾害风险、福利损失与政府最优救助计划 [J]. 经济管理, 2012 (1): 173-181.

[64] 李耀先, 李秀存, 张永强, 涂方旭. 广西干旱分析与防御对策 [J]. 广西农业科学, 2001 (3): 113-117.

[65] 孙祁祥, 何小伟, 郑伟. "入世"十年外资保险公司的经营战略及评价 [J]. 国际商务 (对外经济贸易大学学报), 2012 (5): 32-44.

[66] 卓志, 吴洪, 宋清. 保险业风险管理框架: 基于经济周期的扩展建构 [J]. 保险研究, 2010 (7): 70-77.

[67] 田玲, 屠鹃. 农村居民地震风险感知及影响因素分析——以云南省楚雄州的调研数据为例 [J]. 保险研究, 2014 (12): 59-69.

[68] 张鹏, 李宁, 刘雪琴等. 基于投入产出模型的洪涝灾害间接经济损失定量分析 [J]. 北京师范大学学报: 自然科学版, 2012, 48 (2): 425-431.

[69] 郭际, 吴先华, 陈云峰. 农业气象对产业经济系统的影响评估 [J]. 灾害学, 2013, 28 (1): 79-82.

[70] 谢永刚, 刘志隆, 王建丽. 突发性重大灾害事件对生活必需品价格的影响及对策 [J]. 灾害学, 2013, 28 (4): 5-10.

[71] 黄谕祥, 杨宗跃, 邵颖红. 灾害间接经济损失的计量 [J]. 灾害学, 1994, 9 (3): 7-11.

[72] 孙祁祥. 民生保障与社会和谐——保险与社会保障视角 [A]. 和谐·创新·发展——首届北京中青年社科理论人才"百人工程"学者论坛文集 [C]. 中共北京市委宣传部、北京市社会科学界联合会、北京市哲学社会科学规划办公室, 2007: 5.

[73] 沈蕾. 农业巨灾风险损失补偿机制研究——浙江案例 [J]. 海南金融, 2012 (8).

[74] 田玲, 姚鹏. 灾后捐助、保费补助对巨灾保险需求影响的理论研究 [J]. 武汉理工大学学报 (社会科学版), 2014 (5): 727-733-740.

[75] 卓志, 段胜. 构建中国特色巨灾指数: 思路与条件 [J]. 财经科学, 2013 (1): 28-36.

[76] 田玲，张岳．我国巨灾保险需求影响因素实证研究——基于五省部分保费收入的面板分析［J］．武汉理工大学学报（社会科学版），2013（2）：175－179.

[77] 田玲，刘帆．巨灾保险产品设计相关问题探讨［J］．保险研究，2013（7）：49－56.

[78] 孙祁祥，肖志光．社会保障制度改革与中国经济内外再平衡［J］．金融研究，2013（6）：74－88.

[79] 谷明淑．英美两国洪水保险制度对我国的启示［J］．辽宁大学学报（哲学社会科学版），2012（5）：87－92.

[80] 赵苑达．美国国家洪水保险制度［J］．中国减灾，2004（3）.

[81] 刘朝辉，胡新辉，王慧敏．国际洪水保险比较及对我国的启示［J］．水利经济，2008（5）.

[82] 孙祁祥，锁凌燕．英美洪水保险体制比较［N］．中国保险报，2004－07－09，（4）.

[83] 赵苑达．英美两国的洪水保险制度的对比分析与评价［J］．管理观察，2009（6）：32－36.

[84] 郝演苏．保险学教程［M］．北京：清华大学出版社，2004：193－194.

[85] 谢家智．我国自然灾害损失补偿机制研究［J］．自然灾害学报，2004（4）：28－32.

[86] 龙文军，温闽赞．我国农业保险机制与农业防灾救灾措施及政策建议［J］．农业现代化研究，2009（2）：189－194.

[87] 郑功成．灾害经济学［M］．长沙：湖南人民出版社，1998.

[88] 吴吉东，李宁．浅析灾害间接经济损失评估的重要性［J］．自然灾害学报，2012，21（3）：15－21.

[89] 中华人民共和国国家质量监督检验检疫总局，中国国家标准化管理委员会．GB/T 27932—2011：地震灾害间接经济损失评估方法［S］．北京：中国标准出版社，2012.

[90] 江苏省统计局．江苏统计年鉴2009［M］．北京：中国统计出版社，2010.

[91] 吴先华，聂国欣，郭际，等．基于技术系数矩阵的灾害影响评估及政策启示［J］．科学学研究，2012，30（11）：1677－1683.

[92] 李琴英，我国农业保险及其风险分散机制研究——基于风险管理的角度［J］．经济与管理研究，2007（7）：48－52.

[93] 史培军．论自然灾害风险的综合行政管理 [J]．北京师范大学学报，2006 (5)．

[94] 黄英君，史智才．农业巨灾风险管理的比较制度分析：一个文献研究 [J]．保险研究，2011 (5)：117－127.

[95] 冯文丽．农业保险理论与实践 [M]．北京：中国农业出版社，2008.

[96] 陈海燕．浙江省陆域主要自然灾害概述 [J]．科技通报，2004 (7)：285－288.

[97] 沈蕾．美国的巨灾保险制度及其启示 [J]．华东经济管理，2008 (9)：145－149.

[98] 李有祥，张国威．论我国农业再保险体系框架的构建 [J]．金融研究，2004 (7)：106－111.

[99] 沈蕾．美国佛州的飓风灾害保险及对浙江省的启示 [J]．上海保险，2008 (1)：56－60.

[100] 周振．美国农业巨灾保险发展评析与思考 [J]．农村金融研究，2010 (7)：74－78.

[101] 谢世清．巨灾债券的十年发展回顾与展望 [J]．证券市场导报，2010 (8)：17－22.

[102] 卡尔·博尔奇著，庹国柱等译．保险经济学 [M]．北京：商务印书馆，1999.

[103] 俞自由．新形势下的保险资金运用：开放与投资安全 [M]．北京：中国人民大学出版社，2003：139－162.

[104] 孙祁祥，郑伟，孙立明．中国巨灾风险管理：再保险的角色 [J]．财贸经济，2004 (9)．

[105] 付湘．洪水保险研究现状与发展趋势分析 [J]．武汉大学学报，2003 (2)．

[106] 黄斌．巨灾风险证券化的经济学分析 [J]．江西财经大学学报，2003 (1)．

[107] 胡永智，向锋．论建立保险巨灾应急机制 [J]．保险研究，2004 (2)．

[108] 沈湛．试论建立我国商业巨灾保险制度 [J]．管理科学，2003 (6)．

[109] 赵苑达．日本地震保险：制度设计·评析与借鉴 [J]．东北财经大学学报，2003 (2)．

[110] 杨朝军，肖彦明，徐为山．基于均值方差模型的最优巨灾保险计划 [J]．上海交通大学学报，2006 (4)：622－640.

[111] 肖文，孙明波．西方保险风险证券化的运作方式 [J]．保险研究，2004 (3)．

[112] 赵苑达．我国自然灾害损失的变动趋势与保险补偿 [J]．东北财经大学学报，1999 (2)．

[113] 刘京生．对我国洪水保险若干问题的思考 [J]．保险研究，1999 (4)．

[114] 赵苑达．论我国地震保险制度的建设〔J〕．保险研究，2003 (10)．

[115] 小哈罗德·斯凯博 (Harold D. Skipper. Jr) 等著．国际风险与保险：环境—管理分析 [M]．北京：机械工业出版社，1999.

[116] 特瑞斯·普雷切特，琼·丝米特，海伦·多平豪斯，詹姆斯·艾瑟林著，孙祁祥等译．风险管理与保险〔M〕．北京：中国社会科学出版社，1998.

[117] 米宏亮等．2007 年中国大陆地震灾害损失述评 [J]．国际地震动态，2008 (2)．

[118] 孙祁祥，锁凌燕．论我国洪水保险的模式选择与机制设计 [J]．保险研究，2004 (3)．

[119] 幻陈宏．基于保户和保险公司共享的最佳巨灾保险 [J]．灾害学，2004，19 (2)：92－96.

[120] 谢家智．我国自然灾害损失补偿机制研究 [J]．自然灾害学报，2004 (8)．

[121] 庹国柱，王国军著．中国农业保险与农村社会保障制度研究 [M]．北京：首都经济与贸易大学出版社，2002.

[122] 卓志．论保险业的制度变革与创新 [J]．保险研究，2002 (12)：26－28.

[123] 国务院新闻办公室．新闻发布会上发布的数据 [EB/OL]．http//www. xinhuanet. com.

[124] 民政部．历年民政事业统计数据 [EB/OL]．http：//www. mca. gov. cn.

[125] 财政部．历年财政支出统计数据 [EB/OL]．http：//www. mof. gov. cn/mof.

[126] 美国加州地震局网站 [EB/OL]．www. earthquakeauthority. com.

[127] 新西兰地震委员会官方网站 [EB/OL]．http：//www. eqc. govt. nz.

[128] 石兴．自然灾害风险可保性理论及其应用研究 [D]．北京师范大学，2010：96－101.

[129] 高庆华，马宗晋，张业成．自然灾害评估 [M]．北京：气象出版社，2007.

[130] 石兴，黄崇福．自然灾害风险可保性研究 [J]．应用基础与工程科学

学报，2008（3）：17－19.

［131］田玲，成正民，高俊．巨灾保险供给主体的演化博弈分析［J］．保险研究，2010（6）：9－15.

［132］孙祁祥．新常态下的风险警示［J］．中国金融，2015（1）：19－20.

［133］卓志，孙正成．现代保险服务业：地位、功能与定位［J］．保险研究，2014（11）：21－32.

［134］胡辉君．国外有关洪水保险的实践及对我国的启示［J］．中国水利，2005（19）.

［135］米建华，龙艳．发达国家巨灾保险研究——基于英美日三国的经验［J］．安徽农业科学，2007（35）.

［136］王祺．欧盟巨灾保险体系建设及对我们的启示［J］．上海保险，2005（2）：36－38.

［137］张雪梅．国外巨灾保险发展模式的比较及其借鉴［J］．财经科学，2008（7）：40－47.

［138］丛剑锋，宾莉．巨灾风险证券化的国外实践与借鉴［J］．金融发展评论，2010（5）：90－94.

［139］熊海帆．巨灾风险管理工具创新之“边挂车”业务述评［J］．浙江金融，2012（2）：46－50.

［140］孙祁祥，段誉，林山君．危机与保险业的发展［J］．经济学动态，2013（2）：67－72.

［141］陈瑞闪．台风［M］．福州：福建科学出版社，2003.

［142］施红．美国农业保险财政补贴机制研究回顾［J］．保险研究，2008（4）：13－15.

［143］吉玉荣．浅议地震保险制度［J］．南京审计学院学报，2008（3）：21－25.

［144］吴瑞良．云南省防汛抗旱的形势及对策［J］．人民珠江，2000（4）：11－13.

［145］吴纯杰，卓志，黄枫．城市保险业经济环境指标的偏最小二乘分析［J］．金融研究，2006（7）：157－165.

［146］孙祁祥．加入世贸组织五周年：成就、经验与问题［J］．中国金融，2006（23）：43－45.

［147］王正文，田玲，李慧．城市专业化对中国保险市场发展的影响——基于

中国省级面板数据［J］．保险研究，2013（10）：3－10.

［148］石兴．巨灾保险费率精算模型及其应用研究［J］．南京审计学院学报，2011，8（2）：17－25.

［149］田玲，彭菁翌，王正文．承保能力最大化条件下我国巨灾保险基金规模测算［J］．保险研究，2013（11）：24－31.

［150］卓志，周志刚．巨灾冲击、风险感知与保险需求——基于汶川地震的研究［J］．保险研究，2013（12）：74－86.

［151］孙祁祥，郑伟．金融危机与保险监管［J］．中国金融，2014（1）：38－40.

［152］王正文，田玲．基于共单调的财产保险公司承保风险度量研究［J］．管理科学学报，2014（6）：75－83.

［153］田玲，邢宏洋，高俊．巨灾风险可保性研究［J］．保险研究，2013（1）：3－13.

［154］田玲，姚鹏．基于随机模拟技术的地震风险评估与损失分担机制设计［J］．中国人口．资源与环境，2013（5）：157－163.

［155］田玲，姚鹏．地震保险费率厘定研究［J］．北京理工大学学报（社会科学版），2013（3）：54－59.

［156］田玲，姚鹏．我国巨灾保险基金规模研究——以地震风险为例［J］．保险研究，2013（4）：13－21.

［157］中国大百科全书编委会．中国大百科全书：水文卷［M］．北京：中国大百科全书出版社，1985.

［158］吴瑞良．云南省水旱灾害概述［J］．人民珠江，1999（1）：18.

［159］王芳，万振凡．论近现代江西水旱灾害及防治构想［J］．南昌大学学报，1999，30（4）：101－107.

［160］吴士章，朱文孝，苏维词．贵州水资源状况及节水灌溉措施［J］．贵州师范大学学报：自然科学版，2005，23（3）：24－27.

［161］陈润东，李林．广西防汛抗旱工作回顾与展望［J］．广西水利水电，2004（S）：59－102.

［162］广东省地方史志编纂委员会．广东省志自然灾害志［M］．广州：广东人民出版社，2001.

［163］于海鹰，刘永强．论我国四川地区生态屏障的构建［J］．攀枝花学院学报，2005，22（1）：81－84.

［164］路琮，魏一鸣，范英．灾害对国民经济影响的定量分析模型及其应用［J］．自然灾害学报，2002，11（3）：5－20.

［165］卓志，吴婷．中国地震巨灾保险制度的模式选择与设计［J］．中国软科学，2011（1）：17－24.

［166］孙祁祥．从风险管理角度看我国转轨时期所面临的风险［J］．当代财经，2011（2）：10－12.

［167］卓志．2011年我国保险市场发展的研判——基于宏观经济与保险形势［J］．保险研究，2011（1）：12－17.

［168］霍栋．建立我国多层次巨灾风险补偿机制的研究［D］．西南交通大学，2009.

［169］孙祁祥，郑伟，肖志光．经济周期与保险周期——中国案例与国际比较［J］．数量经济技术经济研究，2011（3）：3－20.

［170］田玲，高俊．“助推器”还是“稳定器”：保险业对经济产出作用的经验证据［J］．保险研究，2011（3）：26－35.

［171］田玲，左斐．巨灾风险债券的契约条款设计机制分析［J］．武汉大学学报（哲学社会科学版），2007（6）：858－862.

［172］卓志．2006年我国保险研究述评［J］．保险研究，2007（2）：28－32－43.

［173］孙祁祥．综合风险管理：“十二五”的新命题［A］．十二五·新挑战：经济社会综合风险管理——北大赛瑟（CCISSR）论坛文集·2011［C］．北京大学中国保险与社会保障研究中心（CCISSR）：2011：12.

［174］冯民权，周孝德，张根广．洪灾损失评估的研究进展［J］．西北水资源与水工程，2002，13（1）：33－36.

［175］李纪人，丁志雄，黄诗峰．基于空间展布式社会数据库的洪涝灾害损失评估模型研究［J］．中国水利水电科学研究院学报，2003，1（2）：104－110.

［176］田玲，向飞．基于风险定价框架的巨灾债券定价模型比较研究［J］．武汉大学学报（哲学社会科学版），2006（2）：168－174.

［177］田玲，李建华．金融市场、政府行为与农业巨灾保险基金建设——基于“结构型基金”理论的分析［J］．保险研究，2014（4）：16－22.

［178］孙祁祥．保险业需要在反思中成长［J］．中国金融，2014（17）：25－28.

［179］肖红霞，齐实，李思扬，王则一，王劲修，张广分．广西壮族自治区洪

水灾害经济损失评价［J］．水土保持通报，2011，31（4）：232－236.

［180］王艳艳，陆吉康，郑晓阳等．上海市洪涝灾害损失评估系统的开发［J］．灾害学，2001，16（2）：7－13.

［181］陈香，沈金瑞，陈静．灾损度指数法在灾害经济损失评估中的应用：以福建台风灾害经济损失趋势分析为例［J］．灾害学，2007，22（2）：31－35.

［182］余汉桂，广西灾害综览［J］．广西水产科技，2014.

［183］张文柳，张杰．环渤海地区水旱灾害经济损失评价［J］．灾害学，2005，20（2）：71－76.

［184］孙祁祥，锁凌燕．论我国洪水保险的模式选择与机制设计［J］．保险研究，2004（3）：33－36.

［185］向立云．洪水保险的理论和政策问题［J］．水利发展研究，2005（2）：29－33.

［186］吴建华，徐海林．对我国如何开展洪水保险的思考［J］．水利经济，2007，25（1）：40－41.

［187］田玲，邢宏洋，高俊．巨灾风险的可保性问题研究［A］．2012 中国保险与风险管理国际年会论文集［C］．清华大学经济管理学院中国保险与风险管理研究中心（China Center for Insurance and Risk Management of Tsinghua University SEM）、伦敦城市大学卡斯商学院（Cass Business School，City University London）、青岛大学经济学院（School of Economics，Qingdao University），2012，6.

［188］邢宏洋，田玲，高俊．抗灾能力差异、保费补贴与巨灾保险［A］．2013 中国保险与风险管理国际年会论文集［C］．清华大学经济管理学院中国保险与风险管理研究中心（China Center for Insurance and Risk Management of Tsinghua University）、伦敦城市大学卡斯商学院（Cass Business School，City University London），2013，6.

［189］宋书巧．广西喀斯特地区洪涝灾害研究［J］．广西师院学报（自然科学版），1998（1）.

［190］赵木林，潘新华．广西异常暴雨洪水灾害研究及防御对策［J］．中国水利，2008（9）.

［191］孙萍，肖飞鹏，黎志键．广西大石山区干旱灾害识别与特大干旱成因分析［J］．中国农村水利水电，2012（1）.

［192］刘家养．洪水保险的研究现状及其发展趋势分析［J］．今日财富（金融发展与监管），2011（12）.

[193] 邱峰. 保险风险证券化研究 [D]. 苏州大学硕士论文，2006：3.

[194] 杨年珠. 中国气象灾害大典（广西卷）[M]. 北京：气象出版社，2007.

[195] 广西统计年鉴 1980—2014.

[196] 上海台风研究所. 热带气旋年鉴 [M]. 北京：气象出版社，1949—2014.

[197] 民政部. 中国民政统计年鉴 [M]. 1949—2014.

[198] 国家统计局. 中国统计年鉴 [M]. 1981—2014.

[199] 中国保险监督委员会. 中国保险年鉴 [M]. 中国保险年鉴社，1981—2014.

[200] 中国海洋年鉴编纂委员会. 中国海洋统计年鉴 [M]. 1993—2013.

[201] 农业部. 中国农村统计年鉴 [M]. 北京：中国农业出版社，1985—2013.

[202] 国家统计局城市社会经济调查司. 中国城市统计年鉴 [M]. 北京：中国统计出版社，1985—2013.

[203] To Study on Compensating Mechanism of Disastrous Insurance in Chinese Agriculture [J]. Value Engineering No. 9, 2009: 14 - 16.

[204] Peter Haussmann. Floods - an insurance risk? www. swissre. com.

[205] Ivo Men zinger, Christian Brunner Floods are insurance. www. swissre. com.

[206] Peter Zinmerli. Hazards and reinsurance. www. swissre. com.

[207] A. M. Best (2006). "Assessing the Tail Risk of Sidecars". October 9, 2006.

[208] Ceniceros, R. (2007) "Sidecar Participation is Receding", Business Insurance, 12. March.

[209] Collis, Charles (2006). "Sidecars - An Alternative to Cat - Bunds", from http: //conyersdillandpearman. com.

[210] Debevoise & Plimpton (2006). "Sidecars: New Vehicles for Private Equity and Hedge Fund Investment in the Insurance Market". Private Equity Report, 2006 Fall, Vol. 7, No. 1.

[211] Guy Carpenter (2006). "Bermuda Reinsurance Market After Record Storms, Capital Fills Sails".

[212] Yasuhide O. Measuring economic impacts of natural disasters: application of sequential inter industry model [D]. Rendition Research Institute West Virginia University, 2002.

[213] Guy Carpenter (2007). "The Catastrophe Bond Market".

[214] Guy Carpenter (2008) . “2008 Reinsurance Market Review” .

[215] Hertz, S and McGuiness, T. (2006) “Sidecars: New Vehicles for Private Equity and Hedge Fund Investment in the Insurance Market ”, fromhttp: // www. debevoise. com.

[216] Kerry E. Increasing destructiveness of tropical cyclones over the past 30 years [J] . Nature, 2005, 436 (4): 686 - 688.

[217] Peter J M, Renato V, David B S. Temporal clustering of tropical cyclones and its ecosystem impacts [J] . Proceedings of the National.

[218] Academy of Sciences of the United States of America, 2011, 108 (43): 17626 - 17630.

[219] Lou W P, Chen H Y, Qiu X F, et al. Assessment of economic losses from tropical cyclone Disasters based on PCA - BP [J] . Natural Hazards, 2012, 60 (3): 819 - 829.

[220] Rose A, Shu Y L. Modeling regional economic resilience to disasters: A computable general equilibrium analysis of water service disruptions [J] . Journal of Regional Science, 2005, 45 (1): 75 - 112.

[221] Moyer, Liz (2006) . “Hedge Funds'Sidecars” . Forbes, July26, 2006.

[222] Moody's (2006) . “Reinsurance Side - Cars: Going along for the Ride”, Moody's Investors Service Global Research Comment, April.

[223] Moody, J. Michael (2007) . “Sidecars: Not Just for Motorcycles Anymore”. The Rough Notes, March.

[224] Hallegatte S. An adaptive regional input—output model and its application to the assessment of the economic cost of katrina [J] . Risk Analysis, 2008, 28 (3): 779 - 799.

[225] ECLAC. Handbook for estimating the mental effects of disasterl R_j Mexico: ECLAC, 2003.

[226] MMC Securities (2007) . The Catastrophe Bond Market at Year - End 2006: Ripples Into Waves, February.

[227] Parekh, Rupal (2006) . “Sidecars Gaining Traction with the Help of Capital Markets” . Industry Focus, July 17.

[228] Ramella, Marcelo and Leila Madeiros (2007) . “Bermuda Sidecars: Supervising Reinsurance Companies in Innovative Global Markets” . The Geneva Papers, 2007, 32 (345 - 363) .

[229] State Board of Administration of Florida (2006) . "A Study of Private Capital Investment Options and Capital Formation Impacting Florida's Residential Insurance Market" . September 19, 2006.

[230] Swiss Re (2006) . "New Opportunities for Insurers and Investors" . Sigma No. 7, 2006.

[231] Wharton Risk Center (2008) . "Managing Large – scale Risks in a New Era of Catastrophes" . Extreme Events Project.

[232] Kunreuther H. Mitigating disaster losses through insurance [J] . Journal of Risk and Uncertainty, 1996 , 12 (3) : 171 – 87.

[233] Markj, Robert E. The demand for flood insurance: empirical evidence [J]. Journal of Risk and Uncertainty , 2000 , 20 (3) : 291 – 306.

[234] Kunreutherh H, Mark P. Neglecting disaster: why don't people insure against large losses? [J] . The Journal of Risk and Uncertainty , 2004 , 28 (1): 5 – 21.

[235] Kunreuther H, Slavic P. Economics , psychology , and protective behavior [J] . American Economic Review , 1978 , 68 (2) : 64 – 69.

[236] Jonge T D. Model floods and damage assessment using CIS in Hydrology CIS 96 [C] . Application of Geographic Information Systems in Hydrology and Water Resources Management. IAHS, 1996: 299 – 306.

[237] Ronald T, Perrin K T. An introduction to catastrophe models and catastrophe issues [J] . The Journal of Risk and Insurance, 2005 (2): 37 – 43.

[238] Freedom P K. Government natural catastrophe insurance programs [R]. Conference on Natural Catastrophe Insurance Programs, 2003: 22 – 23.

[239] Scott Harrington, Greg Niehaus. Basis Risk with PCS Catastrophe Insurance Derivative Contracts [J] . American Risk and Insurance Association, 1999 (5): 49 – 82.

[240] Cardona D, Hurtado J E, Chardon A C, et al. Indicators of disaster risk and risk management Summary report for WCDR [R] . Program for Latin America and the Caribbean IADB – UNC /IDEA. 2005.

[241] Francesca Biaginia, Yuliya Bregmana, Thilo Meyer – Brandisb. Pricing of catastrophe insurance options written on a loss index with reestimation [J] . Insurance: Mathematics and Economics, 2008 (43): 214 – 222.